物联网工程与技术规划教材

基于嵌入式系统的物联网开发教程

丘森辉　宋树祥　主编

電子工業出版社
Publishing House of Electronics Industry
北京 · BEIJING

内 容 简 介

本书将 Ubuntu 操作系统和物联网综合实验箱作为开发环境，紧紧围绕“物联网和嵌入式”进行讲解和分析。在大量实例的基础上，将本书内容划分为物联网与嵌入式系统概述、嵌入式 Linux 系统快速入门、Linux 应用程序编程、嵌入式 Linux 设备驱动开发、物联网应用开发、Android 底层及应用开发、物联网综合设计等 7 个章节。

本书内容翔实，案例丰富，操作性极强，可作为高校电子信息、通信工程、信息工程、计算机等相关专业的教材，也可作为嵌入式领域科技工作者的参考书。

图书在版编目(CIP)数据

基于嵌入式系统的物联网开发教程/丘森辉，宋树祥主编. —北京：电子工业出版社，2017.1
物联网工程与技术规划教材
ISBN 978-7-121-30557-3

Ⅰ. ①基… Ⅱ. ①丘… ②宋… Ⅲ. ①互联网络－应用－高等学校－教材②智能技术－应用－高等学校－教材 Ⅳ. ①TP393.4②TP18

中国版本图书馆 CIP 数据核字（2016）第 294643 号

策划编辑：凌　毅
责任编辑：凌　毅
印　　刷：北京虎彩文化传播有限公司
装　　订：北京虎彩文化传播有限公司
出版发行：电子工业出版社
　　　　　北京市海淀区万寿路 173 信箱　邮编 100036
开　　本：787×1 092　1/16　印张：15　字数：390 千字
版　　次：2017 年 1 月第 1 版
印　　次：2018 年 7 月第 2 次印刷
定　　价：38.00 元

前　言

本书编写背景

随着信息技术的发展，物联网已被视为继计算机和互联网之后世界信息产业的第三次浪潮。而作为物联网涉及的关键技术——嵌入式技术，近年来已在国内得到了广泛的应用。同时，社会也亟需嵌入式物联网相关的技术人才，为此，许多高校都已先后开设了物联网相关课程，不少学校还开设了物联网专业。

目前，国内已经有不少物联网及嵌入式方面的图书面世，但是大都是物联网与嵌入式技术分开编写的，然而作为物联网的关键技术——嵌入式技术，它们两者是紧密结合的。为此，在这种背景下，我们组织编写此书，以解决上述问题。

本书编写目的

本书是结合嵌入式技术和物联网相关知识而编写的，内容囊括嵌入式 Linux、物联网技术、Android 开发和物联网综合设计等知识面，旨在由浅入深、循序渐进地帮助读者提高基于嵌入式系统的物联网实践开发和实践操作能力。

本书主要内容

本书共 7 章，可分为 4 个部分。

第一部分为第 1 章，主要介绍物联网及嵌入式系统概念、应用前景等基础知识。

第二部分为第 2、3、4 章，主要为嵌入式 Linux 系统的入门及提高。

第 2 章介绍嵌入式 Linux 系统的快速入门。包括 Linux 开发环境的搭建、Linux 基础命令的介绍、Linux 下 C 编程的几种常用工具、Bootloader 介绍。

第 3 章介绍 Linux 应用程序开发。包括底层文件 I/O 操作、进程控制开发、进程间通信开发、多线程编程、嵌入式 Linux 网络编程。

第 4 章介绍设备驱动程序的开发。包括设备驱动基础知识介绍、设备驱动程序编写、实例讲解。

第三部分包括第 5、6 章，主要为物联网应用开发。

第 5 章介绍物联网实例开发。包括无线传感网络和传感器基础知识介绍、ZigBee 传输技术应用、蓝牙传输技术应用、IPv6 传输技术应用、WiFi 传输技术应用。

第 6 章介绍 Android 底层及应用开发。包括开发环境的搭建和实例讲解。

第四部分为第 7 章，主要介绍几个综合实例的开发项目。

以上各章在讲解中都给出相关例子和实验，以便提高读者对知识的掌握和编程实践能力。

本书阅读建议

本书以实践操作为特色，所阐述的内容主要基于实验箱进行操作，因此，建议读者在实验箱环境下编程练习，以提高编程实践动手能力。对于没有开发板或实验箱的读者，也可在

PC 上完成嵌入式 Linux 基础命令部分和应用开发部分的学习，有条件时再转入实验箱上进行实践操作。

本书提供实践操作文件，读者请登录华信教育资源网 www.hxedu.com.cn，注册后免费下载“基于嵌入式系统的物联网实验开发光盘”，按照书中文件路径查找相关内容。

本书之外的内容

本书主要内容参考华清远见嵌入式培训中心的培训课程资料，其相关的源代码和资料，请参见 http://dev/hqyj.com。

本书由丘森辉和宋树祥执笔，同时参与编写的还有刘恒、莫丹雷等，在此一并表示感谢。

由于时间仓促，加之水平有限，书中存在不足之处在所难免，敬请读者批评指正。E-mail:qiusenhui@mailbox.gxnu.edu.cn，欢迎来信交流。

编者

2016 年 11 月

目　录

第1章　物联网与嵌入式系统概述

物联网是新一代信息技术的重要组成部分，也是“信息化”时代的重要发展阶段，是互联网与嵌入式系统发展到高级阶段的融合。作为物联网重要技术组成的嵌入式系统，嵌入式系统有助于深刻、全面地理解物联网的本质。

本章学习目标：

- 理解物联网概念；
- 了解物联网的国内外发展现状和前景；
- 理解嵌入式系统概念、结构、特点；
- 理解物联网与嵌入式系统之间的关系；
- 了解物联网在各行业中的应用。

1.1　物联网概述

物联网（The Internet of Things）的概念是在1999年提出来的，又名传感网，它的定义是：把所有物品通过射频识别等信息传感设备与互联网连接起来，实现智能化识别和管理。物联网把新一代IT技术充分运用在各行各业之中，具体地说，就是把传感器嵌入和装备到电网、铁路、桥梁、隧道、公路、建筑、供水系统、大坝、汽油管道等各种物体中，然后将这一物物相连的网络与现有的互联网整合起来，实现人类社会与物理系统的整合。在这个整合的网络中，存在能力超级强的中心计算机群，能够整合网络内的人员、机器、设备和基础设施，实施实时的管理和控制，在此基础上，人类可以以更加精密和动态的方式管理生产和生活，达到“智慧”状态，提高资源利用率和生产水平，改善人与自然之间的关系。

国际电信联盟2005年的第一份报告曾描绘“物联网”时代的图景如图1.1.1所示，当司机出现操作失误时，汽车会自动报警；公文包会提醒主人忘带了什么东西；衣服会“告诉”洗衣机其颜色和对水温的要求等。

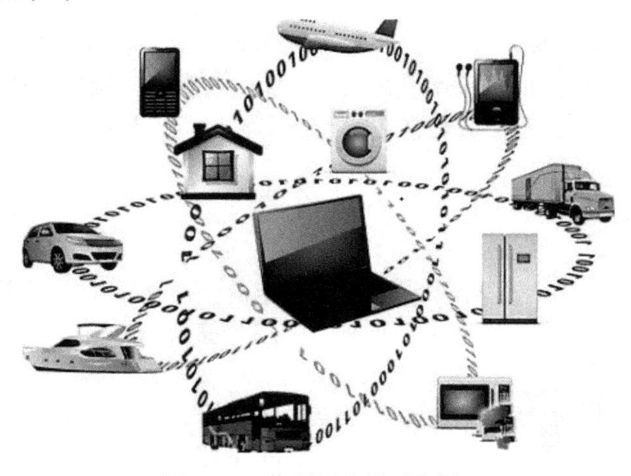

图1.1.1　物联网应用示意图

物联网有如下基本特征：

① 全面感知——利用射频识别（RFID）技术、传感器、二维码及其他各种感知设备随时随地采集各种动态对象，全面感知世界；

② 可靠的传送——利用网络（有限、无线及移动网）将感知的信息进行实时的传送；

③ 智能控制——对物体进行智能化的控制和管理，真正达到了人与物的沟通。

1.2 国内外物联网的发展现状

1.2.1 国外物联网现状

当前，全球主要发达国家和地区均十分重视物联网的研究，并纷纷推出了与物联网相关的信息化战略。世界各国的物联网基本都处在技术研发与试验阶段，美、日、韩、欧盟等都投入巨资深入研究探索物联网，并相继推出区域战略规划。

1. 美国

奥巴马总统就职后，很快回应了IBM公司所提出的“智慧地球”，将物联网发展计划上升为美国的国家级发展战略。该战略一经提出，在全球范围内得到极大的响应，物联网荣升2009年最热门话题之一。那么什么是“智慧地球”呢？就是把感应器嵌入和装备到电网、铁路、桥梁、隧道、公路、建筑、供水系统、大坝、油气管道等各种物体中，并且被普遍连接，形成所谓“物联网”，然后将“物联网”与现有的互联网整合起来，实现人类社会与物理系统的整合。智慧地球的核心是以一种更智慧的方法通过利用新一代信息技术来改变政府、公司和人们相互交互的方式，以便提高交互的明确性、效率、灵活性和响应速度。智慧方法具体来说具有3个方面的特征：更透彻的感知、更全面的互联互通、更深入的智能化。

2. 欧盟

欧盟围绕物联网技术和应用做了不少创新性工作。2006年成立了专门进行RFID技术研究的工作组，该工作组于2008年发布了《2020年的物联网——未来路线》，2009年6月又发布《物联网——欧洲行动计划》，对物联网未来发展以及重点研究领域给出了明确的路线图。

3. 日本和韩国

2009年8月，日本将“u-Japan”升级为“i-Japan”战略，提出“智慧泛在”构想，将物联网列为国家重点战略之一，致力于构建个性化的物联网智能服务体系。2009年10月，韩国颁布《物联网基础设施构建基本规划》，将物联网市场确定为新的增长动力，并提出到2012年实现“通过构建世界最先进的物联网基础设施，打造未来超一流信息通信技术强国的目标”。

法国、德国、澳大利亚、新加坡等也在加紧部署物联网发展战略，加快推进下一代网络基础设施的建设步伐。

1.2.2 国内物联网现状

我国在物联网领域的布局较早，中科院早在十年前就启动了传感网研究。在物联网这个全新的产业中，我国技术研发水平处于世界前列，中国与德国、美国、韩国一起，成为国际标准制定的四个发起国和主导国之一，其影响力举足轻重。2009年8月，温家宝总理在无锡视察时指出，要在激烈的国际竞争中，迅速建立中国的传感信息中心或“感知中国”中心。物联网被正式列为国家五大新兴战略性产业之一，并写入政府工作报告中。2009年11月，总投资超过 2.76 亿元的 11 个物联网项目在无锡成功签约。2010 年工信部和发改委出台了系列政策支持物联网产业化发展，到 2020 年之前我国已经规划了 3.86 万亿元的资金用于物联网产业的发展。

中国“十二五”规划已经明确提出，发展宽带融合安全的下一代国家基础设施，推进物联网的应用。物联网将会在智能电网、智能交通、智能物流、智能家居、环境与安全检测、工业与自动化控制、医疗健康、精细农牧业、金融与服务业、国防军事十大领域重点部署。

1.3　嵌入式系统概述

1.3.1　什么是嵌入式系统

嵌入式本身是一个相对模糊的概念，人们很少会意识到自己随身携带了多个嵌入式系统——手机、手表或者智能卡中都嵌有它们，当人们与汽车、电梯、厨房设备、电视、录像机以及娱乐系统等进行交互时，往往也不能察觉其中所含的嵌入式系统。嵌入式系统在工业、机器人、医疗设备、电话系统、卫星、飞行系统等应用中扮演了更为重要的角色。

嵌入式系统的定义为：以应用为中心、以计算机技术为基础、软硬件可裁剪、适用于应用系统，对功能、可靠性、成本、体积、功耗严格要求的专用计算机系统。其主要特点是嵌入、专用。

嵌入式系统行业每年创造的工业年产值已超过了几万亿美元。1997 年美国嵌入式系统大会（Embedded System Conference，ESC）的报告指出，未来 5 年仅基于嵌入式计算机系统的全数字电视产品，就将在美国产生一个每年 1500 亿美元的新市场。美国福特公司的高级经理也曾宣称“福特出售的‘计算能力’已超过了 IBM”，由此可以想象嵌入式计算机工业的规模和广度。2004 年之后，中国嵌入式系统市场步入了快速增长时期，嵌入式系统的发展为几乎所有的电子设备注入了新活力，由于迅速发展的 Internet 和非常廉价的微处理器的出现，嵌入式系统在日常生活中变得无处不在。2007 年，由 ARM（Advanced RISC Machines）公司的合作伙伴设计、制造的基于 ARM 处理器的芯片出货量达到了 29 亿；2008 年，这一数字突破了 100 亿，国内仅嵌入式微处理市场产值就逼近 2500 亿元人民币，中国政府已经开始高度重视嵌入式相关产业的发展，科技部将嵌入式软件列为国家重点发展专利课题，并正在积极打造嵌入式产业链。近年来，随着嵌入式行业的发展，人才与需求的矛盾日益突出，中国已经有超过 300 家大学开设了 ARM 课程，同时据权威部门统计，国内嵌入式人才缺口达到了每年 80 万人左右。

1.3.2　嵌入式基本结构

嵌入式系统的基本结构一般可以分为硬件和软件两部分。

1．嵌入式系统硬件

嵌入式系统的硬件包括嵌入式核心芯片、存储器系统及外部接口。其中，嵌入式核心芯片指微处理器（EMPU）、嵌入式微控制器（EMCU）、嵌入式数字信号处理器（EDSP）、嵌入式片上系统（ESoC）。嵌入式系统的存储系统包括程序存储器（ROM、EPROM、Flash）、数据存储器、随机存储器、参数存储器等。

（1）嵌入式处理器

嵌入式处理器是构成系统的核心部件，系统工程中的其他部件均在它的控制和调度下工作。处理器通过专用的接口获取监控对象的数据、状态等各种信息，并对这些信息进行计算、加工、分析和判断并作出相应的控制决策，再通过专用接口将控制信息传给控制对象。根据其现状，嵌入式处理器可以分成下面几类，如图 1.3.1 所示。

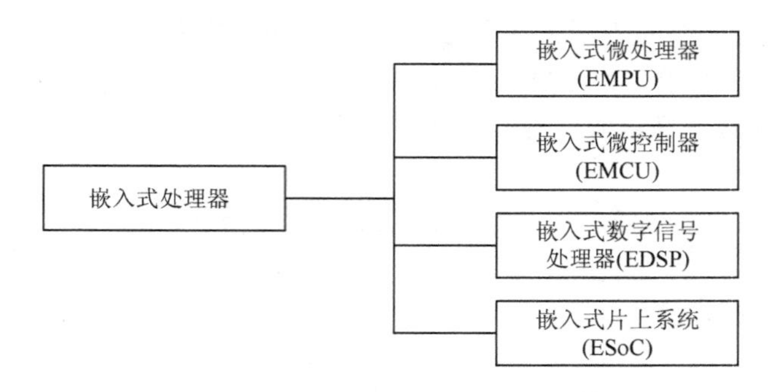

图 1.3.1　嵌入式处理器的分类

（2）嵌入式存储器

存储器的类型将决定整个嵌入式系统的操作和性能，因此存储器的选择非常重要。无论系统是采用电池供电还是市电供电，应用需求将决定存储器的类型及使用目的。另外，在选择过程中，存储器的尺寸和成本也是需要考虑的重要因素。对于较小的系统，微控制器自带的存储器就有可能满足系统要求，而较大的系统可能要求增加外部存储器。为嵌入式系统选择存储器类型时，需要考虑一些设计参数，包括微控制器的选择、电压范围、电池寿命、读/写速度、存储器尺寸、存储器的特性、擦除/写入的耐久性以及系统总成本等。

按照与 CPU 的接近程度，存储器分为内存储器和外存储器，简称内存和外存。内存储器又称为主存储器，属于主机的组成部分；外存储器又称辅助存储器，属于外围设备。CPU 不能像访问内存那样直接访问外存，外存要与 CPU 和 I/O 设备进行数据传输，必须通过内存进行。在 80386 以上的高档微机中，还配置了高速缓冲存储器（Cache），这时内存包括主存和高速缓存两部分。对于低档微机，主存即为内存。

根据两类存储器设备的特点，计算机一般采用两级存储层次，这样做的优点是：合理解决速度与成本的矛盾，以获取较高的性价比；使用磁盘作为外存，不仅价格便宜，可以把存储容量做得很大，而且在断电时它所存放的信息也不会丢失，可以长期保存，且复制、携带都很方便。

（3）常规的外设及其接口

常规外设是指一般的计算设备不能缺少的外设。常规外设通常包括以下 3 类。

① 输入设备：用于数据的输入。常见的输入设备有键盘、鼠标、触摸屏、扫描仪、各种各样的媒体视频捕获卡等。

② 输出设备：用于数据的输出。常见的输出设备有各种显示器、打印机、绘图仪、声卡、音响等。

③ 外存设备：用于存储程序和数据。常见的外存设备有硬盘、软盘、光盘、磁带机、存储机等。

通过接口可以将外设连接到计算机上，使外设的信息能够输入计算机，计算机的信息能够输出到外设。

2．嵌入式软件

嵌入式系统的软件与通用计算机一样，包含应用软件、应用编程接口、嵌入式操作系统、板级支持包（BSP），其软件层次结构如图 1.3.2 所示。

嵌入式操作系统为上层的应用软件提供应用编程接口，BSP 负责与底层硬件交互、屏蔽硬件的差异。BSP 的存在使嵌入式操作系统的开发不再依赖于某种系统结构的嵌入式硬件，因此硬件厂商提供适合自己硬件的 BSP 即可。

应用软件
应用编程接口
嵌入式操作系统
BSP
底层硬件

图 1.3.2 嵌入式系统层次结构

（1）BSP

在嵌入式操作系统中，BSP 以嵌入式操作系统“驱动程序”的身份出现。在系统启动初始，BSP 所做的工作类似于通用计算机的 BIOS，负责系统加电、各种设备初始化、操作系统装入等。

（2）嵌入式操作系统

嵌入式操作系统是嵌入式系统极为重要的组成部分，是嵌入式系统的灵魂。嵌入式操作系统从一开始便在通信、交通、医疗、安全方面展现出强大的魅力和强劲的发展潜力。嵌入式操作系统伴随着嵌入式系统的发展而发展，主要经历了 4 个比较明显的阶段：第一阶段是无操作系统的嵌入式算法阶段，通过汇编语言编程对系统进行直接控制；第二阶段是以嵌入式 CPU 为基础、简单操作系统为核心的嵌入式系统；第三阶段是通用的嵌入式实时操作系统阶段，该阶段以嵌入式操作系统为核心；第四阶段是以基于 Internet 为标志的嵌入式系统，这还是一个正在发展的阶段。

嵌入式操作系统具有一定的通用性，规模较大的嵌入式系统一般都有操作系统。嵌入式操作系统一般具有体积小、实时性强、可裁剪、可靠性强、功耗低等特点，其中实时性是最典型的特点。因此，实时性是嵌入式系统最重要的要求之一。目前，使用的嵌入式操作系统有几十种，但是最常用的是 Linux 和 Windows CE，本书将重点介绍 Linux 操作系统。

（3）应用软件

在传统的操作系统领域中，应用软件是指那些为了完成某些特定任务而开发的软件；在嵌入式系统领域的应用软件与通用计算机领域的应用软件从作用上讲都是类似的，也是为了解决某些特定的应用性问题而设计的软件，比如浏览器、播放器等。虽然嵌入式系统与通用的计算机系统分属于两个不同的领域，但二者的通用软件在某些情况下是可以通用的，当然更多数的情况是为了更好地适应嵌入式系统而作出了一定的修改，比如在智能手机中，可以看到非常高效的 Office 软件，它们在有限的资源下仍然可以完成大部分任务。嵌入式系统的应用软件与通用计算机软件相比，由于嵌入式系统的资源有限，致使对应用软件有更多苛求，要求尽量做到高效、低耗。而且嵌入式系统的应用软件还存在着操作系统的依赖性，一般情况下，不同操作系统之间的软件必须进行修改才能移植，甚至需要重新编写。

嵌入式系统是面向特定应用的，因此不同的嵌入式系统的应用软件可能会完全不同，但大多数嵌入式系统的应用软件都要满足实时性要求。

1.3.3 嵌入式系统的特点

从嵌入式系统的定义可以看出，嵌入式系统是面向应用的，与通用系统最大的区别在于嵌入式系统功能专一。根据这个特性，嵌入式系统的软、硬件可以根据需要进行精心设计、量体裁衣、去除冗余，以实现低成本、高性能。也正因如此，嵌入式系统采用的微处理器和外围设备种类繁多，系统不具有通用性。

嵌入式系统大多用在特定场合，要么是环境条件恶劣，要么要求其长时间连续运转，因此嵌入式系统应具有高可靠性、高稳定性、低功耗等特点。

由于成本和应用场合的特殊性，通常嵌入式系统的硬件资源（如内存等）都比较少，为此对嵌入式系统设计也提出了较高的要求。嵌入式系统的软件设计要求高质量，要在有限资源上实现高可靠性、高性能的系统。虽然随着硬件技术的发展和成本的降低，在高端嵌入式产品上也开始采用嵌入式操作系统，但其和PC资源比起来还是少得可怜，所以，嵌入式系统的软件代码依然要在保证性能的情况下，占用尽量少的资源，保证产品的高性价比，使其具有更强的竞争力。

为了提高执行速度和系统可靠性，嵌入式系统中的软件一般都固化在存储器芯片或单片机本身中，而不是存储于磁盘中。很多采用嵌入式系统的应用具有实时性要求，所以大多数嵌入式系统采用实时性系统。但需要注意的是，嵌入式系统不等于实时系统。嵌入式系统不仅功能强大，而且要求使用灵活、方便，一般不需要键盘、鼠标等。人机交互以简单方便为主。

嵌入式软件开发有别于桌面软件系统开发的一个显著特点是，它一般需要一个交叉编译和调试环境，即编辑和编译软件在主机上进行（如在 PC 的 Windows 操作系统下），编译好的软件需要下载到目标机上运行（如在一个 PC 目标机上的 VxWorks 操作系统下），主机和目标机建立起通信连接，并传输调试命令和数据。由于主机和目标机往往运行着不同的操作系统，而且处理器的体系结构也彼此不同，这就提高了嵌入式开发的复杂性。

嵌入式系统是将先进的计算机技术、半导体技术和电子技术与各个行业的具体应用相结合后的产物。这一点就决定了它必然是一个技术密集、资金密集、高度分散、不断创新的知识集成系统，从事嵌入式系统开发的人才也必须是复合型人才。

1.4 物联网与嵌入式系统

物联网中的“物”要满足以下条件：

- 要有数据传输通路；
- 要有一定的存储功能；
- 要有 CPU；
- 要有操作系统；
- 要有专门的应用程序；
- 遵循物联网的通信协议；
- 在世界网络中有可被识别的唯一编号。

物联网有3个源头，即智慧源头、网络源头、物联源头。智慧源头是微处理器，网络源头是物联网，物联源头是嵌入式应用系统的4个通道接口：与物理参数相连的是前向通道的传感器接口；与物理对象相连的是后向通道的控制接口；实现人物交互的是人机交互接口；实现物物交互的是通信接口。物联网系统的基本特点是“三化两性”，即无人化、自动化、智慧化、实时性与无限性。

物联网的实现需要用到嵌入式技术，嵌入式技术系统作为“物联网”的核心，是当前最热门的IT应用领域之一。物联网其实就是把所有的物体都连在网络上，这些就是要通过嵌入式系统来实现。嵌入式系统诞生于嵌入式处理器，距今已有30多年的历史。早期经历过电子技术领域独立发展的单片机时代，进入21世纪，才进入多学科支持的嵌入式系统时代。从诞生之日起，嵌入式系统就以“物联”为己任，具体表现为：嵌入式到物理对象中，实现物理对象的智能化。

1.5 基于嵌入式技术的物联网应用领域

1.5.1 物联网与智能家居

智能家居概念的起源很早：20 世纪 80 年代初，随着大量采用电子技术的家用电器面世，住宅电子化开始实现；20 世纪 80 年代中期，将家用电器、通信设备与安全防范设备各自独立的功能综合为一体，又形成了住宅自动化概念；至 20 世纪 80 年代末，由于通信与信息技术的发展，出现了通过总线技术对住宅中各种通信、家电、安防设备进行监控与管理的商用系统，这在美国被称为 Smart Home，也就是现在智能家居的原型。智能家居在 WiKi 百科中定义如下：以住宅为平台，兼备建筑、网络通信、信息家电、设备自动化，集系统、结构、服务、管理为一体的高效、舒适、安全、便利、环保的居住环境。进入 21 世纪后，智能家居的发展更是多样化，技术实现方式也更加丰富。总体而言，智能家居发展大致经历了 4 代。第一代主要是基于同轴线、两芯线进行家庭组网，实现灯光、窗帘控制和少量安防等功能。第二代主要基于 RS-485 线、部分基于 IP 技术进行组网，实现可视对讲、安防等功能。第三代实现了家庭智能控制的集中化，控制主机产生，业务包括安防、控制、计量等业务。第四代基于全 IP 技术，末端设备基于 ZigBee 等技术，智能家居业务提供采用“云”技术，并可根据用户需求实现定制化、个性化。

目前智能家居大多属于第三代产品，而美国已经对第四代智能家居进行了初步的探索，并已有相应产品。近年来，物联网成为全球关注的热点领域，被认为是继互联网之后最重大的科技创新。物联网通过射频识别（RFID）、红外感应器、全球定位系统、激光扫描器等信息传感设备，按约定的协议把任何物品与互联网连接起来进行信息交换和通信，以实现智能化识别、定位、跟踪、监控和管理。物联网的发展也为智能家居引入了新的概念及发展空间，智能家居可以被看作是物联网的一种重要应用。

基于物联网的智能家居，表现为利用信息传感设备（同居住环境中的各种物品松耦合或紧耦合）将家居生活有关的各种子系统有机地结合在一起，并与互联网连接起来，进行监控、管理信息交换和通信，实现家居智能化。其包括：智能家居（中央）控制管理系统、终端（家居传感器终端、控制器）、家庭网络、外联网络、信息中心等，如图 1.5.1 所示。

1.5.2 物联网与智能农业

智能农业是现代农业的重要标志和高级阶段。智能农业是现代科学技术革命对农业产生的巨大影响下逐步形成的一个新的农业形态，是现代农业发展的必然趋势和高级阶段。其基本特征是高效、集约，在农业产业链的各个环节，通过信息、知识和现代高新技术的高度融合，用信息流调控农业生产与经营活动的全过程。在智能农业环境下，信息和知识成为重要的投入主体，并大幅度提高物质流与能量流的投入效率。在加快传统农业转型升级的过程中，智能农业将成为发展现代农业的重要内容和显著特征，为加快传统农业人产业化进程，促进农业生产方式和经营方式的转变，增强农业综合竞争力发挥革命性的作用，如图 1.5.2 所示。

智能农业是一个新兴产业，它是现代信息化技术与人的经验和智慧的结合及其应用所产生的新的农业形态。在智能农业环境下，现代信息技术得到了充分应用，可最大限度地把人的智慧转变为先进的生产力，通过知识要素的融入，实现有限的资本要素的投入效应最大化，使得信息、知识成为驱动经济增长的主导因素，使农业增长方式从主要依赖自然资源向主要依赖信

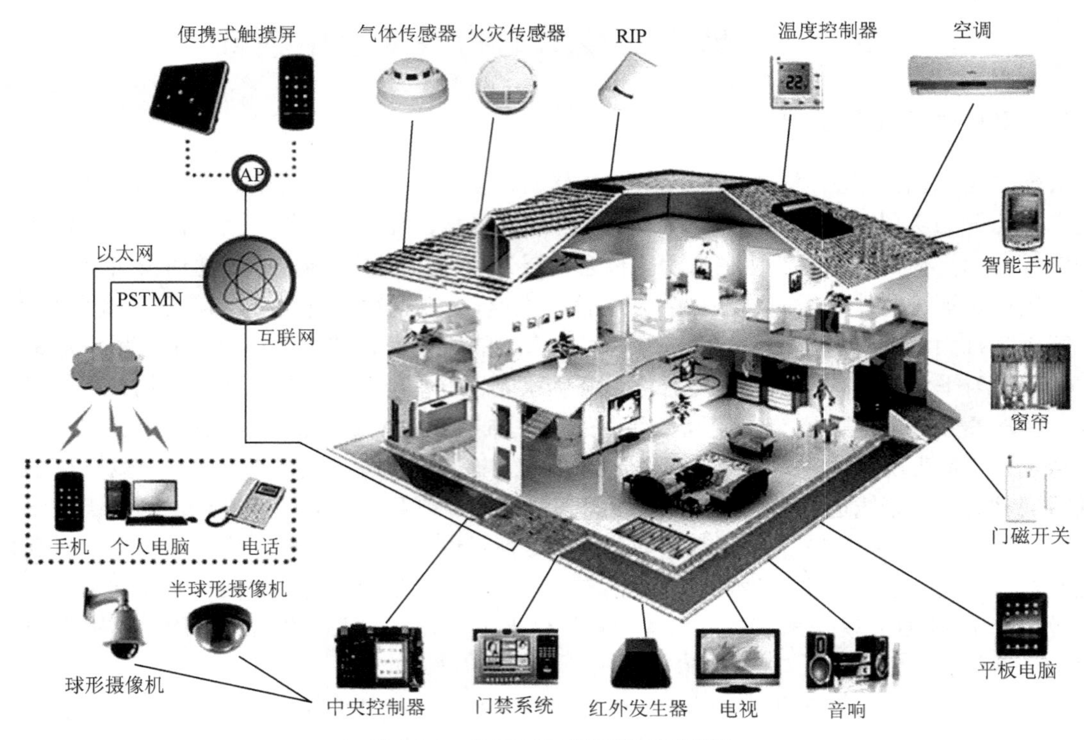

图 1.5.1　物联网与智能家居示意图

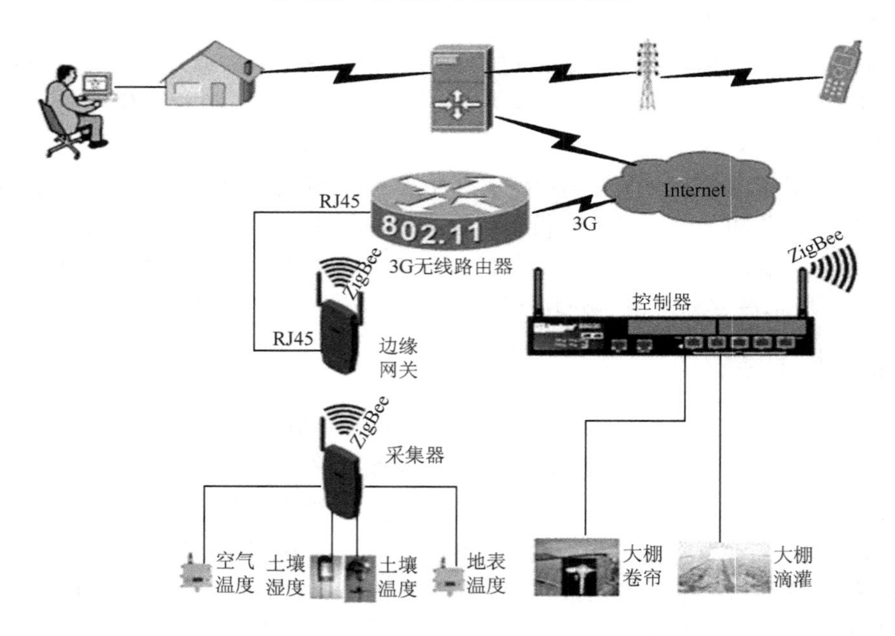

图 1.5.2　物联网与智能农业示意图

息资源和知识资源转变。因此，智能农业也是低碳经济时代农业发展形态的必然选择，符合人类可持续发展的趋势。

物联网对智能农业的影响主要体现在以下 5 个方面。

（1）物联网技术引领现代农业发展方向

智能装备是农业现代化的一个重要标志，物联网技术在农业中广泛应用，可以实现农业生产资源、生产过程、流通过程等环节信息的实时获取和数据共享，以保证产前正确规划，提高资源利用效率；产中精细管理而提高生产效率，实现节本增效；产后高效沟通并实现安全追溯。农业物联网技术的发展，将是实现传统农业向现代农业转变的助推器和加速器，也将为培育物联网农业应用相关新兴技术和服务产业发展提供无限的商机。

（2）物联网技术推动农业信息化、智能化

应用各种感应芯片和传感器，广泛地采集人和自然界各种属性信息，然后借助有线、无线和互联网络实现各级管理者、农民、农业科技人员等“人与人”相连，进而拓展到土、肥、水、气、作物、仓储和物流等“人与物”相连，以及农业数字化机械、自动温室控制、自然灾害监测预警等“物与物”相连，并实现即时感知、互联互通和高度智能化。

（3）物联网技术提高农业精准化管理水平

在农业生产环节，利用农业智能传感器实现农业生产环境信息的实时采集和利用自组织智能物联网对采集数据进行远程实时报送。通过物联网技术监控农业生产环境参数，如土壤湿度、土壤养分、降水量、温度、空气湿度和气压、光照强度、浓度等，可为农作物大田生产和温室精准调控提供科学依据，优化农作物生长环境。不仅可获得作物生长的最佳条件，提高产量和品质，同时可提高水资源、化肥等农业投入的利用率和产出率。

（4）物联网技术保障农产品和食品安全

在农产品和食品流通领域，集成应用标签、条码、传感器网络、移动通信网络和计算机网络等农产品和食品追溯系统，可实现农产品和食品质量跟踪、溯源和可视数字化管理，对农产品从田头到餐桌、从生产到销售全过程实行监控，可实现农产品和食品质量安全信息在不同供应链主体之间的无缝衔接，不仅实现农产品和食品的数字化物流，同时也可以大大提高农产品和食品的质量。

（5）物联网技术推动新农村建设

通过互联网长距离信息传输与接近终端小范围无线传感节点物联网的结合，可实现农村信息最后落脚点的解决，真正让信息进村入户，把农村远程教育培训、数字图书馆推送到偏远村庄，缩小城乡数字鸿沟，加快农村科技文化的普及，提高农村人口的生活质量，加快推进新农村建设。

1.5.3　物联网与智能物流

物流业是物联网很早就实实在在落地的行业之一。物流行业不仅是国家十大产业振兴规划的其中一个，也是信息化及物联网应用的重要领域。信息化和综合化的物流管理、流程监控不仅能为企业带来物流效率提升、物流成本控制等监控效益，也从整体上提高了企业以及相关领域的信息化水平，从而达到带动整个产业发展的目的。

目前，国内物流行业的信息化水平仍不高，从内部角度，企业缺乏系统的 IT 信息解决方案，不能借助功能丰富的平台，快速定制解决方案，保证订单履约的准确性，满足客户的具体要求。对外，各个地区的物流企业分别拥有各自的平台及管理系统，信息共享水平低，地方堡垒较高。针对行业目前存在的问题，局部采用了物联网技术，并且也取得了一定的进展。目前相对成熟的应用主要体现在以下几大领域。

（1）产品的智能可追溯网络系统

如食品的可追溯系统、药品的可追溯系统等，这些智能的产品可追溯系统为保障食品安全、药品安全提供了坚实的物流保障。目前，在医学领域、制造领域，产品追溯体系都发挥着货物追踪、识别、查询、信息等方面的巨大作用，有很多成功案例。

（2）物流过程的可视化智能管理网络系统

这是基于 GPS 卫星导航定位技术、RFID 技术、传感技术等多种技术，在物流过程中可实时实现车辆定位、运输物品监控、在线调度与配送、可视化与管理系统。目前，还没有全网络化与智能化的可视管理网络，但初级的应用比较普遍，如有的物流公司或企业建立了 GPS 智能物流管理系统；也有的公司建立了食品冷链的车辆定位于食品温度实时监控系统等，初步实现了物流作业的透明化、可视化管理；在公共信息平台与物联网结合方面，也有一些公司在探索新的模式。展望未来，一个高效精准、实施透明的物流业将呈现在眼前。

（3）智能化的企业物流配送中心

这是基于传感、RFID、声、光、电、移动计算等各项先进技术的网络，旨在建立全自动化的物流配送中心，建立物流作业的智能控制和制造自动化，实现物流与制造联动，实现商流、物流、信息流、资金流的全面协同。

（4）企业的智慧供应链

在竞争日益激烈的今天，面对着大量的个性化需要与订单，怎样能使供应链更加智慧呢？怎样才能作出准确的客户需求预测？这些是企业经常遇到的现实问题。这就需要智慧物流和智慧供应链的后勤保障网络系统支持。打造智慧供应链，是 IBM 智慧地球解决方案重要的组成部分，也有一些应用的案例，如图 1.5.3 所示。

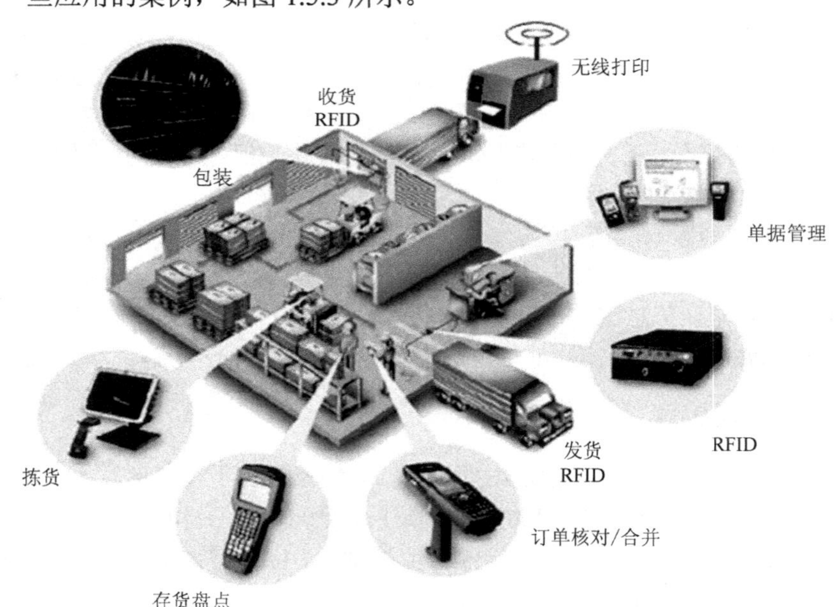

图 1.5.3　物联网与智能物流示意图

此外，基于智能配货的物流网络化公共信息平台建设、物流作业中智能手持终端产品的网络化应用等，也是目前很多地区推动的物联网在物流业中应用的模式。

在物流业，物联网在物品可追溯领域技术与政策条件已经成熟，应该全面推进；在可视化与智能化物流管理领域应该开展试点，力争取得重点突破，取得示范意义的案例；在智能化物流中心建设方面需要物联网理念进一步提升，加强网络建设和物流与生产的联动；在智能配货的信息化平台建设方面应该统一规划，全力推进。

1.5.4 物联网与智能医疗

1．智能医疗发展现状

智能医疗的发展分为 7 个层次：一是业务管理系统，包括医院收费和药品管理系统；二是电子病历系统，包括病人信息、影像信息；三是临床应用系统，包括计算机医生医嘱录入系统(CPOE)等；四是慢性疾病管理系统；五是区域医疗信息交换系统；六是临床支持决策系统；七是公共健康卫生系统。总体来说，中国处在第一、二阶段向第三阶段发展的阶段，还没有建立真正意义上的 CPOE，主要是缺乏有效数据，数据标准不统一，加上供应商欠缺临床背景，在从标准转向实际应用方面也缺乏标准指引。中国要想从第二阶段进入第五阶段，涉及许多行业标准和数据交换标准的形成，这也是未来需要改善的方面。

在远程智能医疗方面，国内发展比较快，比较先进的医院在移动信息化应用方面其实已经走到了前面。比如，可实现病历信息、病人信息、病情信息等的实时记录、传输与处理利用，使得在医院内部和医院之间通过联网，实时地、有效地共享相关信息，这一点对于实现远程医疗、专家会诊、医院转诊等可以起到很好的支撑作用，这主要源于政策层面的推进和技术层的支持。但目前欠缺的是长期运作模式，缺乏规模化、集群化的产业发展。此外，还面临成本高昂、安全性及隐私问题等，这些都会制约我国智能医疗的快速发展。

2．智能医疗的发展趋势

物联网技术将被广泛用于外科手术设备、加护病房、医院疗养和家庭护理中，智能医疗结合无线网技术、RFID 技术、物联网技术、移动计算技术、数据融合技术等，将进一步提升医疗诊疗流程的服务效率和服务质量，提升医院综合管理水平，实现监护工作无线化，全面改变和解决现代化数字医疗模式、智能医疗及健康管理、医院信息系统等问题和困难，并大幅度提高医疗资源高度共享，降低公众医疗成本，如图 1.5.4 所示。

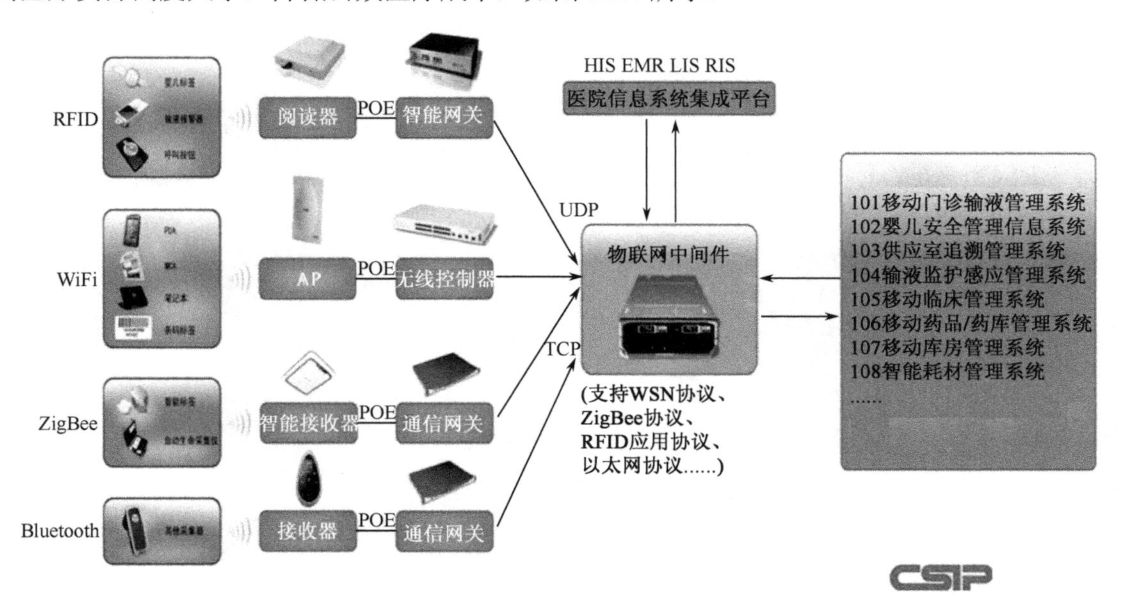

图 1.5.4 物联网与智能医疗示意图

通过电子医疗和物联网技术能够使大量的医疗监护工作实施无线化，而远程医疗和自助医疗、信息及时采集和高度共享，可缓解资源短缺、资源分配不均的窘境，降低公众的医疗成本。

依靠物联网技术，实现对医院资产、血液、医疗废弃物、医院消毒物品等的管理；在药品生产上，通过物联网技术实施对生产流程、市场的流动以及病人用药的全方位的检测。

依靠物联网技术通信和应用平台，包括实时付费以及网上诊断、网上病理切片分析、设备的互通等，实行家庭安全监护，实时得到病人的各种各样的信息。通过物联网技术来实行灾难现场医疗数据的采集，包括互联互通的各种医疗设备，特别是由于次生灾害造成的灾害，通过物联网实现现场的统一资源的调度。

基于物联网技术的智能医疗使看病变得简单，举一个最简单的例子：患者到医院，只需在自助机上刷一下身份证，就能完成挂号；到任何一家医院看病，医生输入患者身份证号码，立即能看到之前所有的健康信息、检查数据；带个传感器在身上，医生就能随时掌握患者的心跳、脉搏、体温等生命体征，一旦出现异常，与之相连的智能医疗系统就会预警，提醒患者及时就医，还会传送救治办法等信息，以帮助患者争取黄金救治时间。

第 2 章　嵌入式 Linux 系统快速入门

嵌入式 Linux 是以 Linux 为基础的一种高可靠、高性能的嵌入式操作系统。而这些优越性只有在直接使用 Linux 命令行，即 shell 环境时，才能充分体现出来。因此，为了更好地享受 Linux 所带来的高效及高稳定性，建议读者认真学习本章内容，尽可能地使用 Linux 的命令行界面，也就是 shell 环境。当读者能飞快地敲击出各种 shell 命令的时候，就能体验到 Linux 所带来的乐趣。

本章学习目标：

- 理解嵌入式 Linux 系统的概念；
- Linux 开发环境的安装；
- 熟练使用 Linux 常用基础命令；
- 掌握 vi 的基本操作；
- 熟悉 gcc 编译器的基本原理；
- 熟悉 makefile 基本原理及语法规范；
- 理解 Bootloader 的概念及其与 U-Boot 之间的关系。

2.1　嵌入式 Linux 概述

2.1.1　什么是嵌入式 Linux

操作系统除了有效地控制这些硬件资源的分配，并提供计算机运行所需要的功能之外，为了要向程序员提供更容易开发软件的环境，所以操作系统也会提供一整组系统调用接口来给软件程序员开发使用。而 Linux 就是一套操作系统。如图 2.1.1 所示，Linux 就是内核与系统调用两层。这里需要注意的是，应用程序部分不算 Linux 范围。

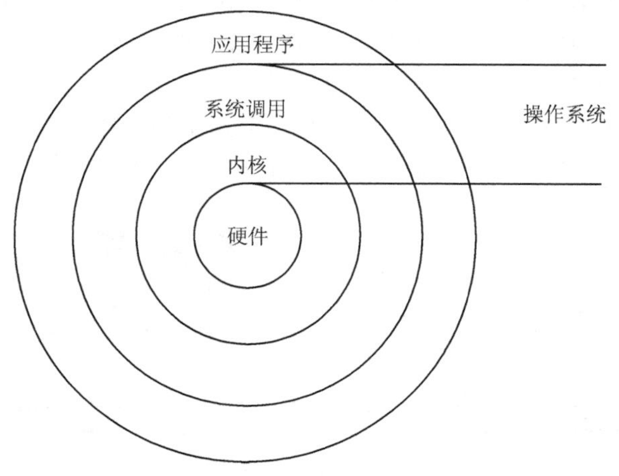

图 2.1.1　操作系统的角色

由图 2.1.1 可以看到，其内核与硬件具有紧密的关系。同时，由于 Linux 只是一套操作系统并不含其他的应用程序，因此工程师可以根据自己的实际需求，在下载并安装 Linux 内核的基础上安装他们所需要的软件。

2.1.2 嵌入式系统中选择嵌入式 Linux 的缘由

随着技术的发展及人们需求的增长，各种消费类电子产品的功能越来越强大，随身携带的电子设备变得“等同于 PC”：上面有键盘、触摸屏、LCD 等输入、输出设备，可以观看视频、听音乐，可以浏览网页、接收邮件，可以查看、编辑文档等。在工业领域，系统级芯片以更低廉的价格提供了更丰富的功能，使得一个嵌入式系统可以同时完成更多的控制功能。

当系统越来越大，应用越来越多，使用操作系统很有必要。操作系统的作用有：统一管理系统资源、为用户提供访问硬件的接口、调度多个应用程序、管理文件系统等。在嵌入式领域可以选择的操作系统有很多，比如：嵌入式 Linux、VxWorks、Windows CE、μC/OS-Ⅱ等。

Linux 的缺点在于实时性，虽然 2.6 版本的 Linux 在实时性方面有较大的改进，但是仍无法称为实时操作系统。有不少变种 Linux 在实时性方面做了很大的改进，比如 RTLinux 达到了硬实时性，TimeSys Linux 提高了实时性。这些改进的 Linux 版本既有遵循 GPL 协议的免费版本，也有要付费的商业版本。

正是由于 Linux 开放源代码、易于移植、资源丰富、免费等优点，使得它在嵌入式领域越来越流行。更重要的一点，由于嵌入式 Linux 与 PC Linux 源于同一套内核代码，只是剪裁的程度不同，这使得很多 PC 开发软件再次编译之后，可以直接在嵌入式设备上运行，这使得软件资源“极大”丰富，比如各类实用的函数库、小游戏等。

2.2 搭建嵌入式 Linux 主机开发环境

1. 安装 VMware Player

本书基于华清远见实验箱平台，VMware Player 从 6.0 版本之后默认支持中文，所以华清远见开发环境 V12B 使用当前最新版的 VMware Player（版本号为 6.0.2 build-1744117）。若要正常使用此开发环境，必须保证 VMware Player 版本号大于等于当前给出的版本号，否则可能会出现因为 VMware Tools 版本过高而引起虚拟机无法正常启动的情况（如果用户使用 VMware Workstation，版本号应该大于等于 10.0.1-1379776）。

打开“基于嵌入式系统的物联网实验开发光盘/Linux 开发环境/VMware Player”路径下的 VMware Player 安装程序 VMware-player-6.0.2-1744117.exe，如图 2.2.1 所示，单击该文件开始安装。

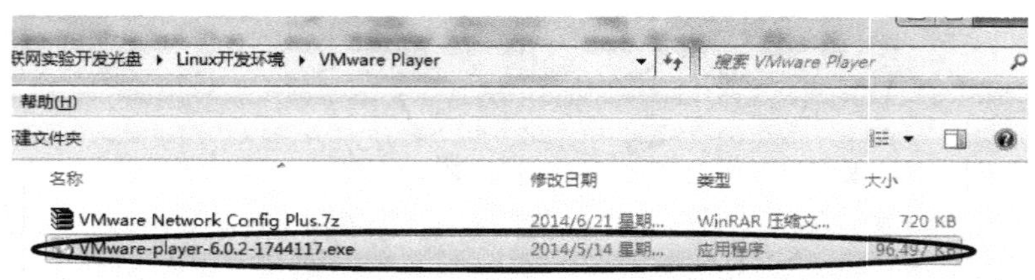

图 2.2.1　VMware Player 安装程序

2. 解压 Ubuntu 虚拟机镜像文件

打开“基于嵌入式系统的物联网实验开发光盘/Linux 开发环境/Ubuntu 虚拟机镜像”路径，如图 2.2.2 所示，解压 Ubuntu 虚拟机镜像。

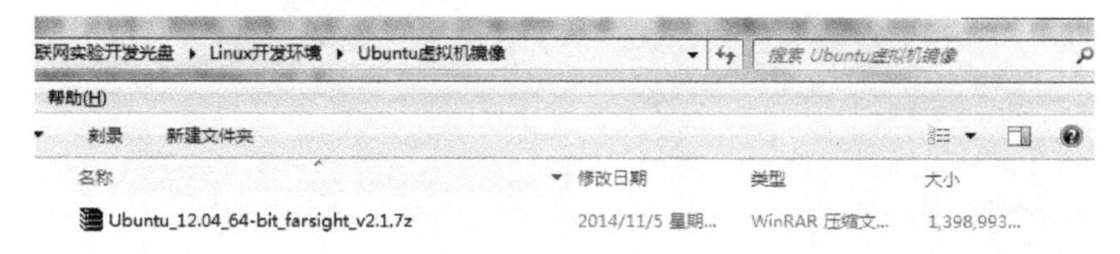

图 2.2.2　Ubuntu 虚拟机镜像

3. 打开虚拟机

（1）打开 VMware Player，如图 2.2.3 所示。

图 2.2.3　VMware Player 图标

（2）打开虚拟机镜像，如图 2.2.4 和图 2.2.5 所示。

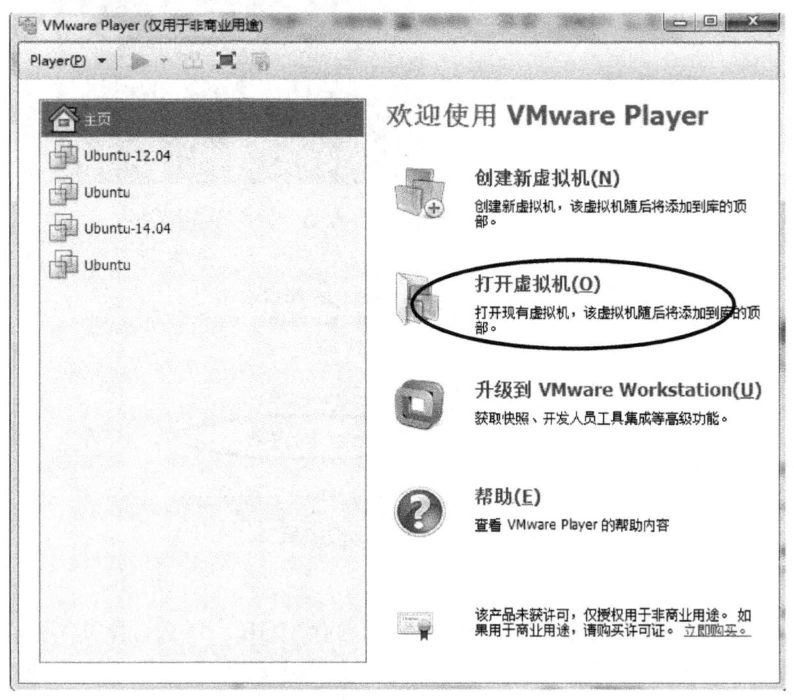

图 2.2.4　打开虚拟机镜像

图 2.2.5　打开虚拟机镜像

（3）配置优化虚拟机，如图 2.2.6 所示。

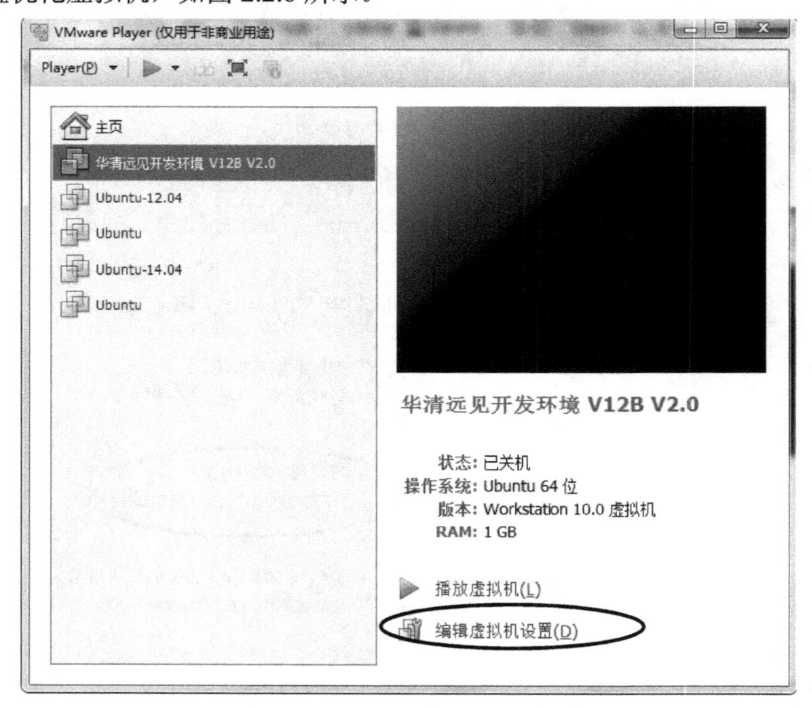

图 2.2.6　配置优化虚拟机

① 修改内存大小

根据主机配置修改虚拟机内存大小。例如主机内存 1GB，那么分配虚拟机的内存大小应小于 512MB，否则物理机操作系统运行时会卡机；如果主机内存大于 4GB（足够大），那么可以根据 VMware Player 的提示和自己的需求修改内存大小。注意：如果需要编译 Android，那么内存大小最好大于 1GB，如图 2.2.7 所示。

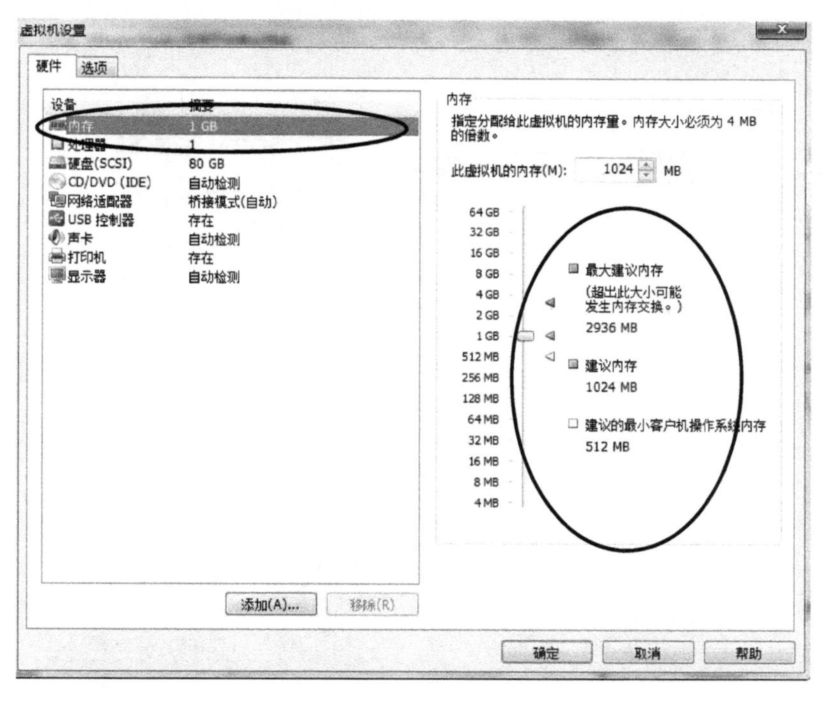

图 2.2.7　虚拟机设置——内存

② 确保网络连接为桥接模式，如图 2.2.8 所示。

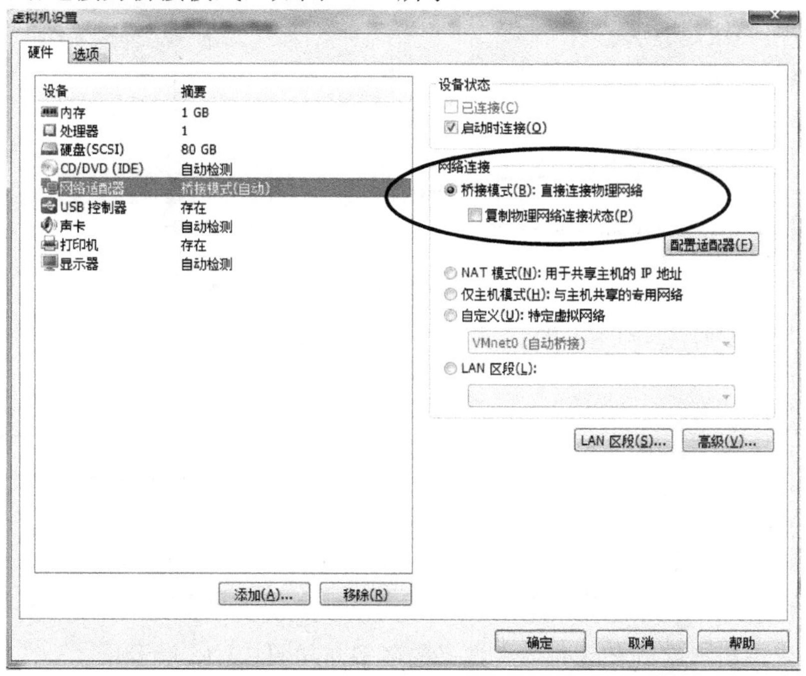

图 2.2.8　虚拟机设置——网络连接

③ 增加共享文件夹

共享文件夹可以在虚拟机访问物理硬盘分区的内容，也可以将虚拟机中的文件复制到物理机中，是虚拟机和物理机很好的交流桥梁，如图 2.2.9 所示。

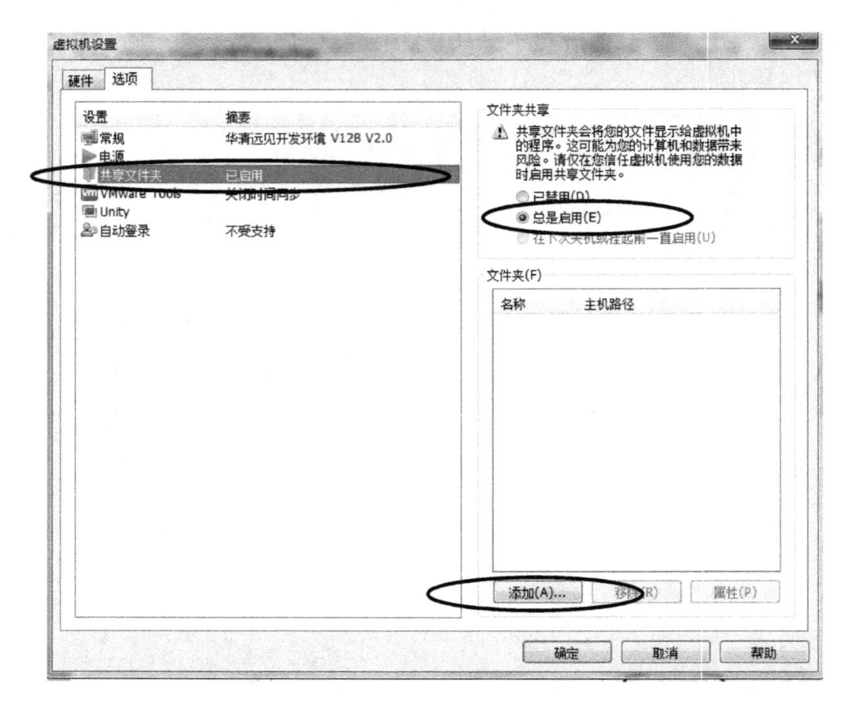

图 2.2.9　虚拟机设置——共享文件夹

④ 单击图 2.2.9 中的“添加”按钮，进入添加共享文件夹向导，单击“浏览”按钮选择共享文件夹，如图 2.2.10 和图 2.2.11 所示。

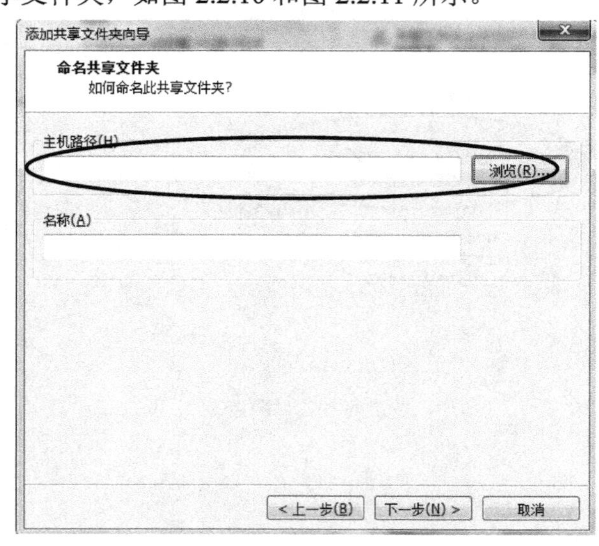

图 2.2.10　添加共享文件夹向导

图 2.2.11　添加共享文件夹

⑤ 修改在虚拟机内看到物理磁盘文件夹的名字，如图 2.1.12 所示。

4. 启动虚拟机

启动虚拟机如图 2.2.13 所示。

① 启动虚拟机，单击“我已复制该虚拟机”按钮，如图 2.2.14 所示。

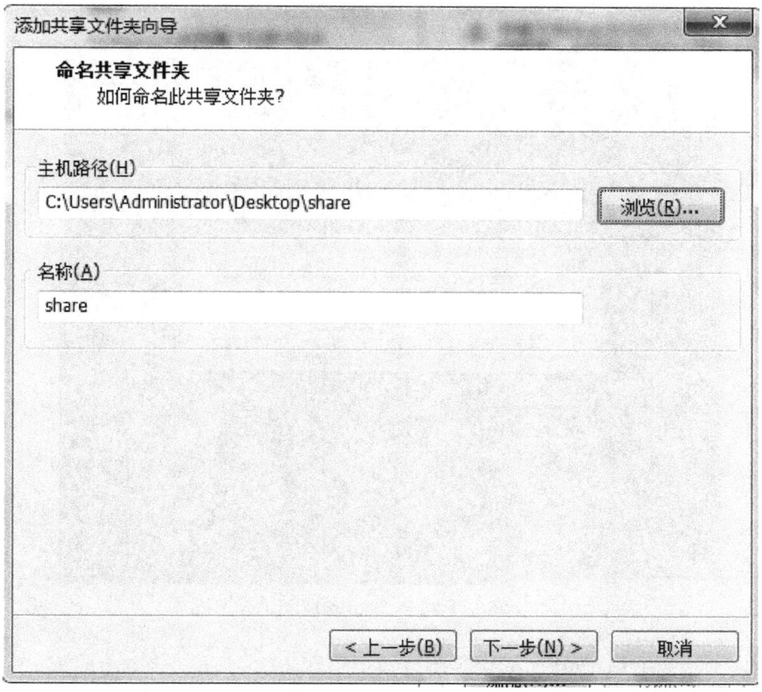

添加共享文件夹向导

命名共享文件夹

如何命名此共享文件夹?

主机路径(H)

C:\Users\Administrator\Desktop\share

浏览(R)...

名称(A)

share

< 上一步(B)　下一步(N) >　取消

图 2.2.12　命名共享文件夹

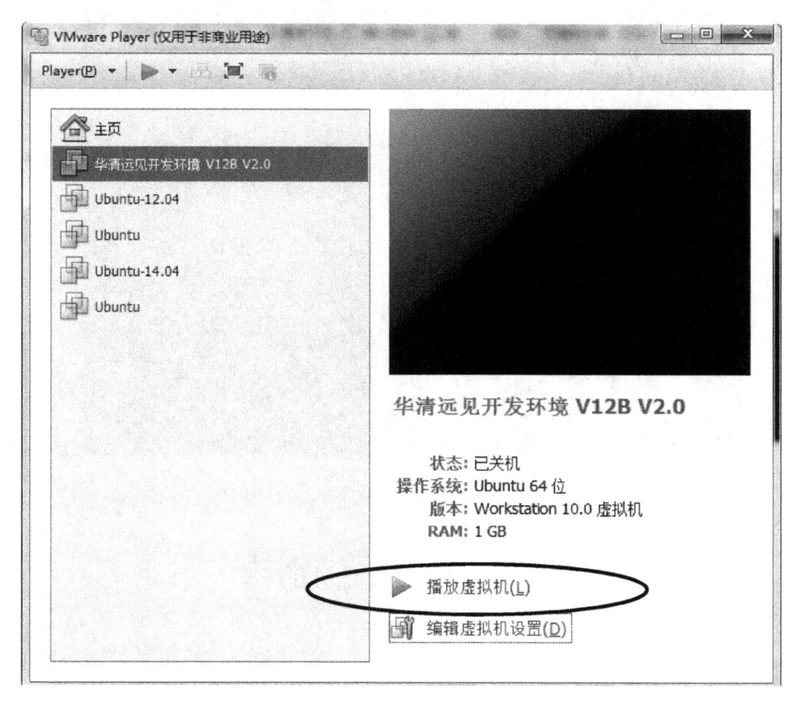

图 2.2.13　启动虚拟机

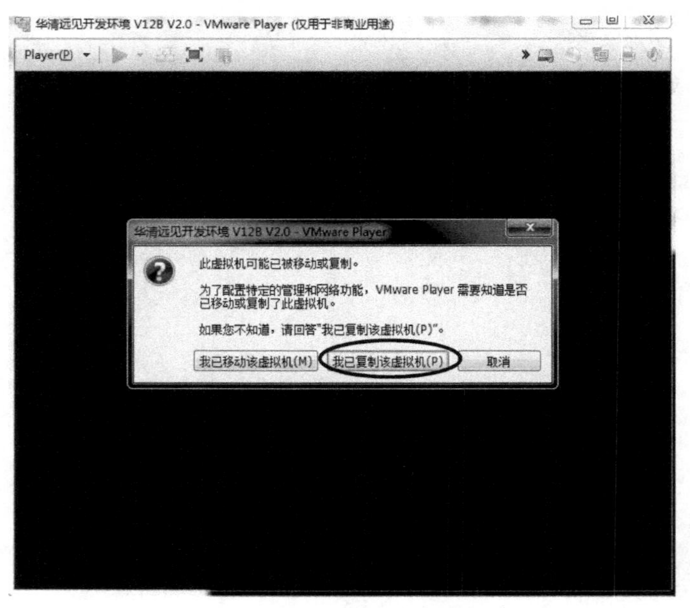

图 2.2.14　启动虚拟机

② 输入密码，密码为 1，如图 2.2.15 所示。

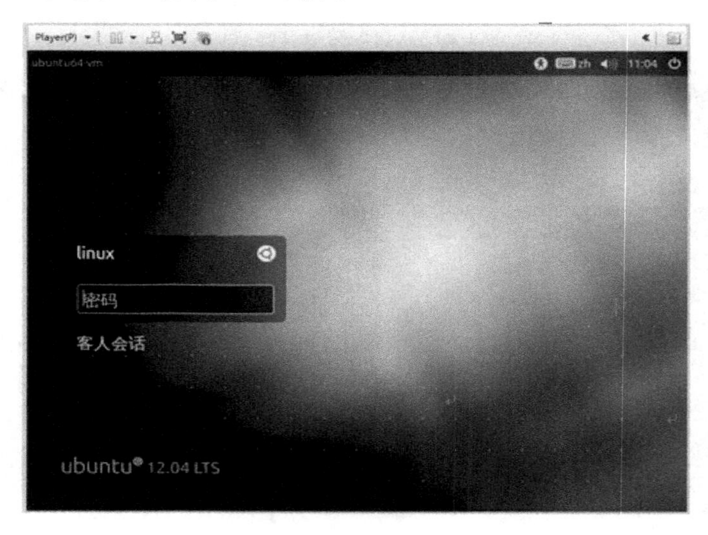

图 2.2.15　输入密码

2.3　Linux 基础命令

在安装完 Linux 并再次启动之后，就可以进入与 Windows 类似的图形化界面了。这个界面就是 Linux 图形化界面 X 窗口系统（简称 X）的一部分。要注意的是，X 窗口系统仅仅是 Linux 上面的一个软件（或者也可称为服务），它不是 Linux 自身的一部分。虽然现在的 X 窗口系统已经与 Linux 整合得相当好了，但毕竟还不能保证绝对的可靠性。另外，X 窗口系统是一个相当耗费系统资源的软件，它会大大地降低 Linux 的系统性能。因此，若希望更好地享受 Linux 所带来的高效及高稳定性，建议读者尽可能使用 Linux 的命令行界面，也就是 shell 环境。

当用户在命令行下工作时，不是直接同操作系统内核交互信息的，而是由命令解释器接收命令，分析后再传给相关的程序。shell 是一种 Linux 中的命令行解释程序，就如同 command.com 是 DOS 下的命令解释程序一样，为用户提供使用操作系统的接口。它们之间的关系如图 2.3.1 所示。用户在提示符下输入的命令都由 shell 先解释然后传给 Linux 内核。

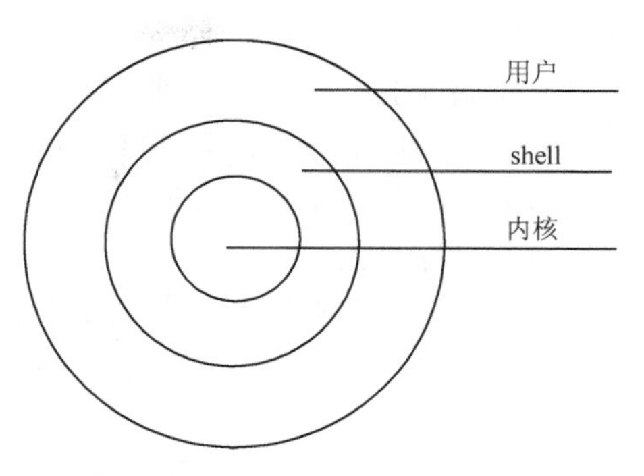

图 2.3.1　内核、shell 和用户的关系

Linux 中运行 shell 的环境是“系统工具”下的“终端”，读者可以单击“终端”以启动 shell 环境。这时屏幕上显示类似“root@ubuntu:/#”的信息，其中，root 是指系统超级用户，ubuntu 是计算机名，而“/”是指当前所在的目录是根目录。

命令格式说明如下：

① 格式中带[ ]的表明为可选项，其他为必选项；

② 选项可以多个连续写入。

2.3.1　用户系统相关命令

1. 用户切换命令（su）

（1）作用

变更为其他使用者的身份，主要用于将普通用户身份转变为超级用户，而且需输入相应的用户密码。

（2）格式

su [选项] [使用者]

（3）常见参数

主要选项参数见表 2.3.1。

表 2.3.1　su 命令常见参数列表

选　项	参数含义
-，-l，--login	为该使用者重新登录，大部分环境变量（如 HOME、SHELL 和 USER 等）和工作目录都以该使用者（USER）为主。若没有指定 USER，默认情况是 root
-m，-p	执行 su 命令时不改变环境变量
-c，--command	变更账号为 USER 的使用者，执行指令（command）后再变回原来使用者

（4）使用实例

如图 2.3.2 所示。

```
huang@ubuntu:~$ su - root
Password:
root@ubuntu:~#
```

图 2.3.2　su 命令使用实例

2. 用户管理命令（useradd 和 passwd）

（1）作用

① useradd：添加用户账号。

② passwd：更改对应用户的账号、密码。

（2）格式

① useradd：useradd [选项] 用户名

② passwd：passwd [选项] [用户名]

其中，用户名为修改账号密码的用户，若不带用户名，默认为更改当前使用者的密码。

（3）常见参数

① useradd 命令主要选项参数见表 2.3.2。

表 2.3.2　useradd 命令常见参数列表

选 项	参数含义
-g	指定用户所属的群组
-m	自动建立用户的登入目录
-n	取消建立以用户名称为名的群组

② passwd：一般很少使用选项参数。

（4）使用实例

如图 2.3.3 所示。

```
root@ubuntu:~# useradd david
root@ubuntu:~# passwd david
Enter new UNIX password:
Retype new UNIX password:
passwd: password updated successfully
root@ubuntu:~# su - david
```

图 2.3.3　useradd、passwd 命令使用实例

3．系统管理命令（ps 和 kill）

（1）作用

① ps：显示当前系统中由该用户运行的进程列表。

② kill：输出特定的信号给指定 PID（进程号）的进程，并根据该信号完成指定的行为。其中，可能的信号有进程挂起、进程等待、进程终止等。

（2）格式

① ps：ps [选项]

② kill：kill [选项] 进程号（PID）

kill 命令中的进程号为信号输出的指定进程的进程号，当选项省略时表示输出终止信号给该进程。

（3）常见参数

① ps 命令主要选项参数见表 2.3.3。

表 2.3.3　ps 命令常见参数列表

选 项	参数含义
-ef	查看所有进程及其 PID（进程号）、系统时间、命令详细目录、执行者等
-aux	除可显示-ef 所有内容外，还可显示 CPU 及内存占用率、进程状态
-w	显示加宽并且可以显示较多的信息

② kill 命令主要选项参数见表 2.3.4。

表 2.3.4　kill 命令常见参数列表

选 项	参数含义
-s	将指定信号发送给进程
-p	打印出进程号（PID），但并不送出信号
-l	列出所有可用的信号名称

（4）使用实例

如图 2.3.4 和图 2.3.5 所示。

```
root@ubuntu:~# ps -ef
UID        PID  PPID  C STIME TTY          TIME CMD
root         1     0  0 11:48 ?        00:00:01 /sbin/init
root         2     0  0 11:48 ?        00:00:00 [kthreadd]
root         3     2  0 11:48 ?        00:00:00 [ksoftirqd/0]
root         4     2  0 11:48 ?        00:00:00 [migration/0]
```

图 2.3.4　ps 命令使用实例

```
root@ubuntu:~# kill -l
 1) SIGHUP       2) SIGINT       3) SIGQUIT      4) SIGILL       5) SIG
TRAP
 6) SIGABRT      7) SIGBUS       8) SIGFPE       9) SIGKILL     10) SIG
USR1
11) SIGSEGV     12) SIGUSR2     13) SIGPIPE     14) SIGALRM     15) SIG
TERM
```

图 2.3.5　kill 命令使用实例

4. 磁盘相关命令（fdisk）

（1）作用

fdisk 可以查看硬盘分区情况，并可对硬盘进行分区管理，这里主要介绍如何查看硬盘分区情况。另外，fdisk 也是一个非常好的硬盘分区工具，感兴趣的读者可以另外查找资料学习如何使用 fdisk 进行硬盘分区。

（2）格式

fdisk [-l]

（3）使用实例

如图 2.3.6 所示。

```
root@ubuntu:~# fdisk -l

Disk /dev/sda: 42.9 GB, 42949672960 bytes
255 heads, 63 sectors/track, 5221 cylinders
Units = cylinders of 16065 * 512 = 8225280 bytes
Sector size (logical/physical): 512 bytes / 512 bytes
I/O size (minimum/optimal): 512 bytes / 512 bytes
Disk identifier: 0x0006ca6b

   Device Boot      Start         End      Blocks   Id  System
/dev/sda1   *           1        5031    40406016   83  Linux
/dev/sda2            5031        5222     1533953    5  Extended
/dev/sda5            5031        5222     1533952   82  Linux swap / So
laris
root@ubuntu:~# 
```

图 2.3.6　fdisk 命令使用实例

5. 文件系统挂载命令（mount）

（1）作用

使用 mount 命令可以把文件系统挂载到相应的目录下，并且由于 Linux 中把设备都当成文件一样使用，因此，mount 命令也可以挂载不同的设备。

（2）格式

mount [选项] [类型] 设备文件名 挂载点目录

其中，类型是指设备文件的类型。

（3）常见参数

mount 命令常见参数见表 2.3.5。

表 2.3.5 mount 命令常见参数列表

选 项	参数含义
-a	依照/etc/fstab 的内容装载所有相关的硬盘
-l	列出当前已挂载的设备、文件系统名称和挂载点
-f	通常用于除错。它会使 mount 不执行实际挂上的动作，而是模拟整个挂载上的过程，通常会和-v 一起使用

（4）使用实例

本实例中，先创建一个/home/usb 的目录，再把 U 盘挂载到此目录下，打开此目录可以看到 U 盘的内容，如图 2.3.7 所示。

```
root@ubuntu:~# mkdir -p /home/usb
root@ubuntu:~# mount -t vfat /dev/sdb1 /home/usb
root@ubuntu:~# cd /home/usb
root@ubuntu:/home/usb# ls
20150615附件4-1 简况表.doc
6.15评估材料
C++
CNKI E-Learning
FPGA
```

图 2.3.7 mount 命令使用实例

在使用完该设备文件后可使用命令 umount 将其卸载。重新进入/home/usb 目录下，可以看到无法打开 U 盘的内容，如图 2.3.8 所示。

```
root@ubuntu:/home/usb# cd ../..
root@ubuntu:/# umount /home/usb
root@ubuntu:/# cd /home/usb
root@ubuntu:/home/usb# ls
root@ubuntu:/home/usb#
```

图 2.3.8 umount 命令使用实例

2.3.2 文件相关命令

1. cd 命令

① 作用：改变当前工作目录。

② 格式：cd [路径]

其中，路径为要改变的工作目录，可为相对路径或绝对路径。

③ 使用实例，如图 2.3.9 所示。

④ 使用说明。使用“cd -”可以回到前次工作目录，“./”代表当前目录，“../”代表上级目录，如图 2.3.10 所示。

```
root@ubuntu:/# pwd
/
root@ubuntu:/# cd /home/linuxbook
root@ubuntu:/home/linuxbook# pwd
/home/linuxbook
root@ubuntu:/home/linuxbook#
```

图 2.3.9　cd 命令使用实例

```
root@ubuntu:/home/linuxbook# cd ./
root@ubuntu:/home/linuxbook# cd ../
root@ubuntu:/home#
```

图 2.3.10　cd 命令使用实例

2. ls 命令

① 作用：列出目录和文件的信息。

② 格式：ls [选项] [文件]

其中，文件选项为指定查看指定文件的相关内容，若未指定文件，默认查看当前目录下的所有文件。

③ 常见参数。ls 命令的主要选项参数见表 2.3.6。

表 2.3.6　ls 命令常见参数列表

选 项	参数含义
-l	一行输出一个文件（单列输出）
-a,-all	列出目录中所有文件，包括以"."开头的隐藏文件
-f	不排序目录内容，按它们在磁盘上存储的顺序列出

④ 使用实例，如图 2.3.11 所示。

```
root@ubuntu:/home# ls -l
total 32
drwxrwxrwx  7 root  root  4096 2015-12-17 13:11 drive
drwxr-xr-x 32 huang huang 4096 2016-01-19 15:31 huang
drwxr-xr-x  7 root  root  4096 2015-12-09 11:01 linuxbook
drwxrwxrwt 14 root  root  4096 2015-07-03 14:38 tmp
-rw-r--r--  1 root  root  2393 2015-07-03 14:38 tmp.tar.gz
drwxr-xr-x  2 root  root  4096 2016-01-19 15:14 usb
drwxrwxrwx  6 root  root  4096 2015-12-17 13:11 zhuanyeshixi
drwxrwxrwx  3 root  root  4096 2015-12-28 11:14 第3章 Linux高级实验
root@ubuntu:/home#
```

图 2.3.11　ls 命令使用实例

显示格式说明如下：

文件类型与权限 链接数 文件属主 文件属组 文件大小 修改的时间 名字

3. mkdir 命令

① 作用：创建一个目录。

② 格式：mkdir [选项] 路径

③ 常见参数。mkdir 命令主要选项参数见表 2.3.7。

表 2.3.7　mkdir 命令常见参数列表

选 项	参数含义
-m	对新建目录设置存取权限，也可以用 chmod 命令（在本节后面会有详细说明）设置
-p	可以是一个路径名称。此时若此路径中的某些目录尚不存在，在加上此选项后，系统将自动建立好那些尚不存在的目录，即一次可以建立多个目录

④ 使用实例。如图 2.3.12 所示，该实例使用选项“-p”一次创建了/home/my 多级目录。该实例使用选项“-m”创建了相应权限的目录,如图 2.3.13 所示。

```
root@ubuntu:~# cd /home
root@ubuntu:/home# mkdir -p ./home/my
root@ubuntu:/home# cd ./home/my
root@ubuntu:/home/home/my# pwd
/home/home/my
root@ubuntu:/home/home/my# 
```

图 2.3.12　mkdir 命令使用实例

```
root@ubuntu:/home/home/my# mkdir -m 777 ./why
root@ubuntu:/home/home/my# ls -l
total 4
drwxrwxrwx 2 root root 4096 2016-01-19 15:57 why
root@ubuntu:/home/home/my#
```

图 2.3.13　mkdir 命令使用实例

4．cat 命令

① 作用：连接并显示指定的一个或多个文件的有关信息。

② 格式：cat　[选项]　文件 1　文件 2…

其中，文件 1、文件 2 为要显示的多个文件。

③ 常见参数。cat 命令的常见参数见表 2.3.8。

表 2.3.8　cat 命令常见参数列表

选 项	参数含义
-n	由第一行开始对所有输出的行数编号
-b	和-n 相似，只不过对于空白行不编号

④ 使用实例，如图 2.3.14 所示。

```
root@ubuntu:~# vi hello.c
root@ubuntu:~# cat -n hello.c
     1	#include <stdio.h>
     2	
     3	main()
     4	{
     5		printf("hello!\n");
     6	}
root@ubuntu:~# 
```

图 2.3.14　cat 命令使用实例

在该实例中，先创建一个 hello.c 文件，然后用 cat 命令指定对 hello.c 进行输出，并指定行号。

5．cp、mv 和 rm 命令

（1）作用

① cp：将给出的文件或目录复制到另一文件或目录中。

② mv：为文件或目录改名或将文件由一个目录移入另一个目录中。

③ rm：删除一个目录中的一个或多个文件或目录。

（2）格式

① cp：cp　[选项] 源文件或目录 目标文件或目录

② mv：mv　[选项] 源文件或目录 目标文件或目录

③ rm：rm　[选项] 文件或目录

（3）常见参数

① cp 命令的主要选项参数见表 2.3.9。

表 2.3.9　cp 命令常见参数列表

选 项	参数含义
-a	保留链接、文件属性，并复制其子目录，其作用等于-d、-p、-r 选项的组合
-d	复制时保留链接
-f	删除已经存在的目标文件而不提示
-i	在覆盖目标文件之前将给出提示要求用户确认。回答 Yes 时,目标文件将被覆盖，而且是交互式复制
-p	此时 cp 命令除复制源文件的内容外，还将把其修改时间和访问权限也复制到新文件中
-r	若给出的源文件是一个目录文件，此时 cp 命令将递归复制该目录下所有的子目录和文件。此时目标文件必须为一个目录名

② mv 命令的主要选项参数见表 2.3.10。

表 2.3.10　mv 命令常见参数列表

选 项	参数含义
-i	若 mv 命令操作将导致对已存在的目标文件的覆盖，此时系统询问是否重写，并要求用户回答 Yes 或 No，这样可以避免误覆盖文件
-f	禁止交互操作。在 mv 命令操作要覆盖某已有的目标文件时不给任何指示，在指定此选项后，-i 选项将不再起作用

③ rm 命令的主要选项参数见表 2.3.11。

表 2.3.11　rm 命令常见参数列表

选 项	参数含义
-i	进行交互式删除
-f	忽略不存在的文件，但从不给出提示
-r	指示 rm 命令将参数中列出的全部目录和子目录均递归地删除

（4）使用实例

① cp 命令：该实例使用-a 选项将“/home/linuxbook”目录下的所有文件复制到当前目录下。而此时在原先目录下还有原有的文件，如图 2.3.15 所示。

```
root@ubuntu:~# cd /home/my
root@ubuntu:/home/my# ls
root@ubuntu:/home/my# cp -a /home/linuxbook/ ./
root@ubuntu:/home/my# ls
linuxbook
root@ubuntu:/home/my# 
```

图 2.3.15　cp 命令使用实例

② mv 命令：该实例中先创建一个/home/test 目录，并把当前目录下的 Linuxbook 文件移至/home/test 目录，则原目录下的文件被自动删除，如图 2.3.16 所示。

③ rm 命令：该实例使用-r 选项删除“./linuxbook”目录下所有内容，如图 2.3.17 所示。

```
root@ubuntu:/home/my# mkdir -p /home/test
root@ubuntu:/home/my# mv -i ./linuxbook/ /home/test
root@ubuntu:/home/my# ls
root@ubuntu:/home/my# cd /home/test
root@ubuntu:/home/test# ls
linuxbook
root@ubuntu:/home/test#
```

图 2.3.16　mv 命令使用实例

```
root@ubuntu:/home/test# ls
linuxbook
root@ubuntu:/home/test# rm -r ./linuxbook
root@ubuntu:/home/test# ls
root@ubuntu:/home/test#
```

图 2.3.17　rm 命令使用实例

（5）使用说明

① cp 命令：该命令把指定的源文件复制到目标文件中，或把多个源文件复制到目标目录中。

② mv命令：该命令根据命令中第二个参数类型的不同（是目标文件还是目标目录）来判断是重命名还是移动文件。当第二个参数类型是文件时，mv 命令完成文件重命名，此时，它将所给的源文件或目录重命名为给定的目标文件名；当第二个参数是已存在的目录名称时，mv命令将各参数指定的源文件均移至目标目录中；在跨文件系统移动文件时，mv 命令先复制，再将原有文件删除，而连至该文件的链接也将丢失。

③ rm 命令：如果没有使用-r 选项，则 rm 命令不会删除目录；使用该命令时一旦文件被删除，它是不能被恢复的，所以最好使用-i 参数。

6. chmod 命令

（1）作用

改变文件的访问权限。

（2）格式

chmod 命令可使用符号标记进行更改和八进制数指定更改两种方式，因此它的格式也有两种不同的形式。

① 符号标记：chmod　[选项]…符号权限[符号权限]…文件

其中，符号权限可以指定为多个，也就是说，可以指定多个用户级别的权限，但它们中间要用逗号（，）分开表示，若没有显式指出，则表示不做更改。

② 八进制数：chmod　[选项] …八进制权限　文件…

其中，八进制权限是指要更改后的文件权限。

（3）选项参数

chmod 命令的主要选项参数见表 2.3.12。

表 2.3.12　chmod 命令常见参数列表

选 项	参数含义
-c	若该文件权限确实已经更改，才显示其更改动作
-f	若该文件权限无法被更改，也不要显示错误信息
-v	显示权限变更的详细资料

（4）使用实例

文件的访问权限可表示成：- rwx rwx rwx。在此设有 3 种不同的访问权限：读（r）、写（w）和运行（x）。3 个不同的用户级别：文件拥有者（u）、所属的用户组（g）和系统里的其他用户（o）。在此，可增加一个用户级别 a（all）来表示所有这 3 个不同的用户级别。有两种方法可以改变文件的权限属性。

① 符号标记方式的 chmod 命令中，用加号“+”代表增加权限，用减号“- ”代表删除权限，等号“=”代表设置权限，如图 2.3.18 所示。

```
root@ubuntu:/home/test# ls -l
total 0
-rw-r--r-- 1 root root 0 2016-01-19 16:28 hello.c
root@ubuntu:/home/test# chmod a+rw,u+w hello.c
root@ubuntu:/home/test# ls -l
total 0
-rw-rw-rw- 1 root root 0 2016-01-19 16:28 hello.c
root@ubuntu:/home/test#
```

图 2.3.18　chmod 命令使用实例

可见，在执行了 chmod 命令之后，文件拥有者除拥有所有用户都有的可读和执行的权限外，还有可写的权限。

② 对于第二种八进制数指定的方式，将文件权限字符代表的有效位设为“1”，即“rw-”、“rw-”和“r--”的八进制数表示为“110”、“110”、“100”，把这个二进制串转换成对应的八进制数就是 6、6、4，也就是说该文件的权限为 664（3 位八进制数）。这样转化后的八进制数、二进制数及对应权限的关系见表 2.3.13。

表 2.3.13　转化后八进制数、二进制数及对应权限的关系

转换后八进制数	二进制数	对应权限
0	000	没有任何权限
1	001	只能执行
2	010	只写
3	011	只写和执行
4	100	只读
5	101	只读和执行
6	110	读、写
7	111	读、写、执行

2.3.3　网络相关命令

1. ifconfig 命令

（1）作用

用于查看和配置网络接口的地址和参数，包括 IP 地址、网络掩码、广播地址，它的使用权限是超级用户。

（2）格式

ifconfig 命令有两种使用格式，分别用于查看和更改网络接口。

ifconfig　[选项]　[网络接口]：用来查看当前系统的网络配置情况。

ifconfig 网络接口　[选项]　地址：用来配置指定接口（如 eth0、eth1）的 IP 地址、网络掩码、广播地址等。

（3）使用实例

使用 ifconfig 命令的显示结果中详细列出了所有活跃接口的 IP 地址、硬件地址、广播地址、子网掩码、回环地址等，如图 2.3.19 所示。

```
root@ubuntu:~# ifconfig
eth0      Link encap:Ethernet  HWaddr 00:0c:29:1a:68:13
          inet addr:172.20.71.43  Bcast:172.20.71.255  Mask:255.255.255
.0
          inet6 addr: fe80::20c:29ff:fe1a:6813/64 Scope:Link
          UP BROADCAST RUNNING MULTICAST  MTU:1500  Metric:1
          RX packets:25897 errors:0 dropped:0 overruns:0 frame:0
          TX packets:105 errors:0 dropped:0 overruns:0 carrier:0
          collisions:0 txqueuelen:1000
          RX bytes:2130481 (2.1 MB)  TX bytes:11846 (11.8 KB)
          Interrupt:19 Base address:0x2000

lo        Link encap:Local Loopback
          inet addr:127.0.0.1  Mask:255.0.0.0
          inet6 addr: ::1/128 Scope:Host
          UP LOOPBACK RUNNING  MTU:16436  Metric:1
          RX packets:500 errors:0 dropped:0 overruns:0 frame:0
          TX packets:500 errors:0 dropped:0 overruns:0 carrier:0
          collisions:0 txqueuelen:0
          RX bytes:30000 (30.0 KB)  TX bytes:30000 (30.0 KB)
```

图 2.3.19　ifconfig 命令使用实例 1

此外，ifconfig 命令还可以改变接口 eth0 的 IP 地址，如图 2.3.20 所示。

```
root@ubuntu:~# ifconfig eth0 172.20.71.222
root@ubuntu:~# ifconfig
eth0      Link encap:Ethernet  HWaddr 00:0c:29:1a:68:13
          inet addr:172.20.71.222  Bcast:172.20.255.255  Mask:255.255.0
.0
          inet6 addr: fe80::20c:29ff:fe1a:6813/64 Scope:Link
          UP BROADCAST RUNNING MULTICAST  MTU:1500  Metric:1
          RX packets:473 errors:0 dropped:0 overruns:0 frame:0
          TX packets:60 errors:0 dropped:0 overruns:0 carrier:0
          collisions:0 txqueuelen:1000
          RX bytes:111823 (111.8 KB)  TX bytes:10381 (10.3 KB)
          Interrupt:19 Base address:0x2000

lo        Link encap:Local Loopback
          inet addr:127.0.0.1  Mask:255.0.0.0
          inet6 addr: ::1/128 Scope:Host
          UP LOOPBACK RUNNING  MTU:16436  Metric:1
          RX packets:20 errors:0 dropped:0 overruns:0 frame:0
          TX packets:20 errors:0 dropped:0 overruns:0 carrier:0
          collisions:0 txqueuelen:0
```

图 2.3.20　ifconfig 命令使用实例 2

（4）使用说明

用 ifconfig 命令配置的网络设备参数不重启就可生效，但在机器重新启动以后将会失效，除非在网络接口配置文件中进行修改。

☞ **小练习**（所有操作均在终端使用命令完成）

在 Ubuntu home 目录下创建两个文件夹 con1 与 con2，挂载 U 盘到 con1 中，把 con1 中的文件复制到 con2 中去，并把 con2 中所有文件权限改为可读可写。

2.4　Linux 下 C 编程基础

2.4.1　常用编辑器 vi

Linux 系统提供了一个完整的编辑器家族系列，如 Ed、Ex、vi 和 emacs 等。按功能它们可以分为两大类：行编辑器（Ed、Ex）和全屏幕编辑器（vi、emacs）。行编辑器每次只能对一行进行操作，使用起来很不方便；而全屏幕编辑器可以对整个屏幕进行编辑，用户编辑的文件直接显示在屏幕上，从而克服了行编辑器那种不直观的操作方式，便于用户学习和使用，具有强大的功能。

vi 是 Linux 系统的第一个全屏幕交互式编辑程序，它从诞生至今一直得到广大用户的青睐，历经数十年仍然是人们主要使用的文本编辑工具，足以见其生命力之强，而强大的生命力是其强大的功能带来的。由于大多数读者在此之前都已经用惯了 Windows 平台上的编辑器，因此，在刚刚接触时总会或多或少不适应，但只要习惯之后，就能感受到它的方便与快捷。

1．vi 的模式

vi 有 3 种模式，分别为命令行模式、插入模式及底行模式。下面具体介绍各模式的功能。

（1）命令行模式

以 vi 打开一个文件就直接进入命令行模式了（这是默认模式）。在这个模式中，可以使用上、下按键来移动光标，可以删除字符或删除整行，也可以复制、粘贴文件数据。命令行模式下常用功能选项见表 2.4.1。

表 2.4.1　vi 命令行模式下常用功能选项列表

功能键	功 能
yy	复制当前光标所在行
[n]yy	n 为数字，复制当前光标开始的 n 行
p	粘贴
dd	删除当前光标所在行
[n]dd	删除当前光标开始 n 行
/name	查找光标之后名为“name”的字符串
G	光标移动到文件尾
u	取消前一个动作

（2）插入模式

在命令行模式中可以进行删除、复制、粘贴等的操作，但是却无法编辑文件的内容。要等到用户按下“i”字母后才会进入插入模式。通常在 Linux 中，按下这些按键时，在界面的左下方会出现 INSERT 或 REPLACE 的字样，此时才可以进行编辑。而如果要回到命令行模式，则必须要按下“Esc”键即可退出插入模式。

（3）底行模式

在命令行模式中，输入“:”，就可以将光标移动到最下面那一行。在这种模式中，用户可以进行文件保存或退出操作，也可以设置编辑环境，如寻找字符串、列出行号等。底行模式常见功能见表 2.4.2。

表 2.4.2　vi 底行模式下常用功能选项列表

功能键	功　能
:w	将编辑的文件保存到磁盘中
:q	退出 vi（系统对做过修改的文件会给出提示）
:q!	强制退出 vi（对修改的文件不会保存）
:wq	存盘后退出

简单来说，可以将这 3 种模式用下面的图来表示，如图 2.4.1 所示。

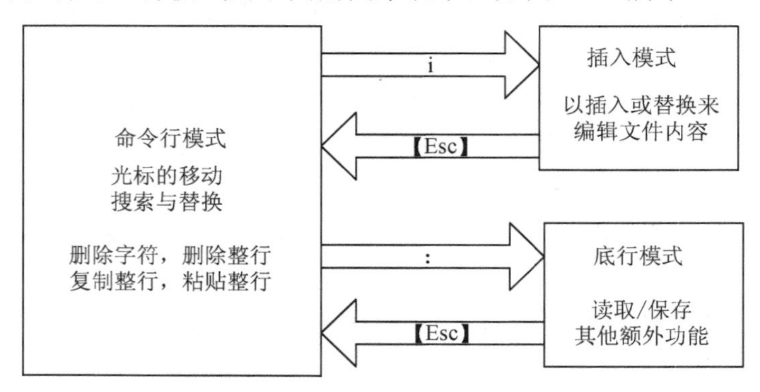

图 2.4.1　vi 三种模式之间的关系

2. vi 使用流程实例

（1）使用 vi 进入命令行模式

在终端直接输入 vi 文件名就能进入 vi 的命令行模式了。要注意的是，记得 vi 后面一定要加文件名，不管该文件存在与否，如图 2.4.2 所示。

```
root@ubuntu:~# vi hello.c
```

图 2.4.2　vi 使用实例

在命令行模式中，底行信息会显示出文件名，如果是创建新文件，则提示“[New File]”。命令行模式如 2.4.3 所示。

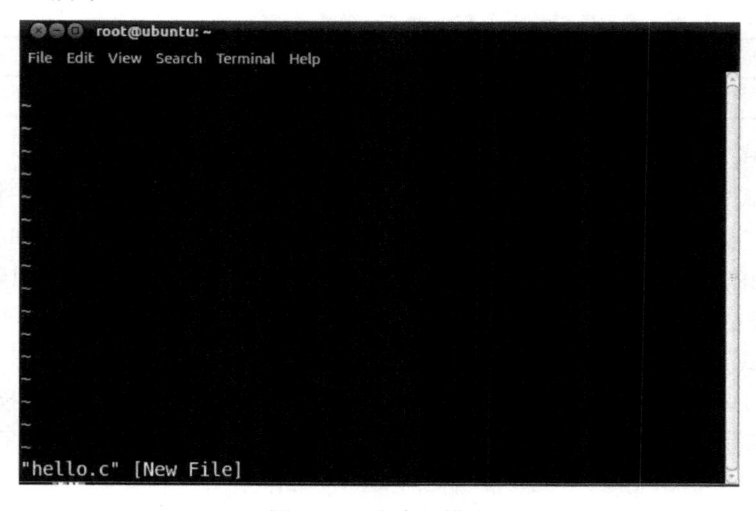

图 2.4.3　命令行模式

（2）输入“i”进入插入模式进行编辑

在命令行模式下，输入“i”进入插入模式，开始编辑文字。在插入模式下，你会发现在左下角状态栏中会出现-INSERT-字样，那就是可以输入任意字符的提示。编辑完成之后，按下“Esc”键就可以返回命令行模式。插入模式如图 2.4.4 所示。

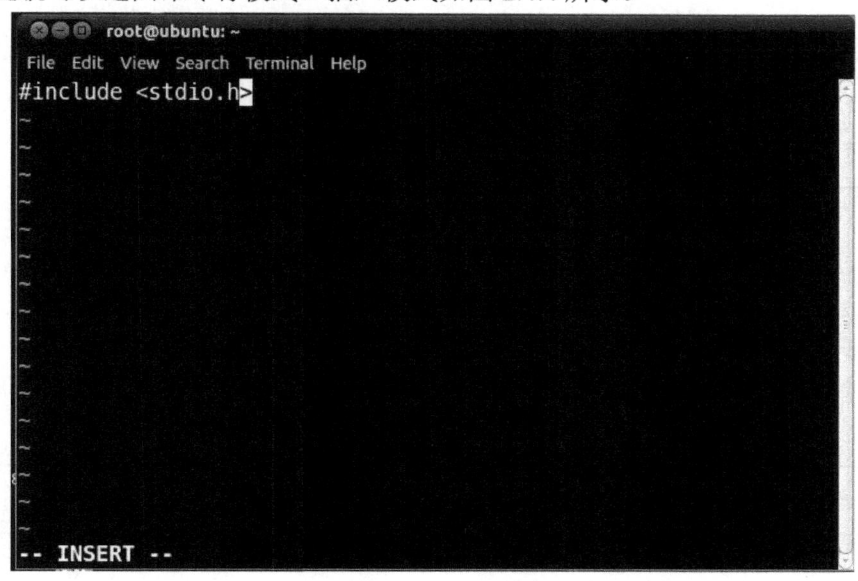

图 2.4.4　插入模式

（3）保存退出

在命令行模式下，输入“:wq”即可保存退出，如图 2.4.5 所示。

图 2.4.5　保存退出

2.4.2　gcc 编译器

GNU CC（简称为 gcc）是 GNU 项目中符合 ANSI C 标准的编译系统，能够编译用 C、C++

和 Object C 等语言编写的程序。gcc 不仅功能强大，而且可以编译如 C、C++、Object C、Java、Fortran、Pascal、Modula-3 和 Ada 等多种语言，而且 gcc 是一个交叉平台编译器，它能够在当前 CPU 平台上为多种不同体系结构的硬件平台开发软件，因此尤其适合在嵌入式领域的开发编译。表 2.4.3 所示为 gcc 支持编译源文件的后缀及其解释。

表 2.4.3　gcc 支持编译源文件的后缀及其解释列表

后缀名	所对应的语言	后缀名	所对应的语言
.c	C 原始程序	.s/.S	汇编语言原始程序
.c/.cc/.cxx	C++原始程序	.h	预处理文件（头文件）
.m	Object C 原始程序	.o	目标文件
.i	已经过预处理的 C 原始程序	.a/.so	编译后的库文件
.ii	已经过预处理的 C++原始程序	…	…

1．gcc 常用选项

gcc 的常用选项见表 2.4.4。

表 2.4.4　gcc 常用选项列表

选　项	参数含义
-c	只编译不链接，生成目标文件“.o”
-S	只编译不汇编，生成汇编代码
-E	只进行预编译，不做其他处理
-g	在可执行程序中包含标准调试信息
-o file	将 file 文件指定为输出文件
-v	打印出编译器内部编译各过程的命令行信息和编译器的版本
-I dir	在头文件的搜索路径列表中添加 dir 目录

2．gcc 编译流程解析

gcc 的编译流程分为 4 个步骤，分别为：

- 预处理（Pre-Processing）；
- 编译（Compiling）；
- 汇编（Assembling）；
- 链接（Linking）。

下面就具体来查看一下 gcc 是如何完成以上 4 个步骤的。

首先，我们用前面所学的知识，在根目录下用 mkdir 命令创建一个/gcc 的目录，并在 gcc 目录下使用 vi 创建并打开一个 hello.c 文件，如图 2.4.6 所示。

```
#include <stdio.h>
int main()
{
        printf("Hello! This is our embedded world!\n");
        return 0;
}
```

图 2.4.6　hello.c 源代码

（1）预处理阶段

在该阶段，对包含的头文件（#include）和宏定义（#define、#ifdef 等）进行处理。在上述代码的预处理过程中，编译器将包含的头文件 stdio.h 编译进来，并且用户可以使用 gcc 的选项“-E”进行查看，该选项的作用是让 gcc 在预处理结束后停止编译过程，如图 2.4.7 所示。

```
root@ubuntu:/gcc# ls
hello.c
root@ubuntu:/gcc# gcc -E hello.c -o hello.i
root@ubuntu:/gcc# ls
hello.c  hello.i
root@ubuntu:/gcc#
```

图 2.4.7　预处理

在此处，选项“-o”是指目标文件，“hello.i”文件为已经过预处理的 C 程序。如图 2.4.8 所示列出了 hello.i 文件的内容。

```
# 1 "hello.c"
# 1 "<built-in>"
# 1 "<command-line>"
# 1 "hello.c"
# 1 "/usr/include/stdio.h" 1 3 4
# 28 "/usr/include/stdio.h" 3 4
# 1 "/usr/include/features.h" 1 3 4
# 322 "/usr/include/features.h" 3 4
# 2 "/usr/include/bits/predefs.h" 1 3 4
# 323 "/usr/include/features.h" 2 3 4
# 355 "/usr/include/features.h" 3 4
# 1 "/usr/include/sys/cdefs.h" 1 3 4
# 353 "/usr/include/sys/cdefs.h" 3 4
# 1 "/usr/include/bits/wordsize.h" 1 3 4
# 354 "/usr/include/sys/cdefs.h" 2 3 4
# 356 "/usr/include/features.h" 2 3 4
# 387 "/usr/include/features.h" 3 4
"hello.i" 853L, 17236C
```

图 2.4.8　hello.i 文件内容

由此可见，gcc 确实进行了预处理，它把“stdio.h”的内容插入 hello.i 文件中。

（2）编译阶段

接下来进行的是编译阶段，在这个阶段中，gcc 首先要检查代码的规范性、是否有语法错误等，以确定代码实际要做的工作，在检查无误后，gcc 把代码翻译成汇编语言。用户可以使用“-S”选项来进行查看，该选项只进行编译而不进行汇编，结果生成汇编代码，如图 2.4.9 所示。

```
root@ubuntu:/gcc# gcc -S hello.i -o hello.s
root@ubuntu:/gcc# ls
hello.c  hello.i  hello.s
```

图 2.4.9　编译阶段

如图 2.4.10 所示列出了 hello.s 的内容，可见 gcc 已经将其转化为汇编代码了，感兴趣的读者可以分析一下这一个简单的 C 语言小程序是如何用汇编代码实现的。

（3）汇编阶段

汇编阶段是把编译阶段生成的“.s”文件转化成目标文件，读者在此使用选项“-c”就可看到汇编代码已转化为“.o”的二进制目标代码了，如图 2.4.11 所示。

```
        .file   "hello.c"
        .section        .rodata
        .align 4
.LC0:
        .string "Hello! This is our embedded world!"
        .text
.globl main
        .type   main, @function
main:
        pushl   %ebp
        movl    %esp, %ebp
        andl    $-16, %esp
        subl    $16, %esp
        movl    $.LC0, (%esp)
        call    puts
        movl    $0, %eax
        leave
"hello.s" 21L, 379C
```

图 2.4.10　hello.s 内容

```
root@ubuntu:/gcc# gcc -c hello.s -o hello.o
root@ubuntu:/gcc# ls
hello.c  hello.i  hello.o  hello.s
root@ubuntu:/gcc#
```

图 2.4.11　汇编阶段

（4）链接阶段

在成功编译之后，就进入了链接阶段。这里涉及一个重要的概念：函数库。读者可以重新查看这个小程序，在这个程序中并没有定义“printf”的函数实现，且在预编译中包含进的“stdio.h”中也只有该函数的声明，而没有定义函数的实现，那么，是在哪里实现“printf”函数的呢？答案是：系统把这些函数的实现都放到名为 libc.so.6 的库文件中，在没有特别指定时，gcc 会到系统默认的搜索路径“/usr/lib”下进行查找，也就是链接到 libc.so.6 函数库中，这样就能调用函数“printf”了，而这也正是链接的作用。

函数库有静态库和动态库两种。静态库是指编译链接时，将库文件的代码全部加入可执行文件中，因此生成的文件比较大，但在运行时也就不再需要库文件了。其后缀名通常为“.a”。动态库与之相反，在编译链接时并没有将库文件的代码加入可执行文件中，而是在程序执行时加载库，这样可以节省系统的开销。一般动态库的后缀名为“.so”，如前面所述的 libc.so.6 就是动态库。gcc 在编译时默认使用动态库。

完成了链接之后，gcc 就可以生成可执行文件，如图 2.4.12 所示。

```
root@ubuntu:/gcc# gcc hello.o -o hello
root@ubuntu:/gcc# ls
hello  hello.c  hello.i  hello.o  hello.s
root@ubuntu:/gcc# a
```

图 2.4.12　链接阶段

运行该可执行文件，出现的正确结果如图 2.4.13 所示。

```
root@ubuntu:/gcc# ./hello
Hello! This is our embedded world!
root@ubuntu:/gcc#
```

图 2.4.13　运行可执行文件

当然，以上是详细地进行了编译的 4 个阶段，我们使用 gcc 进行编译.c 文件时，可以把.c 文件直接一步编译成目标文件，使用方法如图 2.4.14 所示。

```
root@ubuntu:/gcc# ls
hello.c
root@ubuntu:/gcc# gcc hello.c -o hello
root@ubuntu:/gcc# ls
hello  hello.c
root@ubuntu:/gcc# ./hello
Hello! This is our embedded world!
root@ubuntu:/gcc#
```

图 2.4.14　gcc 一步编译

2.4.3　make 工程管理器

所谓工程管理器，顾名思义，是用于管理较多的文件。可以试想一下，由成百上千个文件构成的项目，如果其中只有一个或少数几个文件进行了修改，按照之前学的 gcc 编译工具，就不得不把这所有的文件重新编译一遍，因为编译器并不知道哪些文件是最近更新的，而只知道需要包含这些文件才能把源代码编译成可执行文件，于是，程序员就不得不重新输入数目如此庞大的文件名以完成最后的编译工作。

编译过程分为预处理、编译、汇编、链接阶段，其中编译阶段仅检查语法错误以及函数与变量是否被正确地声明了，在链接阶段则主要完成函数链接和全局变量的链接。因此，那些没有改动的源代码根本不需要重新编译，而只要把它们重新链接进去就可以了。以前，人们就希望有一个工程管理器能够自动识别更新了的文件代码，而不需要重复输入冗长的命令行，这样，make 工程管理器就应运而生了。

实际上，make 工程管理器也就是一个“自动编译管理器”，这里的“自动”是指它能够根据文件时间戳自动发现更新过的文件而减少编译的工作量，同时，它通过读入 makefile 文件的内容来执行大量的编译工作。用户只需编写一次简单的编译语句就可以了，大大提高了实际项目的工作效率。

1．makefile 规则

首先，下面用一个简单的例子来认识什么是 makefile。在根目录下用 mkdir 命令创建一个/make 目录，在/make 目录下放入 2.4.3 节的 hello.c 文件，并用 vi 创建并打开一个 makefile 文件，创建方法如图 2.4.15 所示。

```
root@ubuntu:/make# ls
hello.c
root@ubuntu:/make# vi makefile
```

图 2.4.15　创建并打开 makefile 文件

现在，我们在 makefile 里编写一个最简单的 makefile 文件，内容如图 2.4.16 所示。

注意：必须以 Tab 键缩进第 2、4 行，不能以空格键缩进。保存退出后，就可以使用 make 命令来编译当前目录下的 hello.c 文件了，如图 2.4.17 所示。

可以看到，用 makefile 的效果与前面所学的 gcc 得到的结果是一样的。一个简单的 makefile 文件包含一系列的“规则”，其中样式如下：

```
目标（target）……：依赖（prerequiries）……
<tab>命令（command）
```

```
root@ubuntu: /make
File  Edit  View  Search  Terminal  Help
hello: hello.c
        gcc -o hello hello.c
clean:
        rm -f hello
~
~
~
~
~
~
~
~
~
~
~
~
~
"makefile" 4L, 57C
```

图 2.4.16　编写 makefile 文件

```
root@ubuntu:/make# ls
hello.c
root@ubuntu:/make# vi makefile
root@ubuntu:/make# make
gcc -o hello hello.c
root@ubuntu:/make# ls
hello  hello.c  makefile
root@ubuntu:/make# ./hello
Hello! This is our embedded world!
root@ubuntu:/make#
```

图 2.4.17　make 命令编译 hello.c 文件

通常，如果一个依赖发生了变化，就需要规则调用命令以更新或创建目标。但是并非所有的目标都有依赖，例如，目标“clean”的作用就是清除文件，它没有依赖。

规则一般用于解释怎样和何时重建目标。make 首先调用命令处理依赖，进而才能创建或更新目标。当然，一个规则也可以是用于解释怎样和何时执行一个动作，即打印提示信息。

对于上面的 makefile，执行“make”命令时，仅当 hello.c 文件比 hello 文件新时，才会执行命令“gcc　-o hello hello.c”生成的可执行文件 hello；如果还没有 hello 文件，这个命令也会执行。

运行“make clean”命令时，由于目标 clean 没有依赖，它的命令“rm　-f hello”将被强制执行，如图 2.4.18 所示。

```
root@ubuntu:/make# ls
hello  hello.c  makefile
root@ubuntu:/make# make clean
rm -f hello
root@ubuntu:/make# ls
hello.c  makefile
root@ubuntu:/make#
```

图 2.4.18　make clean 命令使用

上面实例的 makefile 在实际中几乎是不存在的，因为它过于简单，仅包含一个文件和一个命令，在这种情况下完全不必要编写 makefile 而只需在 shell 中直接输入即可，在实际中使用的 makefile 往往包含很多的文件和命令，这也是 makefile 产生的原因。如图 2.4.19 所示给出了稍微复杂一些的 makefile。

```
david : kang.o yul.o
        gcc kang.o bar.o -o myprog
kang.o : kang.c kang.h head.h
        gcc -Wall -O -g -c kang.c -o kang.o
yul.o : bar.c head.h
        gcc -Wall -O -g -c yul.c -o yul.o
```

图 2.4.19　makefile 文件

在这个 makefile 中有 3 个目标体（target），分别为 david、kang.o 和 yul.o，其中第一个目标体的依赖文件就是后两个目标体。如果用户使用命令“make david”，则 make 管理器就是找到 david 目标体开始执行。

这时，make 会自动检查相关文件的时间戳。首先，在检查“kang.o”、“yul.o”和“david”3 个文件的时间戳之前，它会向下查找那些把“kang.o”或“yul.o”作为目标文件的时间戳。比如，“kang.o”的依赖文件为“kang.c”、“kang.h”、“head.h”。如果这些文件中任何一个的时间戳比“kang.o”新，则命令“gcc -Wall -O -g -c kang.c -o kang.o”将会执行，从而更新文件“kang.o”。在更新完“kang.o”或“yul.o”之后，make 会检查最初的“kang.o”、“yul.o”和“david”3 个文件，只要文件“kang.o”或“yul.o”中至少有一个文件的时间戳比“david”新，则第二行命令就会被执行。这样，make 就完成了自动检查时间戳的工作，开始执行编译工作。这也就是 make 工作的基本流程。

2．makefile 变量

下面给出了上例中用变量替换修改后的 makefile，这里用 OBJS 代替 kang.o 和 yul.o，用 CC 代替 gcc，用 CFLAGS 代替“-Wall　-O　-g”。这样在以后修改时，就可以只修改变量定义，而不需要修改下面的定义实体，从而大大简化了 makefile 维护的工作量。

经变量替换后的 makefile 变量如图 2.4.20 所示。

```
OBJS = kang.o yul.o
CC = gcc
CFLAGS = -Wall -O -g
david : $(OBJS)
        $(CC) $(OBJS) -o david
kang.o : kang.c kang.h
        $(CC) $(CFLAGS) -c kang.c -o kang.o
yul.o : bar.c head.h
        $(CC) $(CFLAGS) -c yul.c -o yul.o
```

图 2.4.20　makefile 变量

可以看到，此处变量是以递归展开方式定义的。

makefile 中的变量分为用户自定义变量、预定义变量、自动变量及环境变量。如上例中的 OBJS 就是用户自定义变量，自定义变量的值由用户自行设定，而预定义变量和自动变量为通常在 makefile 都会出现的变量，它们的一部分有默认值，也就是常见的设定值，当然用户可以对其进行修改。

预定义变量包含常见编译器、汇编器的名称及其编译选项。表 2.4.5 列出了 makefile 中常见预定义变量及其部分默认值。

表 2.4.5　makefile 中常见的预定义变量

预定义变量	含　义
AR	库文件维护程序的名称，默认值为ar
AS	汇编程序的名称，默认值为as
CC	C编译器的名称，默认值为cc
CPP	C预编译器的名称，默认值为$(CC) –E
CXX	C++编译器的名称，默认值为g++
FC	Fortran编译器的名称，默认值为f77
RM	文件删除程序的名称，默认值为rm –f
ARFLAGS	库文件维护程序的选项，无默认值
ASFLAGS	汇编程序的选项，无默认值
CFLAGS	C编译器的选项，无默认值
CPPFLAGS	C预编译的选项，无默认值
CXXFLAGS	C++编译器的选项，无默认值
FFLAGS	Fortran编译器的选项，无默认值

可以看出，上例中的 CC 和 CFLAGS 是预定义变量，其中由于 CC 没有采用默认值，因此，需要把“CC=gcc”明确列出来。

由于常见的 gcc 编译语句中通常包含了目标文件和依赖文件，而这些文件在 makefile 文件中目标体所在行已经有所体现，因此，为了进一步简化 makefile 的编写，就引入了自动变量。自动变量通常可以代表编译语句中出现目标文件和依赖文件等，并且具有本地含义（即下一语句中出现的相同变量代表的是下一语句的目标文件和依赖文件）。表 2.4.6 列出了 makefile 中常见的自动变量。

表 2.4.6　makefile 中常见的自动变量

自动变量	含　义
$*	不包含扩展名的目标文件名称
$+	所有的依赖文件，以空格分开，并以出现的先后为序，可能包含重复的依赖文件
$<	第一个依赖文件的名称
$?	所有时间戳比目标文件晚的依赖文件，并以空格分开
$@	目标文件的完整名称
$^	所有不重复的依赖文件，以空格分开
$%	如果目标是归档成员，则该变量表示目标的归档成员名称

自动变量的书写比较难记，但是在熟练了之后使用会非常方便，请读者结合图 2.4.21 中的自动变量改写的 makefile 进行记忆。

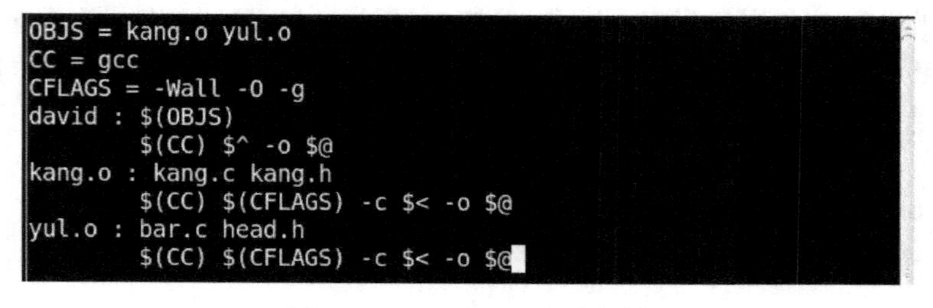

图 2.4.21　makefile 自动变量

另外，在 makefile 中还可以使用环境变量。使用环境变量的方法相对比较简单，make 在启动时会自动读取系统当前已经定义了的环境变量，并且会创建与之具有相同名称和数值的变量。但是，如果用户在 makefile 中定义了相同名称的变量，那么用户自定义变量将会覆盖同名的环境变量。

☞ **小练习**

在 home 目录下使用 vi 创建 sum.c 文件，编写代码，实现数字 1 累加到 100 的程序。

（1）使用 gcc 编译器编译，生成目标文件 sum_gcc 并执行。

（2）编写 makefile 文件，编译 sum.c 文件生成目标文件 sum_makefile 并执行。

2.5 嵌入式 Linux 操作系统 Bootloader

2.5.1 Bootloader 概述

1．概述

简单地说，Bootloader 就是在操作系统内核运行之前运行的一段程序，它类似于 PC 中的 BIOS 程序。通过这段程序，可以完成硬件设备的初始化，并建立内存空间的映射关系，从而将系统的软硬件环境带到一个合适的状态，为最终加载系统内核做好准备。

通常，Bootloader 比较依赖于硬件平台，特别是在嵌入式系统中更是如此。因此，在嵌入式系统中建立一个通用的 Bootloader 是一件比较困难的事情。尽管如此，仍然可以对 Bootloader 归纳出一些通用的概念来指导面向用户定制的 Bootloader 设计与实现。

（1）Bootloader 所支持的 CPU 和嵌入式开发板

每种不同的 CPU 体系结构都有不同的 Bootloader。有些 Bootloader 也支持多种体系结构的 CPU，如后面要介绍的 U-Boot，支持 ARM、MIPS、PowerPC 等众多体系结构。除了依赖于 CPU 的体系结构外，Bootloader 实际上也依赖于具体的嵌入式板级设备的配置。

（2）Bootloader 的存储位置

系统加电或复位后，所有的 CPU 通常都从某个由 CPU 制造商预先安排的地址上取指令。而基于 CPU 构建的嵌入式系统通常都有某种类型的固态存储设备（比如 ROM、EEPROM 或 Flash 等）被映射到这个预先安排的地址上，因此在系统加电后，CPU 将首先执行 Bootloader 程序。

（3）Bootloader 的启动过程

Bootloader 启动过程分为单阶段和多阶段两种。通常多阶段的 Bootloader 能提供更为复杂的功能，以及更好的可移植性。

（4）Bootloader 的操作模式

大多数 Bootloader 都包含两种不同的操作模式：启动加载模式和下载模式，这种区别仅对于开发人员才有意义。

① 启动加载模式：这种模式也称为自主模式。也就是 Bootloader 从目标机上的某个固态存储设备上将操作系统加载到 RAM 中运行，整个过程并没有用户的介入。这种模式是嵌入式产品发布时的通用模式。

② 下载模式：在这种模式下，目标机上的 Bootloader 将通过串口连接或网络连接等通信手段从主机（Host）下载文件，比如：下载内核映像和根文件系统映像等。从主机下载的文件

通常首先被 Bootloader 保存到目标机的 RAM 中，然后再被 Bootloader 写入目标机上的 Flash 类固态存储设备中。Bootloader 的这种模式在系统更新时使用。工作于这种模式下的 Bootloader 通常都会向它的终端用户提供一个简单的命令行接口。

（5）Bootloader 的通信方式

Bootloader 与主机之间进行文件传输所用的通信设备及协议，最常见的情况就是，目标机上的 Bootloader 通过串口与主机之间进行文件传输，传输协议通常是 xmodem/ymodem/zmodem 等。但是，串口传输的速度是有限的，因此通过以太网连接并借助 TFTP 等协议来下载文件是一个更好的选择。

2. Bootloader 启动流程

Bootloader 的启动流程一般分为两个阶段：stage1 和 stage2，下面分别对这两个阶段进行讲解。

（1）Bootloader 的 stage1

在 stage1 中 Bootloader 主要完成以下工作。

① 基本的硬件初始化，包括屏蔽所有的中断、设置 CPU 的速度和时钟频率、RAM 初始化、初始化外围设备、关闭 CPU 内部指令和数据 Cache 等。

② 为加载 stage2 准备 RAM 空间，通常为了获得更快的执行速度，通常把 stage2 加载到 RAM 空间中来执行，因此必须为加载 Bootloader 的 stage2 准备好一段可用的 RAM 空间。

③ 复制 stage2 到 RAM 中，在这里要确定两点：stage2 的可执行映像在固态存储设备存放的起始地址和终止地址；RAM 空间的起始地址。

④ 设置堆栈指针 sp，这是为执行 stage2 的 C 语言代码做好准备。

（2）Bootloader 的 stage2

在 stage2 中 Bootloader 主要完成以下工作。

① 用汇编语言跳转到 main 入口函数。由于 stage2 的代码通常用 C 语言来实现，目的是实现更复杂的功能和取得更好的代码可读性和可移植性。但是与普通 C 语言应用程序不同的是，在编译和链接 Bootloader 这样的程序时，不能使用 glibc 库中的任何支持函数。

② 初始化本阶段要使用到的硬件设备，包括初始化串口、初始化计时器等。在初始化这些设备之前，可以输出一些打印信息。

③ 检测系统的内存映射，所谓内存映射就是指在整个 4GB 物理地址空间中指出哪些地址范围被分配用来寻址系统的内存。

④ 加载内核映像和根文件系统映像，这里包括规划内存占用的布局和从 Flash 上复制数据。

⑤ 设置内核的启动参数。

2.5.2 U-Boot 概述

U-Boot（Universal Bootloader）是遵循 GPL 条款的开放源码项目。它是从 FADSROM、8xxROM、PPCBOOT 逐步发展演化而来的。其源码目录、编译形式与 Linux 内核很相似，事实上，不少 U-Boot 源码就是相应的 Linux 内核源程序的简化，尤其是一些设备的驱动程序，从 U-Boot 源码的注释中能体现这一点。但是 U-Boot 不仅仅支持嵌入式 Linux 系统的引导，而且还支持 NetBSD、VxWorks、QNX、RTEMS、ARTOS、LynxOS 等嵌入式操作系统。其目前主要支持的目标操作系统是 OpenBSD、NetBSD、FreeBSD、4.4BSD、Linux、SVR4、Esix、

Solaris、Irix、SCO、Dell、NCR、VxWorks、LynxOS、pSOS、QNX、RTEMS、ARTOS。这是 U-Boot 中 Universal 的一层含义，另外一层含义则是 U-Boot 除了支持 PowerPC 系列的处理器外，还能支持 MIPS、x86、ARM、NIOS、XScale 等诸多常用系列的处理器。这两个特点正是 U-Boot 项目的开发目标，即支持尽可能多的嵌入式处理器和嵌入式操作系统。就目前为止，U-Boot 对 PowerPC 系列处理器支持最为丰富，对 Linux 的支持最完善。

1. U-Boot 特点

① 开放源码。

② 支持多种嵌入式操作系统内核，如 Linux、NetBSD、VxWorks、QNX、RTEMS、ARTOS、LynxOS。

③ 支持多个处理器系列，如 PowerPC、ARM、x86、MIPS、XScale。

④ 较高的可靠性和稳定性。

⑤ 高度灵活的功能设置，适合 U-Boot 调试、操作系统不同要求和产品发布等。

⑥ 丰富的设备驱动源码，如串口、以太网、SDRAM、Flash、LCD、NVRAM、EEPROM、RTC、键盘等。

⑦ 较为丰富的开发调试文档与强大的网络技术支持。

2. U-Boot 主要功能

U-Boot 可支持的主要功能如下。

① 系统引导：支持 NFS 挂载、RAMDISK（压缩或非压缩）形式的根文件系统；支持 NFS 挂载，并从 Flash 中引导压缩或非压缩系统内核。

② 基本辅助功能：强大的操作系统接口功能；可灵活设置、传递多个关键参数给操作系统，适合系统在不同开发阶段的调试要求与产品发布，尤其对 Linux 支持最为强劲；支持目标板环境参数多种存储方式，如 Flash、NVRAM、EEPROM；CRC32 校验，可校验 Flash 中内核、RAMDISK 映像文件是否完好。

③ 设备驱动：串口、SDRAM、Flash、以太网、LCD、NVRAM、EEPROM、键盘、USB、PCMCIA、PCI、RTC 等驱动支持。

④ 上电自检功能：SDRAM、Flash 大小自动检测；SDRAM 故障检测；CPU 型号。

⑤ 特殊功能：XIP 内核引导。

第3章 Linux应用程序编程

在学习了Linux的基础入门之后，本章将正式进入嵌入式Linux的应用开发学习。读者可以将编译好的应用程序移植到嵌入式的开发板上运行，没有开发板的读者也可以在Linux上开发相关应用程序，对以后进入嵌入式Linux的实际开发打下坚实的基础。

本章学习目标：

- 掌握底层文件I/O操作；
- 熟悉标准文件I/O函数的使用；
- 掌握进程相关的基本概念；
- 掌握Linux下进程的创建、进程管理及进程创建相关的系统调用；
- 掌握进程间通过管道、信号及信号量的通信方式；
- 掌握线程概念；
- 掌握多线程编程方法；
- 掌握TCP/IP的基础知识；
- 掌握嵌入式Linux基础网络编程。

3.1 底层文件I/O操作

3.1.1 Linux系统调用及用户编程接口（API）

1. Linux系统调用

所谓系统调用是指操作系统提供给用户程序调用的一组"特殊"接口，用户程序可以通过这组"特殊"接口来获得操作系统内核提供的服务。例如，用户可以通过进程控制相关的系统调用来创建进程、实现进程调度、进程管理等。

为什么用户程序不能直接访问系统内核提供的服务呢？这是由于在Linux中，为了更好地保护内核空间，将程序的运行空间分为内核空间和用户空间（也就是常称的内核态和用户态），它们分别运行在不同的级别上，在逻辑上是相互隔离的。因此，用户进程在通常情况下不允许访问内核数据，也无法使用内核函数，它们只能在用户空间操作用户数据，调用用户空间的函数。

但是，在有些情况下，用户空间的进程需要获得一定的系统服务（调用内核空间程序），这时操作系统就必须利用系统提供给用户的"特殊接口"——系统调用规定用户进程进入内核空间的具体位置。进行系统调用时，程序运行空间需要从用户空间进入内核空间，处理完后再返回用户空间。

Linux系统调用部分是非常精简的系统调用（只有250个左右），它继承了UNIX系统调用中最基本和最有用的部分。这些系统调用按照功能逻辑大致可分为进程控制、进程间通信、文件系统控制、系统控制、存储管理、网络管理、Socket控制、用户管理等几类。

2．用户编程接口

前面讲到的系统调用并不是直接与程序员进行交互的，它仅仅是一个通过软中断机制向内核提交请求，以获取内核服务的接口。在实际使用中，程序员调用的通常是用户编程接口——API。系统命令相对API更高了一层，它实际上是一个可执行程序，它的内部引用了用户编程接口（API）来实现相应的功能。它们之间的关系如图3.1.1所示。

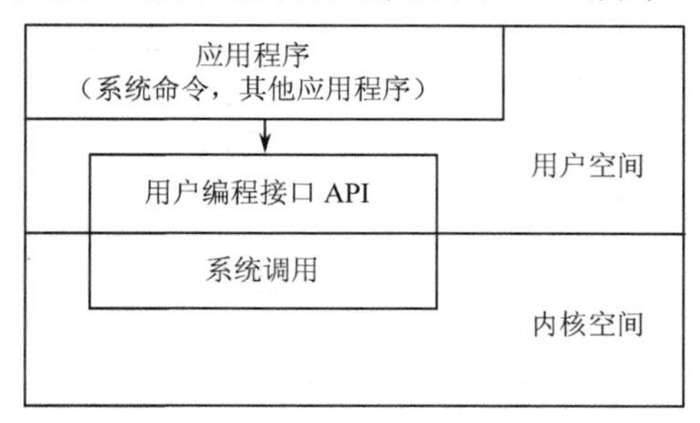

图3.1.1　系统调用、API及系统命令之间的关系

3.1.2　底层文件I/O操作

1．文件描述符

内核如何区分和引用特定的文件呢？这里用到了一个重要的概念——文件描述符。对于Linux而言，所有对设备和文件的操作都是使用文件描述符来进行的。文件描述符是一个非负的整数，它是一个索引值，并指向在内核中每个进程打开文件的记录表。当打开一个现存文件或创建一个新文件时，内核就向进程返回一个文件描述符；当需要读/写文件时，也需要把文件描述符作为参数传递给相应的函数。

通常，一个进程启动时，都会打开3个文件：标准输入、标准输出和标准出错处理。这3个文件分别对应文件描述符为0、1和2（也就是宏替换STDIN_FILENO、STDOUT_FILENO和STDERR_FILENO）。

2．基本文件操作

文件I/O操作的系统调用，主要用到5个函数：open()、read()、write()、lseek()和close()。这些函数的特点是不带缓存，直接对文件（包括设备）进行读/写操作。这些函数虽然不是ANSI C的组成部分，但却是POSIX的组成部分。下面是具体的函数说明。

open()函数用于打开或创建文件，在打开或创建文件时可以指定文件的属性及用户的权限等各种参数。

close()函数用于关闭一个被打开的文件。当一个进程终止时，所有被它打开的文件都由内核自动关闭，很多程序都使用这一功能而不显示地关闭一个文件。

read()函数用于将从指定的文件描述符中读出的数据放到缓存区中，并返回实际读入的字节数。若返回0，则表示没有数据可读，即已达到文件尾。读操作从文件的当前指针位置开始。当从终端设备文件中读出数据时，通常一次最多读一行。

write()函数用于向打开的文件写数据，写操作从文件的当前指针位置开始。对磁盘文件进行写操作，若磁盘已满或超出该文件的长度，则write()函数返回失败。

lseek()函数用于在指定的文件描述符中将文件指针定位到相应的位置。它只能用在可定位（可随机访问）文件操作中。管道、套接字和大部分字符设备文件是不可定位的，所以在这些文件的操作中无法使用lseek()函数调用。

（1）各函数的格式说明

open()函数的语法格式见表 3.1.1。

表 3.1.1　open()函数的语法格式列表

<table>
<tr><td>所需头文件</td><td colspan="2">#include <sys/types.h> /* 提供类型pid_t的定义 */
#include <sys/stat.h>
#include <fcntl.h></td></tr>
<tr><td>函数原型</td><td colspan="2">int open(const char *pathname,int flags,int perms)</td></tr>
<tr><td rowspan="10">函数传入值</td><td>pathname</td><td>被打开的文件名（可包括路径名）</td></tr>
<tr><td rowspan="8">flag：
文件打开的方式</td><td>O_RDONLY：以只读方式打开文件</td></tr>
<tr><td>O_WRONLY：以只写方式打开文件</td></tr>
<tr><td>O_RDWR：以读/写方式打开文件</td></tr>
<tr><td>O_CREAT：如果该文件不存在，就创建一个新的文件，并用第三个参数为其设置权限</td></tr>
<tr><td>O_EXCL：如果使用O_CREAT时文件存在，则可返回错误消息。这一参数可测试文件是否存在。此时open是原子操作，防止多个进程同时创建同一个文件</td></tr>
<tr><td>O_NOCTTY：使用本参数时，若文件为终端，那么该终端不会成为调用open()的那个进程的控制终端</td></tr>
<tr><td>O_TRUNC：若文件已经存在，那么会删除文件中的全部原有数据，并且设置文件大小为0</td></tr>
<tr><td>O_APPEND：以添加方式打开文件，在打开文件的同时，文件指针指向文件的末尾，即将写入的数据添加到文件的末尾</td></tr>
<tr><td>perms</td><td>被打开文件的存取权限
可以用一组宏定义：
S_I(R/W/X)(USR/GRP/OTH)
其中，R/W/X 分别表示读/写/执行权限；USR/GRP/OTH 分别表示文件所有者/文件所属组/其他用户。
例如，S_IRUSR/S_IWUSR表示设置文件所有者的可读可写属性。八进制表示法中600也表示同样的权限</td></tr>
<tr><td>函数返回值</td><td colspan="2">成功：返回文件描述符
失败：−1</td></tr>
</table>

close()函数语法格式见表 3.1.2。

表 3.1.2　close()函数语法格式列表

所需头文件	#include <unistd.h>
函数原型	int close(int fd)
函数输入值	fd：文件描述符
函数返回值	0：成功 −1：出错

read()函数语法格式见表 3.1.3。

表 3.1.3　read()函数语法格式列表

<table>
<tr><td>所需头文件</td><td>#include <unistd.h></td></tr>
<tr><td>函数原型</td><td>ssize_t read(int fd,void *buf,size_t count)</td></tr>
<tr><td rowspan="3">函数输入值</td><td>fd：文件描述符</td></tr>
<tr><td>buf：指定存储器读出数据的缓冲区</td></tr>
<tr><td>count：指定读出的字节数</td></tr>
<tr><td>函数返回值</td><td>成功：读到的字节数
0：已到达文件尾
−1：出错</td></tr>
</table>

write()函数语法格式见表 3.1.4。

表 3.1.4　write()函数语法格式列表

所需头文件	#include <unistd.h>
函数原型	ssize_t write(int fd,void *buf,size_t count)
函数输入值	fd：文件描述符
	buf：指定存储器写入数据的缓冲区
	count：指定读出的字节数
函数返回值	成功：已写的字节数 −1：出错

lseek()函数语法格式见表 3.1.5。

表 3.1.5　lseek()函数语法格式列表

所需头文件	#include <unistd.h> #include <sys/types.h>	
函数原型	off_t lseek(int fd,off_t offset,int whence)	
函数输入值	fd：文件描述符	
	offset：偏移量，每个读/写操作所需要移动的距离，单位是字节，可正可负（向前移，向后移）	
	whence： 当前位置的基点	SEEK_SET：当前位置为文件的开头，新位置为偏移量的大小
		SEEK_CUR：当前位置为文件指针的位置，新位置为当前位置加上偏移量
		SEEK_END：当前位置为文件的结尾，新位置为文件的大小加上偏移量的大小
函数返回值	成功：文件的当前位移 −1：出错	

（2）函数使用实例

下面实例中的 open()函数带有 3 个 flag 参数：O_CREAT、O_TRUNC 和 O_WRONLY，这样就可以对不同的情况指定相应的处理方法。另外，这里对该文件的权限设置为 0600。

下面列出文件基本操作的实例，基本功能是从一个文件（源文件）中读取最后 10KB 数据并到另一个文件（目标文件）。在实例中源文件是以只读方式打开的，目标文件是以只写方式打开（可以是读/写方式）的。若目标文件不存在，可以创建并设置权限的初始值为 644，即文件所有者可读可写，文件所属组和其他用户只能读。

```
/* copy_file.c */
#include <unistd.h>
#include <sys/types.h>
#include <sys/stat.h>
#include <fcntl.h>
#include <stdlib.h>
#include <stdio.h>

#define BUFFER_SIZE        1024              /* 每次读/写缓存大小，影响运行效率*/
#define SRC_FILE_NAME  "src_file"            /* 源文件名 */
#define DEST_FILE_NAME"dest_file"            /* 目标文件名文件名 */
#define OFFSET         10240                 /* 复制的数据大小 */
```

```
int main()
{
        int src_file, dest_file;
        unsigned char buff[BUFFER_SIZE];
        int real_read_len;

        /* 以只读方式打开源文件 */
        src_file = open(SRC_FILE_NAME, O_RDONLY);

        /* 以只写方式打开目标文件，若此文件不存在则创建，访问权限值为 644 */
        dest_file = open(DEST_FILE_NAME, O_WRONLY|O_CREAT,
                        S_IRUSR|S_IWUSR|S_IRGRP|S_IROTH);

        if (src_file < 0 || dest_file < 0)
        {
                printf("Open file error\n");
                exit(1);
        }

        /* 将源文件的读/写指针移到最后 10KB 的起始位置*/
        lseek(src_file, -OFFSET, SEEK_END);

        /* 读取源文件的最后 10KB 数据并写到目标文件中，每次读/写 1KB */
        while ((real_read_len = read(src_file, buff, sizeof(buff))) > 0)
        {
               write(dest_file, buff, real_read_len);
        }
        close(dest_file);
        close(src_file);

        return 0;
}
```

运行结果如图 3.1.2 所示。

```
root@ubuntu:/home/linuxbook/6/6.3.1# ./copy_file
root@ubuntu:/home/linuxbook/6/6.3.1# ls -lh dest_file
-rw-r--r-- 1 root root 0 2015-07-29 16:53 dest_file
root@ubuntu:/home/linuxbook/6/6.3.1#
```

图 3.1.2　copy_file.c 实例运行结果

☞ 小练习

（1）在 home 目录下创建 1.txt 文件，在 1.txt 文件中写入 abcdefg 字符串。创建 test.c 文件，

编写代码，编译运行，实现以下小功能：

① 使用 open()函数在当前目录下创建 2.txt 文件，文件属性为可读可写；

② 使用 open()函数打开 1.txt 文件，使用 read()函数读取 1.txt 中的所有内容，使用 write()函数把读取得到的内容写入 2.txt 中；

③ 使用 cat 命令打印 1.txt 和 2.txt 文件的内容，并对比。

（2）使用 open()函数创建 test.txt 文件，文件属性为可读可写。使用 write()函数写入字符，每次只写入一个字符，直至写完 abcdef（提示：使用 lseek()函数）。

3.1.3 文件锁

1．fcntl()函数说明

前面介绍的 5 个基本函数实现了文件的打开、读/写等基本操作，现在我们将讨论的是，在文件已经共享的情况下如何操作，也就是当多个用户共同使用、操作一个文件的情况，这时，Linux 通常采用的方法是给文件上锁，来避免共享的资源产生竞争的状态。

文件锁包括建议性锁和强制性锁。建议性锁要求每个上锁文件的进程都要检查是否有锁存在，并且尊重已有的锁。在一般情况下，内核和系统都不使用建议性锁。强制性锁是由内核执行的锁，当一个文件被上锁进行写入操作时，内核将阻止其他任何文件对其进行读/写操作。采用强制性锁对性能的影响很大，每次读/写操作都必须检查是否有锁存在。

在 Linux 中，实现文件上锁的函数有 lockf()和 fcntl()，其中 lockf()用于对文件施加建议性锁，而 fcntl()不仅可以施加建议性锁，还可以施加强制性锁。同时，fcntl()还能对文件的某一记录上锁，也就是记录锁。

记录锁又可分为读取锁和写入锁，其中读取锁又称为共享锁，它能够使多个进程都能在文件的同一部分建立读取锁。而写入锁又称为排斥锁，在任何时刻只能有一个进程在文件的某个部分上建立写入锁。当然，在文件的同一部分不能同时建立读取锁和写入锁。

2．fcntl()函数格式

用于建立记录锁的 fcntl()函数格式见表 3.1.6。

表 3.1.6　fcntl()函数语法要点

所需头文件	#include <sys/types.h> #include <unistd.h> #include <fcntl.h>	
函数原型	int fcntl(int fd,int cmd,struct flock *lock)	
函数传入值	fd：文件描述符	
	cmd	F_DUPFD：复制文件描述符
		F_GETFD：获得fd的close-on-exec标志，若标志未设置，则文件经过exec()函数之后仍保持打开状态
		F_SETFD：设置close-on-exec标志，该标志由参数arg的FD_CLOEXEC位决定
		F_GETFL：得到open设置的标志
		F_SETFL：改变open设置的标志
		F_GETLK：根据 lock 参数值，决定是否上文件锁
		F_SETLK：设置lock参数值的文件锁
		F_SETLKW：这是F_SETLK的阻塞版本（命令名中的W表示等待（wait））。在无法获取锁时，会进入睡眠状态；如果可以获取锁或者捕捉到信号，则会返回
	lock：结构为 flock，设置记录锁的具体状态	
函数返回值	0：成功 −1：出错	

这里，lock 的结构如下：

```
struct flock
{
    short l_type;
    off_t l_start;
    short l_whence;
    off_t l_len;
    pid_t l_pid;
}
```

lock 结构中每个变量的取值含义见表 3.1.7。

表 3.1.7　lock 结构变量取值

<table>
<tr><td rowspan="3">l_type</td><td>F_RDLCK：读取锁（共享锁）</td></tr>
<tr><td>F_WRLCK：写入锁（排斥锁）</td></tr>
<tr><td>F_UNLCK：解锁</td></tr>
<tr><td>l_stat</td><td>相对位移量（字节）</td></tr>
<tr><td rowspan="3">l_whence：相对位移量的起点（同 lseek 的 whence）</td><td>SEEK_SET：当前位置为文件的开头，新位置为偏移量的大小</td></tr>
<tr><td>SEEK_CUR：当前位置为文件指针的位置，新位置为当前位置加上偏移量</td></tr>
<tr><td>SEEK_END：当前位置为文件的结尾，新位置为文件的大小加上偏移量</td></tr>
<tr><td>l_len</td><td>加锁区域的长度</td></tr>
</table>

3．fcntl()使用实例

下面首先给出了使用 fcntl()函数的文件记录锁功能的代码实现。在该代码中，首先给 flock 结构体的对应位赋予相应的值。接着使用两次 fcntl()函数，分别用于判断文件是否可以上锁和给相关文件上锁，这里用到的 cmd 值分别为 F_GETLK 和 F_SETLK（或 F_SETLKW）。

用 F_GETLK 命令判断是否可以进行 flock 结构所描述的锁操作：若可以进行，则 flock 结构的 l_type 会被设置为 F_UNLCK，其他域不变；若不可行，则 l_pid 被设置为拥有文件锁的进程号，其他域不变。

用 F_SETLK 和 F_SETLKW 命令设置 flock 结构所描述的锁操作，后者是前者的阻塞版。

文件记录锁功能的源代码如下所示：

```
/* lock_set.c */
int lock_set(int fd, int type)
{
    struct flock old_lock, lock;
    lock.l_whence = SEEK_SET;
    lock.l_start = 0;
    lock.l_len = 0;
    lock.l_type = type;
    lock.l_pid = -1;

    /* 判断文件是否可以上锁 */
```

```
fcntl(fd, F_GETLK, &lock);
if (lock.l_type != F_UNLCK)
{
    /* 判断文件不能上锁的原因 */
    if (lock.l_type == F_RDLCK)          /* 该文件已有读取锁 */
    {
        printf("Read lock already set by %d\n", lock.l_pid);
    }
    else if (lock.l_type == F_WRLCK)     /* 该文件已有写入锁 */
    {
        printf("Write lock already set by %d\n", lock.l_pid);
    }
}
/* l_type 可能已被 F_GETLK 修改过 */
lock.l_type = type;
/* 根据不同的 type 值进行阻塞式上锁或解锁 */
if ((fcntl(fd, F_SETLKW, &lock)) < 0)
{
    printf("Lock failed:type = %d\n", lock.l_type);
    return 1;
}
switch(lock.l_type)
{
    case F_RDLCK:
    {
        printf("Read lock set by %d\n", getpid());
    }
    break;

    case F_WRLCK:
    {
    printf("Write lock set by %d\n", getpid());
    }
    break;

    case F_UNLCK:
    {
        printf("Release lock by %d\n", getpid());
        return 1;
    }
```

```
                break;

                default:
                break;
            }       /* end of switch    */
            return 0;
        }
```

下面的实例是文件写入锁的测试用例，这里首先创建了一个 hello 文件，之后对其写入锁，最后释放写入锁，代码如下所示：

```
/* write_lock.c */
#include <unistd.h>
#include <sys/file.h>
#include <sys/types.h>
#include <sys/stat.h>
#include <stdio.h>
#include <stdlib.h>
#include "lock_set.c"

int main(void)
{
    int fd;

    /* 首先打开文件 */
    fd = open("hello",O_RDWR | O_CREAT, 0644);
    if(fd < 0)
    {
        printf("Open file error\n");
        exit(1);
    }

    /* 给文件上写入锁 */
    lock_set(fd, F_WRLCK);
    getchar();

    /* 给文件解锁 */
    lock_set(fd, F_UNLCK);
    getchar();
    close(fd);
    exit(0);
}
```

为了能够使用多个终端，更好地显示写入锁的作用，本实例主要在PC上测试，读者可将其交叉编译，下载到目标板上运行。下面是在PC上的运行结果。为了使程序有较大的灵活性，此处采用文件上锁后由用户输入一任意键使程序继续运行。建议读者开启两个终端，并且在两个终端上同时运行该程序，以达到多个进程操作一个文件的效果。在这里，首先运行终端一，请读者注意终端二中的第一句。

终端一运行结果如图3.1.3所示。

```
root@ubuntu:/home/linuxbook/6/6.3.2# ./write_lock
Write lock already set by 1756
```

图3.1.3　终端一运行结果

终端二运行结果如图3.1.4所示。

```
root@ubuntu:/home/linuxbook/6/6.3.2# ./write_lock
Write lock set by 1756
```

图3.1.4　终端二运行结果

由此可见，写入锁为互斥锁，同一时刻只能有一个写入锁存在。

接下来的程序是文件读取锁的测试用例，原理和上面的程序一样。

```
/* read_lock.c */
#include <unistd.h>
#include <sys/file.h>
#include <sys/types.h>
#include <sys/stat.h>
#include <stdio.h>
#include <stdlib.h>
#include "lock_set.c"

int main(void)
{
    int fd;
    fd = open("hello",O_RDWR | O_CREAT, 0644);
    if(fd < 0)
    {
        printf("Open file error\n");
        exit(1);
    }

    /* 给文件上读取锁 */
    lock_set(fd, F_RDLCK);
    getchar();

    /* 给文件解锁 */
```

```
        lock_set(fd, F_UNLCK);
        getchar();

        close(fd);
        exit(0);
    }
```

同样开启两个终端，并首先启动终端一上的程序。

终端一运行结果如图 3.1.5 所示。

```
root@ubuntu:/home/linuxbook/6/6.3.2# ./read_lock
Read lock set by 1819
```

图 3.1.5　终端一运行结果

终端二运行结果如图 3.1.6 所示。

```
root@ubuntu:/home/linuxbook/6/6.3.2# ./read_lock
Read lock set by 1821
```

图 3.1.6　终端二运行结果

读者可以将此结果与写入锁的运行结果相比较，可以看出，读取锁为共享锁，当进程 1819 已设置读取锁后，进程 1821 仍然可以设置读取锁。

3.1.4　标准 I/O 编程基本操作

前面讲述的系统调用是操作系统直接提供的函数接口。因为运行系统调用时，Linux 必须从用户态切换到内核态，执行相应的请求，然后再返回用户态，所以应该尽量减少系统调用的次数，从而提高程序的效率。标准 I/O 提供流缓冲的目的是尽可能减少使用 read()和 write()等系统调用的数量。标准 I/O 提供了 3 种类型的缓冲存储。

① 全缓冲：在这种情况下，当填满标准 I/O 缓存后才进行实际 I/O 操作。对于存放在磁盘上的文件，通常是由标准 I/O 库实施全缓冲的。

② 行缓冲：在这种情况下，当在输入和输出中遇到行结束符时，标准 I/O 库执行 I/O 操作。这允许我们一次输出一个字符（如 fputc()函数），但只有写了一行之后才进行实际 I/O 操作。标准输入和标准输出就是使用行缓冲的典型例子。

③ 不带缓冲：标准 I/O 库不对字符进行缓冲。如果用标准 I/O 函数写若干字符到不带缓冲的流中，则相当于用系统调用 write()函数将这些字符全写到被打开的文件上。标准出错 stderr 通常是不带缓存的，这就使得出错信息可以尽快显示出来，而不管它们是否含有一个行结束符。

1．打开文件

（1）函数说明

有 3 个标准函数，分别为：fopen()、fdopen()和 freopen()。它们可以以不同的模式打开，但都返回一个指向 FILE 的指针，该指针指向对应的 I/O 流。此后，对文件的读/写都是通过这个 FILE 指针来进行的。其中，fopen()可以指定打开文件的路径和模式，fdopen()可以指定打开的文件描述符和模式，而 freopen()除可指定打开的文件、模式外，还可指定特定的 I/O 流。

（2）函数格式定义

fopen()函数格式见表 3.1.8。

表 3.1.8　fopen()函数语法要点

所需头文件	#include <stdio.h>
函数原型	FILE * fdopen(int fd,const char * mode)
函数输入值	fd：文件描述符
	mode：文件打开状态（后面会具体说明）
函数返回值	成功：指向FILE的指针 失败：NULL

其中，mode 类似于 open()函数中的 flag，可以定义打开文件的访问权限等，表 3.1.9 说明了 fopen()中 mode 的各种取值。

表 3.1.9　mode 取值说明

r 或 rb	打开只读文件，该文件必须存在
r+或 r+b	打开可读/写的文件，该文件必须存在
w 或 wb	打开只写文件，若文件存在则文件长度清0，即会擦写文件以前的内容；若文件不存在则建立该文件
w+或 w+b	打开可读/写文件，若文件存在则文件长度清0，即会擦写文件以前的内容；若文件不存在则建立该文件
a 或 ab	以附加的方式打开只写文件。若文件不存在，则会建立该文件；若文件存在，写入的数据会被加到文件尾，即文件原先的内容会被保留
a+或 a+b	以附加的方式打开可读/写的文件。若文件不存在，则会建立该文件；若文件存在，写入的数据会被加到文件尾后，即文件原先的内容会被保留

2．关闭文件

（1）函数说明

关闭标准流文件的函数为 fclose()，该函数将缓冲区内的数据全部写入文件中，并释放系统所提供的文件资源。

（2）函数格式说明

fclose()函数格式见表 3.1.10。

表 3.1.10　fclose()函数语法要点

所需头文件	#include <stdio.h>
函数原型	int fclose(FILE * stream)
函数输入值	stream：已打开的文件指针
函数返回值	成功：0 失败：EOF

3．读文件

（1）fread()函数说明

在文件流被打开之后，可对文件流进行读/写等操作，其中读操作的函数为 fread()。

（2）fread()函数格式

fread()函数格式见表 3.1.11。

表 3.1.11　fread()函数语法要点

所需头文件	#include <stdio.h>
函数原型	size_t fread(void * ptr,size_t size,size_t nmemb,FILE * stream)
函数输入值	ptr：存放读入记录的缓冲区
	size：读取的记录大小
	nmemb：读取的记录数
	stream：要读取的文件流
函数返回值	成功：返回实际读取到的nmemb数目 失败：EOF

4．写文件

（1）fwrite()函数说明

fwrite()函数用于对指定的文件流进行写操作。

（2）fwrite()函数格式

fwrite()函数格式见表 3.1.12。

表 3.1.12　fwrite()函数语法要点

所需头文件	#include <stdio.h>
函数原型	size_t fwrite(const void * ptr,size_t size,size_t nmemb, FILE * stream)
函数输入值	ptr：存放写入记录的缓冲区
	size：写入的记录大小
	nmemb：写入的记录数
	stream：要写入的文件流
函数返回值	成功：返回实际写入的记录数目 失败：EOF

5．使用实例

下面实例的功能与底层 I/O 操作的实例基本相同，运行结果也相同，只是用标准 I/O 库的文件操作来替代原先的底层文件系统调用而已。

```
#include <stdlib.h>
#include <stdio.h>

#define BUFFER_SIZE       1024                /* 每次读/写缓存大小 */
#define SRC_FILE_NAME   "src_file"            /* 源文件名 */
#define DEST_FILE_NAME"dest_file"             /* 目标文件名*/
#define OFFSET          10240                 /* 复制的数据大小 */

int main()
{
    FILE *src_file, *dest_file;
    unsigned char buff[BUFFER_SIZE];
    int real_read_len;

    /* 以只读方式打开源文件 */
    src_file = fopen(SRC_FILE_NAME, "r");

    /* 以只写方式打开目标文件，若此文件不存在则创建 */
    dest_file = fopen(DEST_FILE_NAME, "w");

    if (!src_file || !dest_file)
    {
        printf("Open file error\n");
        exit(1);
```

```
        }

        /* 将源文件的读/写指针移到最后 10KB 的起始位置*/
        fseek(src_file, -OFFSET, SEEK_END);

        /* 读取源文件的最后 10KB 数据并写到目标文件中，每次读/写 1KB */
        while ((real_read_len = fread(buff, 1, sizeof(buff), src_file)) > 0)
        {
                fwrite(buff, 1, real_read_len, dest_file);
        }

        fclose(dest_file);
        fclose(src_file);
        return 0;
}
```

☞ 小练习

在 home 目录下创建 1.txt 文件，在 1.txt 文件中写入 abcdefg 字符串。创建 test.c 文件，编写代码，编译运行，实现以下小功能：

（1）使用 fopen()函数在当前目录下创建 2.txt 文件，文件属性为可读可写；

（2）使用 fopen()函数打开 1.txt 文件，使用 fread()函数读取 1.txt 中的所有内容，使用 fwrite()函数把读取得到的内容写入 2.txt 中；

（3）使用 cat 命令打印 1.txt 和 2.txt 文件的内容，并对比。

3.1.5 其他操作

文件打开之后，根据一次读/写文件中字符的数目可分为字符输入/输出、行输入/输出和格式化输入/输出，下面分别对这 3 种不同的方式进行讲解。

1. 字符输入/输出

字符输入/输出函数一次仅读/写一个字符。其中字符输入/输出函数见表 3.1.13 和表 3.1.14。

表 3.1.13 字符输入函数语法要点

所需头文件	#include <stdio.h>
函数原型	int getc(FILE * stream) int fgetc(FILE * stream) int getchar(void)
函数输入值	stream：要输入的文件流
函数返回值	成功：下一个字符 失败：EOF

表 3.1.14 字符输出函数语法要点

所需头文件	#include <stdio.h>
函数原型	int putc(int c,FILE * stream) int fputc(int c,FILE * stream) int putchar(int c)
函数返回值	成功：字符c 失败：EOF

这几个函数功能类似，其区别仅在于 getc()和 putc()通常被实现为宏，而 fgetc()和 fputc()不能实现为宏，因此，函数的实现时间会有所差别。

下面这个实例结合 fputc()和 fgetc()将标准输入复制到标准输出中去。

```
#include <stdio.h>
main()
{
    int c;
    fputc(fgetc(stdin), stdout);
    printf("\n");
}
```

运行结果如图 3.1.7 所示。

```
root@ubuntu:/home/linuxbook/6/6.5.2# ./fput
w
w
root@ubuntu:/home/linuxbook/6/6.5.2#
```

图 3.1.7　字符输入/输出运行结果

2．行输入/输出

行输入/输出函数一次操作一行，其中行输入/输出函数见表 3.1.15 和表 3.1.16。

表 3.1.15　行输入函数语法要点

所需头文件	#include <stdio.h>
函数原型	char * gets(char *s) char fgets(char * s,int size,FILE * stream)
函数输入值	s：要输入的字符串 size：输入的字符串长度 stream：对应的文件流
函数返回值	成功：s 失败：NULL

表 3.1.16　行输出函数语法要点

所需头文件	#include <stdio.h>
函数原型	int puts(const char *s) int fputs(const char * s,FILE * stream)
函数输入值	s：要输出的字符串 stream：对应的文件流
函数返回值	成功：s 失败：NULL

这里以 gets()和 puts()为例进行说明，本实例将标准输入复制到标准输出，如下所示：

```
#include <stdio.h>
main()
{
    char a[15];
    fputs(fgets(a, 50, stdin), stdout);
}
```

运行该程序，输出结果如图 3.1.8 所示。

```
root@ubuntu:/home/linuxbook/6/6.5.2# ./gets
hello
hello
root@ubuntu:/home/linuxbook/6/6.5.2#
```

图 3.1.8　行输入/输出运行结果

☞ **小练习**

新建 test.txt 文档，使用 fgets()函数从键盘输入字符串，使用 write()函数把字符串写入 test.txt 文档。使用 read()函数读出 test.txt 的内容，使用 fputs()函数从屏幕输出。

3.2　进程控制开发

3.2.1　进程的基本概念

1．进程的定义

进程的概念首先是在 20 世纪 60 年代初期由 MIT 的 Multics 系统和 IBM 的 TSS/360 系统引入的。在 40 多年的发展中，人们对进程有过各种各样的定义。下面列举较为著名的几种。

① 进程是一个独立的可调度的活动（E.Cohen，D.Jofferson）。

② 进程是一个抽象实体，当它执行某个任务时，要分配和释放各种资源（P.Denning）。

③ 进程是可以并行执行的计算单位（S.E.Madnick，J.T.Donovan）。

以上进程的概念都不相同，但其本质是一样的。它指出了进程是一个程序的一次执行的过程，同时也是资源分配的最小单元。它和程序是有本质区别的，程序是静态的，是一些保存在磁盘上的指令的有序集合，没有任何执行的概念；而进程是一个动态的概念，是程序执行的过程，包括动态创建、调度和消亡的整个过程。它是程序执行和资源管理的最小单位。

2．进程的标识

在 Linux 中最主要的进程标识有进程号（Process Idenity Number，PID）和它的父进程号（Parent Process ID，PPID）。其中，PID 唯一地标识一个进程。PID 和 PPID 都是非零的正整数。

在 Linux 中获得当前进程的 PID 和 PPID 的系统调用函数为 getpid()和 getppid()，通常程序获得当前进程的 PID 和 PPID 之后，可以将其写入日志文件以做备份。getpid()和 getppid()系统调用过程如下所示：

```
/* pid.c */
#include<stdio.h>
#include<unistd.h>
#include<stdlib.h>

int main()
{
	/*获得当前进程的进程 ID 和其父进程 ID*/
	printf("The PID of this process is %d\n",getpid());
```

```
        printf("The PPID of this process is %d\n",getppid());

        return 0;
}
```

其运行结果如图 3.2.1 所示。

```
root@ubuntu:/home/linuxbook/7/7.1.1# ./pid
The PID of this process is 2926
The PPID of this process is 2513
root@ubuntu:/home/linuxbook/7/7.1.1#
```

图 3.2.1　pid.c 运行结果

3.2.2　Linux 下进程的模式和类型

在 Linux 系统中，进程的执行模式分为用户模式和内核模式。如果当前运行的是用户程序、应用程序或者内核之外的系统程序，那么对应进程就在用户模式下运行；如果在用户程序执行过程中出现系统调用或者发生中断事件，那么就要运行操作系统（即核心）程序，进程模式就变成内核模式。在内核模式下运行的进程可以执行机器的特权指令，而且此时该进程的运行不受用户的干扰，即使是 root 用户也不能干扰内核模式下进程的运行。

用户进程既可以在用户模式下运行，也可以在内核模式下运行，如图 3.2.2 所示。

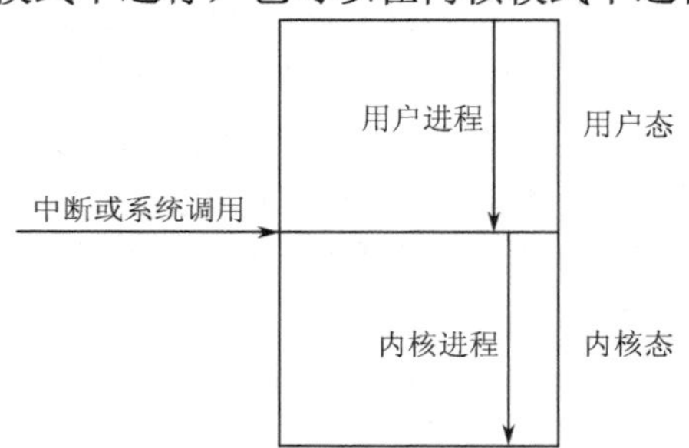

图 3.2.2　Linux 中进程结构示意图

3.2.3　Linux 进程控制编程

1. fork()函数

在 Linux 中创建一个新进程的唯一方法是使用 fork()函数。fork()函数是 Linux 中一个非常重要的函数，和读者以往遇到的函数有一些区别，因为它看起来执行一次却返回两个值。难道一个函数真的能返回两个值吗？希望读者能认真学习这一部分的内容。

（1）fork()函数说明

fork()函数用于从已存在的进程中创建一个新进程。新进程称为子进程，而原进程称为父进程。使用 fork()函数得到的子进程是父进程的一个复制品，它从父进程处继承了整个进程的地址空间，包括进程上下文、代码段、进程堆栈、内存信息、打开的文件描述符、信号控制设定、进程优先级、进程组号、当前工作目录、根目录、资源限制和控制终端等，而子进程所独有的只有它的进程号、资源使用和计时器等。

因为子进程几乎是父进程的完全复制，所以父子两个进程会运行同一个程序。因此需要用一种方式来区分它们，并使它们照此运行，否则，这两个进程不可能做不同的事。

实际上在父进程中执行 fork()函数时，父进程会复制出一个子进程，而且父、子进程的代码从 fork()函数的返回开始分别在两个地址空间中同时运行。从而两个进程分别获得其所属 fork()的返回值，其中在父进程中的返回值是子进程的进程号，而在子进程中返回 0。因此，可以通过返回值来判定该进程是父进程还是子进程。

同时可以看出，使用 fork()函数的代价是很大的，它复制了父进程中的代码段、数据段和堆栈段里的大部分内容，使得 fork()函数的系统开销比较大，而且执行速度也不是很快。

（2）fork()函数语法

表 3.2.1 列出了 fork()函数的语法要点。

表 3.2.1　fork()函数的语法要点

所需头文件	#include <sys/types.h> // 提供类型 pid_t 的定义 #include <unistd.h>
函数原型	pid_t fork(void)
数返回值	0：子进程
	子进程 ID（大于 0 的整数）：父进程
	−1：出错

（3）fork()函数使用实例

```
/* fork.c */
#include <sys/types.h>
#include <unistd.h>
#include <stdio.h>
#include <stdlib.h>

int main(void)
{
	pid_t result;

	/*调用 fork 函数，其返回值为 result*/
	result = fork();

	/*通过 result 的值来判断 fork 函数的返回情况，首先进行出错处理*/
	if(result = = -1)
	{
		printf("Fork error\n");
	}
	else if (result = = 0)		/*返回值为 0 代表子进程*/
	{
		printf("The return value is %d\nIn child process!!\nMy PID is %d\n",result,getpid());
	}
	else				/*返回值大于 0 代表父进程*/
	{
```

```
            printf("The return value is %d\nIn father process!!\nMy PID is %d\n",result,getpid());
        }

        return result;
    }
```

运行结果如图 3.2.3 所示。

```
root@ubuntu:/home/linuxbook/7/7.2.1# ./fork
The return value is 0
In child process!!
My PID is 3043
The return value is 3043
In father process!!
My PID is 3042
root@ubuntu:/home/linuxbook/7/7.2.1#
```

图 3.2.3　fork.c 运行结果

从该实例中可以看出，使用 fork()函数新建了一个子进程，其中的父进程返回子进程的 PID，而子进程的返回值为 0。

（4）fork()函数使用注意点

fork()函数使用一次就创建一个进程，所以若把 fork()函数放在了 if...else 判断语句中要小心，不能多次使用 fork()函数。

2．wait()函数和 waitpid()函数

（1）wait()函数和 waitpid()函数说明

wait()函数用于使父进程（也就是调用wait()函数的进程）阻塞，直到一个子进程结束或者该进程接收到一个指定的信号为止。如果该父进程没有子进程或者他的子进程已经结束，则 wait()函数就会立即返回。

waitpid()函数的作用和 wait()函数一样，但它并不一定要等待第一个终止的子进程，它还有若干选项，如可提供一个非阻塞版本的 wait()函数功能，也能支持作业控制。实际上 wait()函数只是 waitpid()函数的一个特例，在 Linux 内部实现 wait()函数时直接调用的就是 waitpid()函数。

（2）wait()函数和 waitpid()函数格式说明

表 3.2.2 列出了 wait()函数的语法规范。

表 3.2.2　wait()函数语法

所需头文件	#include <sys/types.h> #include<sys/wait.h>
函数原型	pid_t wait(int *status)
函数传入值	这里的 status 是一个整型指针，是该子进程退出时的状态。status 若不为空，则通过它可以获得子进程的结束状态。另外，子进程的结束状态可由 Linux 中一些特定的宏来测定
函数返回值	成功：已结束运行的子进程的进程号 失败：−1

表 3.2.3 列出了 waitpid()函数的语法规范。

（3）waitpid()函数使用实例

由于 wait()函数的使用较为简单，在此仅以 waitpid()函数为例进行讲解。本例中首先使用

表 3.2.3　waitpid()函数语法

<table>
<tr><td>所需头文件</td><td colspan="2">#include <sys/types.h>
#include<sys/wait.h></td></tr>
<tr><td>函数原型</td><td colspan="2">pid_t waitpid(pid_t pid,int *status,int options)</td></tr>
<tr><td rowspan="8">函数传入值</td><td rowspan="4">Pid</td><td>pid＞0：只等待进程 ID 等于 pid 的子进程，不管已经有其他子进程运行结束退出了，只要指定的子进程还没有结束，waitpid()就会一直等下去</td></tr>
<tr><td>pid＝−1：等待任何一个子进程退出，此时和 wait()作用一样</td></tr>
<tr><td>pid＝0：等待其组 ID 等于调用进程的组 ID 的任一子进程</td></tr>
<tr><td>pid＜−1：等待其组 ID 等于 pid 的绝对值的任一子进程</td></tr>
<tr><td>status</td><td>同 wait()</td></tr>
<tr><td rowspan="3">options</td><td>WNOHANG：若由 pid 指定的子进程不立即可用，则 waitpid()不阻塞，此时返回值为 0</td></tr>
<tr><td>WNOHANG：若实现某支持作业控制，则由 pid 指定的任一子进程状态已暂停，且其状态自暂停以来还未报告过，则返回其状态</td></tr>
<tr><td>0：同 wait()，阻塞父进程，等待子进程退出</td></tr>
<tr><td rowspan="3">函数返回值</td><td colspan="2">正常：已经结束运行的子进程的进程号</td></tr>
<tr><td colspan="2">使用选项 WNOHANG 且没有子进程退出：0</td></tr>
<tr><td colspan="2">调用出错：−1</td></tr>
</table>

fork()函数创建一个子进程，然后让其子进程暂停 5s（使用了 sleep()函数）。接下来对原有的父进程使用 waitpid()函数，并使用参数 WNOHANG 使该父进程不会阻塞。若有子进程退出，则 waitpid()函数返回子进程号；若没有子进程退出，则 waitpid()函数返回 0，并且父进程每隔 1s 循环判断一次。该程序的流程图如图 3.2.4 所示。

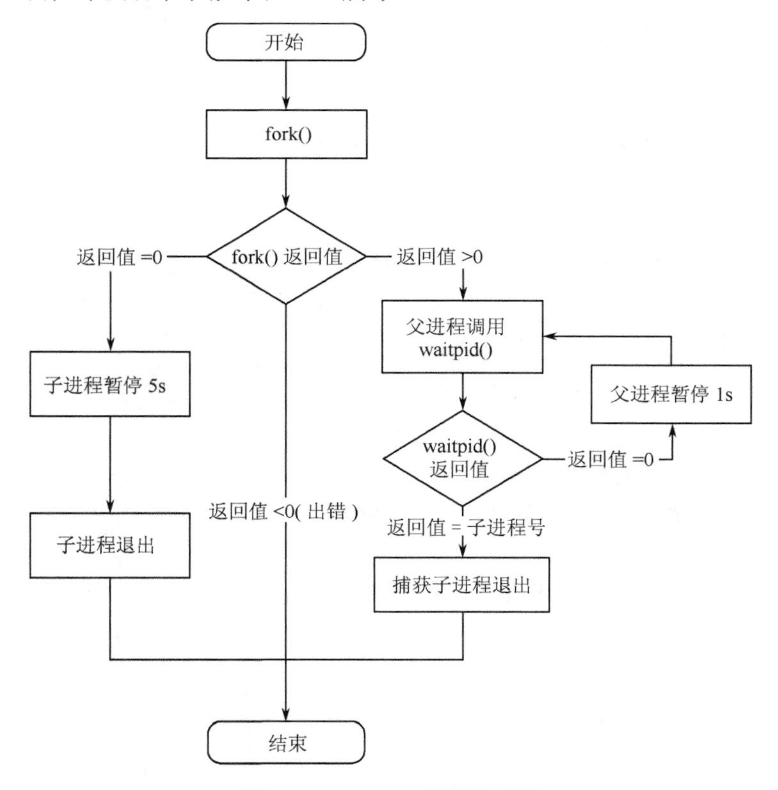

图 3.2.4　waitpid 实例程序流

该程序源代码如下所示：

```
/* waitpid.c */
#include <sys/types.h>
#include <sys/wait.h>
#include <unistd.h>
#include <stdio.h>
#include <stdlib.h>

int main()
{
    pid_t pc, pr;

    pc = fork();
    if (pc < 0)
    {
        printf("Error fork\n");
    }
    else if (pc = = 0)        /*子进程*/
    {
        /*子进程暂停 5s*/
        sleep(5);

        /*子进程正常退出*/
        exit(0);
    }
    else        /*父进程*/
    {
        /*循环测试子进程是否退出*/
        do
        {
            /*调用 waitpid，且父进程不阻塞*/
            pr = waitpid(pc, NULL, WNOHANG);

            /*若子进程还未退出，则父进程暂停 1s*/
            if (pr = = 0)
            {
                printf("The child process has not exited\n");
                sleep(1);
            }
        } while (pr = = 0);
```

```
            /*若发现子进程退出，打印出相应情况*/
            if (pr == pc)
            {
                printf("Get child exit code: %d\n",pr);
            }
            else
            {
                printf("Some error occured.\n");
            }
        }

        return 0;
    }
```

运行结果如图 3.2.5 所示。

```
root@ubuntu:/home/linuxbook/7/7.2.4# ./waitpid
The child process has not exited
The child process has not exited
The child process has not exited
The child process has not exited
The child process has not exited
Get child exit code: 6335
root@ubuntu:/home/linuxbook/7/7.2.4#
```

图 3.2.5　waitpid.c 运行结果

可见，该程序在经过 5 次循环之后，捕获到了子进程的退出信号，具体的子进程号在不同的系统上会有所区别。

读者还可以尝试把“pr = waitpid(pc,NULL,WNOHANG);”这句改为“pr = waitpid(pc,NULL, 0);”或者“pr = wait(NULL);”，运行的结果如图 3.2.6 所示。

```
root@ubuntu:/home/linuxbook/7/7.2.4# ./waitpid
Get child exit code: 6362
root@ubuntu:/home/linuxbook/7/7.2.4#
```

图 3.2.6　修改后的 waitpid.c 运行结果

可见，在上述两种情况下，父进程在调用 waitpid()函数或 wait()函数之后就将自己阻塞，直到有子进程退出为止。

☞ 小练习

使用 fork()函数创建一个进程，定义一个数组缓存区，子进程写入数据，父进程读出数据并打印。

3.3　进程间通信

Linux 下的进程通信手段基本上是从 UNIX 平台上的进程通信手段继承而来的。对 UNIX 发展作出重大贡献的两大主力 AT&T 的贝尔实验室及 BSD（加州大学伯克利分校的伯克利软件发布中心）在进程间的通信方面的侧重点有所不同。前者是对 UNIX 早期的进程间通信手段进行了系统的改进和扩充，形成了“system V IPC”，其通信进程主要局限在单个计算机内；后者则跳过了该限制，形成了基于套接口（socket）的进程间通信机制。而 Linux 则把两者的优势都继承了下来，如图 3.3.1 所示。

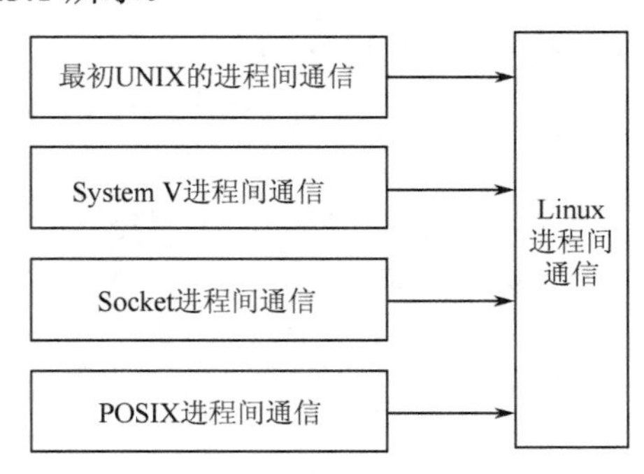

图 3.3.1　进程间通信发展历程

① UNIX 进程间通信（IPC）方式包括管道、FIFO 以及信号。

② System V 进程间通信（IPC）包括 System V 消息队列、System V 信号量以及 System V 共享内存区。

③ Posix 进程间通信（IPC）包括 Posix 消息队列、Posix 信号量以及 Posix 共享内存区。

现在在 Linux 中使用较多的进程间通信方式主要有以下几种。

① 管道（Pipe）及有名管道（Named Pipe）：管道可用于具有亲缘关系进程间的通信，有名管道除具有管道所具有的功能外，它还允许无亲缘关系进程间的通信。

② 信号（Signal）：信号是在软件层次上对中断机制的一种模拟，它是比较复杂的通信方式，用于通知进程有某事件发生，一个进程收到一个信号与处理器收到一个中断请求效果上可以说是一样的。

③ 消息队列（Messge Queue）：消息队列是消息的链接表，包括 Posix 消息队列和 System V 消息队列。它克服了前两种通信方式中信息量有限的缺点，具有写权限的进程可以按照一定的规则向消息队列中添加新消息；对消息队列有读权限的进程则可以从消息队列中读取消息。

④ 共享内存（Shared Memory）：可以说这是最有用的进程间通信方式。它使得多个进程可以访问同一块内存空间，不同进程可以及时看到对方进程中对共享内存中数据的更新。这种通信方式需要依靠某种同步机制，如互斥锁和信号量等。

⑤ 信号量（Semaphore）：主要作为进程之间以及同一进程的不同线程之间的同步和互斥手段。

⑥ 套接字（Socket）：这是一种更为一般的进程间通信机制，它可用于网络中不同机器之间的进程间通信，应用非常广泛。

3.3.1　管道

1．管道概述

管道是 Linux 中进程间通信的一种方式。这里所说的管道主要指无名管道，具有如下特点。

① 它只能用于具有亲缘关系的进程之间的通信（也就是父子进程或者兄弟进程之间）。

② 它是一个半双工的通信模式，具有固定的读端和写端。

③ 管道也可以看成是一种特殊的文件，对于它的读/写也可以使用普通的 read()和 write()等函数。但是它不是普通的文件，并不属于其他任何文件系统，并且只存在于内核的内存空间中。

2. 管道系统调用

（1）管道创建与关闭说明

管道是基于文件描述符的通信方式，当一个管道建立时，它会创建两个文件描述符 fds[0]和 fds[1]，其中 fds[0]固定用于读管道，而 fd[1]固定用于写管道，这样就构成了一个半双工的通道。

管道关闭时，只需将这两个文件描述符关闭即可，可使用普通的 close()函数逐个关闭各个文件描述符。

（2）管道创建函数

创建管道可以通过调用 pipe()函数来实现，表 3.3.1 列出了 pipe()函数的语法要点。

表 3.3.1 pipe()函数语法要点

所需头文件	#include <unistd.h>
函数原型	int pipe(int fd[2])
函数传入值	fd[2]：管道的两个文件描述符，之后就可以直接操作这两个文件描述符
函数返回值	成功：0
	出错：−1

（3）管道读/写说明

用 pipe()函数创建的管道两端处于一个进程中，由于管道是主要用于在不同进程间通信的，因此这在实际应用中没有太大意义。实际上，通常先是创建一个管道，再通过 fork()函数创建一子进程，该子进程会继承父进程所创建的管道。这时，父子进程管道的文件描述符对应关系如图 3.3.2 所示。

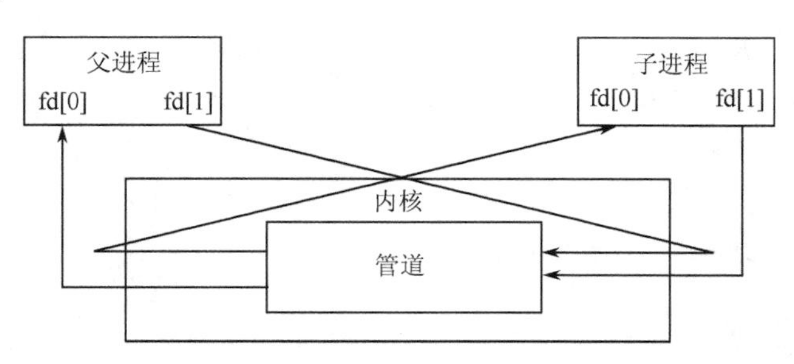

图 3.3.2 父子进程管道的文件描述符对应关系

父子进程分别拥有自己的读/写通道，为了实现父子进程之间的读/写，只需把无关的读端或写端的文件描述符关闭即可。此时，父子进程之间就建立起了一条“子进程写入父进程读取”的通道。例如，在图 3.3.3 中将父进程的写端 fd[1]和子进程的读端 fd[0]关闭。

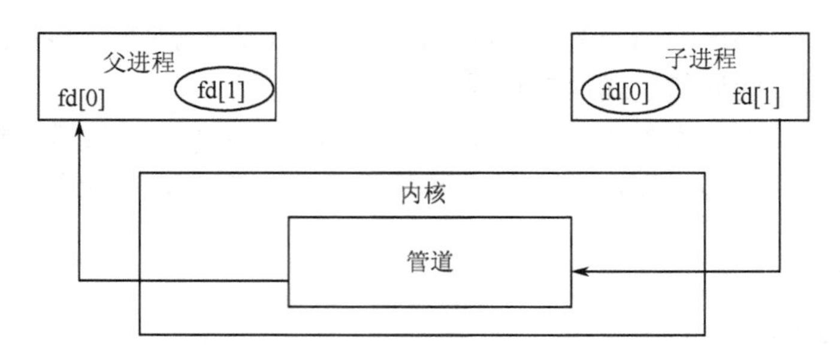

图 3.3.3　关闭父进程 fd[1]和子进程 fd[0]

（4）管道使用实例

在本例中，首先创建管道，然后父进程使用 fork()函数创建子进程，之后通过关闭父进程的读描述符和子进程的写描述符，建立起它们之间的管道通信。

```
/* pipe.c */
#include <unistd.h>
#include <sys/types.h>
#include <errno.h>
#include <stdio.h>
#include <stdlib.h>
#include <string.h>

#define MAX_DATA_LEN   256
#define DELAY_TIME1

int main()
{
        pid_t pid;
        int pipe_fd[2];
        char buf[MAX_DATA_LEN];
        const char data[] = "Pipe Test Program";
        int real_read, real_write;

        memset((void*)buf, 0, sizeof(buf));

        /* 创建管道 */
        if (pipe(pipe_fd) < 0)
        {
                printf("pipe create error\n");
                exit(1);
        }
```

```
    /* 创建一子进程 */
    if ((pid = fork()) = = 0)
    {
        /* 子进程关闭写描述符，并通过使子进程暂停 1s，等待父进程已关闭相应的读描述符 */
        close(pipe_fd[1]);
        sleep(DELAY_TIME * 3);

        /* 子进程读取管道内容 */
        if ((real_read = read(pipe_fd[0], buf, MAX_DATA_LEN)) > 0)
        {
            printf("%d bytes read from the pipe is '%s'\n", real_read, buf);
        }

        /* 关闭子进程读描述符 */
        close(pipe_fd[0]);
        exit(0);
    }
    else if (pid > 0)
    {
        /* 父进程关闭读描述符，并通过使父进程暂停 1s，等待子进程已关闭相应的写描述符 */
        close(pipe_fd[0]);
        sleep(DELAY_TIME);

        /* 父进程向管道中写入字符串 */
        if((real_write = write(pipe_fd[1], data, strlen((const char*)data))) !=   -1)
        {
            printf("Parent wrote %d bytes : '%s'\n", real_write, data);
        }

        /*关闭父进程写描述符*/
        close(pipe_fd[1]);

        /*收集子进程退出信息*/
        waitpid(pid, NULL, 0);
        exit(0);
    }
}
```

运行结果如图 3.3.4 所示。

```
root@ubuntu:/home/linuxbook/8/8.2.2# ./pipe
Parent wrote 17 bytes : 'Pipe Test Program'
17 bytes read from the pipe is 'Pipe Test Program'
root@ubuntu:/home/linuxbook/8/8.2.2#
```

图 3.3.4　pipe.c 运行结果

☞ **小练习**

（1）参考本小节实例，编写程序，实现子进程写入管道数据，父进程读取管道数据，写入管道的内容来自 main()函数的第二参数。

（2）编制一段程序，实现进程的管道通信：

使用系统调用 pipe()函数建立一条管道线，2 个子进程分别向管道写一句话：

```
Child process 1 is sending a message!
Child process 2 is sending a message!
```

而父进程则从管道中读出来自于 2 个子进程的信息，显示在屏幕上。

要求：父进程先接收子进程 P1 发来的消息，然后再接收子进程 P2 发来的消息。

3.3.2　FIFO

1．有名管道说明

前面介绍的管道是无名管道，它只能用于具有亲缘关系的进程之间，这就大大地限制了管道的使用。有名管道的出现突破了这种限制，它可以使互不相关的两个进程实现彼此通信。该管道可以通过路径名来指出，并且在文件系统中是可见的。在建立了管道之后，两个进程就可以把它当作普通文件一样进行读/写操作，使用非常方便。不过值得注意的是，FIFO 是严格地遵循先进先出规则的，对管道及 FIFO 的读总是从开始处返回数据，对它们的写则把数据添加到末尾，它们不支持如 lseek()函数等文件定位操作。

有名管道的创建可以使用函数 mkfifo()，该函数类似文件中的 open()操作，可以指定管道的路径和打开的模式。

在创建管道成功之后，就可以使用 open()、read()和 write()这些函数了。与普通文件的开发设置一样，对于为读而打开的管道可在 open()函数中设置 O_RDONLY，对于为写而打开的管道可在 open()函数中设置 O_WRONLY，在这里与普通文件不同的是阻塞问题。由于普通文件的读/写时不会出现阻塞问题，而在管道的读/写中却有阻塞的可能，这里的非阻塞标志可以在 open()函数中设定为 O_NONBLOCK。下面分别对阻塞打开和非阻塞打开的读/写进行讨论。

（1）对于读进程

若该管道是阻塞打开，且当前 FIFO 内没有数据，则对读进程而言将一直阻塞到有数据写入。

若该管道是非阻塞打开，则不论 FIFO 内是否有数据，读进程都会立即执行读操作。即如果 FIFO 内没有数据，则读函数将立刻返回 0。

（2）对于写进程

若该管道是阻塞打开，则写操作将一直阻塞到数据可以被写入。若该管道是非阻塞打开而不能写入全部数据，则读操作进行部分写入或者调用失败。

2．mkfifo()函数格式

表 3.3.2 列出了 mkfifo()函数的语法要点。

表 3.3.2　mkfifo()函数语法要点

<table>
<tr><td>所需头文件</td><td colspan="2">#include <sys/types.h>
#include<sys/state.h></td></tr>
<tr><td>函数原型</td><td colspan="2">int mkfifo(const char *filename,mode_t mode)</td></tr>
<tr><td>函数传入值</td><td colspan="2">filename：要创建的管道</td></tr>
<tr><td rowspan="6">函数传入值</td><td rowspan="6">mode：</td><td>O_RDONLY：读管道</td></tr>
<tr><td>O_WRONLY：写管道</td></tr>
<tr><td>O_RDWR：读/写管道</td></tr>
<tr><td>O_NONBLOCK：非阻塞</td></tr>
<tr><td>O_CREAT：如果该文件不存在，那么就创建一个新的文件，并用第三个参数为其设置权限</td></tr>
<tr><td>O_EXCL：如果使用 O_CREAT 时文件存在，那么可返回错误消息。这一参数可测试文件是否存在</td></tr>
<tr><td rowspan="2">函数返回值</td><td colspan="2">成功：0</td></tr>
<tr><td colspan="2">出错：−1</td></tr>
</table>

3．使用实例

下面的实例包含两个程序，一个用于读管道，另一个用于写管道。其中在读管道的程序里创建管道，并且作为 main()函数里的参数由用户输入要写入的内容。读管道的程序会读出用户写入管道的内容，这两个程序采用的是阻塞式读/写管道模式。

以下是写管道的程序：

```
/* fifo_write.c */
#include <sys/types.h>
#include <sys/stat.h>
#include <errno.h>
#include <fcntl.h>
#include <stdio.h>
#include <stdlib.h>
#include <limits.h>

#define MYFIFO              "/tmp/myfifo"    /* 有名管道文件名*/
#define MAX_BUFFER_SIZE            PIPE_BUF        /*定义在于 limits.h 中*/

int main(int argc, char * argv[]) /*参数为即将写入的字符串*/
{
    int fd;
    char buff[MAX_BUFFER_SIZE];
```

```
        int nwrite;

        if(argc <= 1)
        {
                printf("Usage: ./fifo_write string\n");
                exit(1);
        }
        sscanf(argv[1], "%s", buff);

        /* 以只写阻塞方式打开 FIFO 管道 */
        fd = open(MYFIFO, O_WRONLY);
        if (fd == -1)
        {
                printf("Open fifo file error\n");
                exit(1);
        }

        /*向管道中写入字符串*/
        if ((nwrite = write(fd, buff, MAX_BUFFER_SIZE)) > 0)
        {
                printf("Write '%s' to FIFO\n", buff);
        }

        close(fd);
        exit(0);
}
```

以下是读管道程序：

```
/* fifo_read.c */
#include <sys/types.h>
#include <sys/stat.h>
#include <errno.h>
#include <fcntl.h>
#include <stdio.h>
#include <stdlib.h>
#include <string.h>
#include <limits.h>

#define MYFIFO                  "/tmp/myfifo"
#define MAX_BUFFER_SIZE                 PIPE_BUF /*定义在于 limits.h 中*/

int main()
```

```
{
        char buff[MAX_BUFFER_SIZE];
        int   fd;
        int   nread;

        /* 判断有名管道是否已存在，若尚未创建，则以相应的权限创建*/
        if (access(MYFIFO, F_OK) = = -1)
        {
                if ((mkfifo(MYFIFO, 0666) < 0) && (errno != EEXIST))
                {
                        printf("Cannot create fifo file\n");
                        exit(1);
                }
        }

        /* 以只读阻塞方式打开有名管道 */
        fd = open(MYFIFO, O_RDONLY);
        if (fd = = -1)
        {
                printf("Open fifo file error\n");
                exit(1);
        }

        while (1)
        {
                memset(buff, 0, sizeof(buff));
                if ((nread = read(fd, buff, MAX_BUFFER_SIZE)) > 0)
                {
                        printf("Read '%s' from FIFO\n", buff);
                }
        }

        close(fd);
        exit(0);
}
```

为了能够较好地观察运行结果，需要把这两个程序分别在两个终端里运行，在这里首先启动读管道程序。读管道进程在建立管道之后就开始循环地从管道里读出内容，如果没有数据可读，则一直阻塞到写管道进程向管道写入数据。在启动了写管道程序后，读进程能够从管道里读出用户的输入内容，程序运行结果如下所示。

终端一运行结果如图 3.3.5 所示。

```
root@ubuntu:/home/linuxbook/8/8.2.4# ./fifo_write hello
Write 'hello' to FIFO
root@ubuntu:/home/linuxbook/8/8.2.4# ./fifo_write hello1
Write 'hello1' to FIFO
root@ubuntu:/home/linuxbook/8/8.2.4# ./fifo_write hello2
Write 'hello2' to FIFO
root@ubuntu:/home/linuxbook/8/8.2.4# 
```

图 3.3.5　终端一运行结果

终端二运行结果如图 3.3.6 所示。

```
root@ubuntu:/home/linuxbook/8/8.2.4# ./fifo_read
Read 'hello' from FIFO
Read 'hello1' from FIFO
Read 'hello2' from FIFO
```

图 3.3.6　终端二运行结果

小练习

参考本小节实例，编写程序 fifo_write.c 和 fifo_read.c，新建 test.txt 文档，写入 abcdef 字符串。fifo_write.c 实现读出文档内容，通过有名管道发送字符串功能，fifo.read.c 实现接收并显示字符串。

3.3.3　信号

1．信号概述

信号是 UNIX 中所使用的进程通信的一种最古老的方法。它是在软件层次上对中断机制的一种模拟，是一种异步通信方式。信号可以直接进行用户空间进程和内核进程之间的交互，内核进程也可以利用它来通知用户空间进程发生了哪些系统事件。它可以在任何时候发给某一进程，而无须知道该进程的状态。如果该进程当前并未处于执行态，则该信号就由内核保存起来，直到该进程恢复执行再传递给它为止；如果一个信号被进程设置为阻塞，则该信号的传递被延迟，直到其阻塞被取消时才被传递给进程。

一个完整的信号生命周期可以分为 3 个重要阶段，这 3 个阶段由 4 个重要事件来刻画：信号产生、信号在进程中注册、信号在进程中注销、执行信号处理函数。

如图 3.3.7 所示。相邻两个事件的时间间隔构成信号生命周期的一个阶段。要注意这里的信号处理有多种方式，一般是由内核完成的，当然也可以由用户进程来完成，故在此没有明确画出。

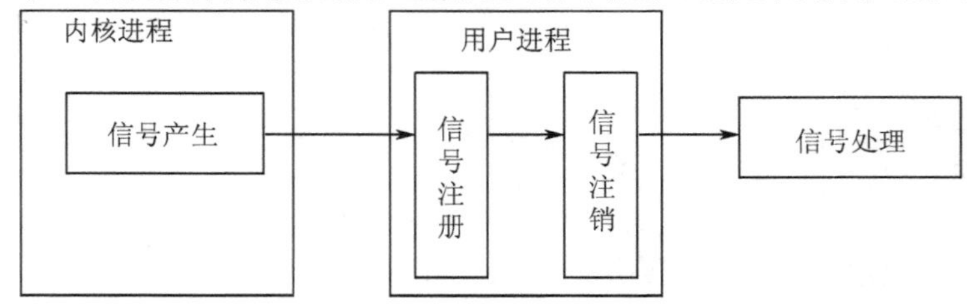

图 3.3.7　信号生命周期

用户进程对信号的响应可以有 3 种方式。

① 忽略信号，即对信号不做任何处理，但是有两个信号不能忽略，即 SIGKILL 及 SIGSTOP。

② 捕捉信号，定义信号处理函数，当信号发生时执行相应的自定义处理函数。

③ 执行默认操作，Linux 对每种信号都规定了默认操作。

Linux 中的大多数信号是提供给内核的，表 3.3.3 列出了 Linux 中最为常见信号的含义及其默认操作。

表 3.3.3　常见信号的含义及其默认操作

信号名	含　义	默认操作
SIGHUP	该信号在用户终端连接（正常或非正常）结束时发出，通常是在终端的控制进程结束时，通知同一会话内的各个作业与控制终端不再关联	终止
SIGINT	该信号在用户输入 INTR 字符（通常是组合键 Ctrl+C）时发出，终端驱动程序发送此信号并送到前台进程中的每一个进程	终止
SIGQUIT	该信号和 SIGINT 类似，但由 QUIT 字符（通常是组合键 Ctrl+\）来控制	终止
SIGILL	该信号在一个进程企图执行一条非法指令时（可执行文件本身出现错误，或者试图执行数据段、堆栈溢出时）发出	终止
SIGFPE	该信号在发生致命的算术运算错误时发出。这里不仅包括浮点运算错误，还包括溢出及除数为 0 等其他所有的算术错误	终止
SIGKILL	该信号用来立即结束程序的运行，并且不能被阻塞、处理或忽略	终止
SIGALRM	该信号当一个定时器到时的时候发出	终止
SIGSTOP	该信号用于暂停一个进程，且不能被阻塞、处理或忽略	暂停进程
SIGTSTP	该信号用于交互停止进程，用户输入 SUSP 字符时（通常是组合键 Ctrl+Z）发出这个信号	停止进程
SIGCHLD	子进程改变状态时，父进程会收到这个信号	忽略
SIGABORT	进程异常终止时发出	

2．信号发送与捕捉

发送信号的函数主要有 kill()、raise()、alarm()以及 pause()，下面就依次对其进行介绍。

1）kill()函数和 raise()函数

（1）函数说明

kill()函数同读者熟知的 kill 系统命令一样，可以发送信号给进程或进程组（实际上，kill 系统命令只是 kill()函数的一个用户接口）。这里需要注意的是，它不仅可以中止进程（实际上发出 SIGKILL 信号），也可以向进程发送其他信号。

与 kill()函数所不同的是，raise()函数允许进程向自身发送信号。

（2）函数格式

表 3.3.4 列出了 kill()函数的语法要点。

表 3.3.4　kill()函数语法要点

所需头文件	#include <signal.h> #include <sys/types.h>	
函数原型	int kill(pid_t pid,int sig)	
函数传入值	pid：	正数：要发送信号的进程号
		0：信号被发送到所有和当前进程在同一个进程组的进程
		−1：信号发给所有的进程表中的进程（除了进程号最大的进程外）
		<−1：信号发送给进程组号为-pid 的每一个进程
	sig：信号	
函数返回值	成功：0	
	出错：−1	

表 3.3.5 列出了 raise()函数的语法要点。

表 3.3.5　raise()函数语法要点

所需头文件	#include <signal.h> #include<sys/types.h>
函数原型	int raise(int sig)
函数传入值	sig：信号
函数返回值	成功：0
	出错：−1

（3）函数实例

下面这个实例首先使用 fork()函数创建了一个子进程，接着为了保证子进程不在父进程调用 kill()函数之前退出，在子进程中使用 raise()函数向自身发送 SIGSTOP 信号，使子进程暂停。接下来再在父进程中调用 kill()函数向子进程发送信号，在该实例中使用的是 SIGKILL 信号，读者可以使用其他信号进行练习。

```
/* kill_raise.c */

#include <stdio.h>
#include <stdlib.h>
#include <signal.h>
#include <sys/types.h>
#include <sys/wait.h>

int main()
{
    pid_t pid;
    int ret;

    /* 创建一子进程 */
    if ((pid = fork()) < 0)
    {
        printf("Fork error\n");
        exit(1);
    }

    if (pid = = 0)
    {
        /* 在子进程中使用 raise 函数发出 SIGSTOP 信号，使子进程暂停 */
        printf("Child(pid : %d) is waiting for any signal\n", getpid());
        raise(SIGSTOP);
        exit(0);
```

```
        }
        else
        {
            /* 在父进程中收集子进程发出的信号，并调用 kill 函数进行相应的操作 */
            if ((waitpid(pid, NULL, WNOHANG)) = = 0)
            {
                if ((ret = kill(pid, SIGKILL)) = = 0)
                {
                    printf("Parent kill %d\n",pid);
                }
                else
                {
                    printf("Parent kill error\n");
                }
            }

            waitpid(pid, NULL, 0);
            exit(0);
        }
    }
```

运行结果如图 3.3.8 所示。

```
root@ubuntu:/home/linuxbook/8/8.3.2# ./kill_raise
Parent kill 8146
root@ubuntu:/home/linuxbook/8/8.3.2#
```

图 3.3.8　kill_raise.c 运行结果

☞ 小练习

参考本小节实例，使用 fork()函数创建一个子进程，接着为了保证子进程不在父进程调用 kill()函数之前退出，子进程延时 3s，父进程中调用 kill()函数向子进程发送 SIGSTOP 信号，并用 waitpid()函数阻塞操作测试子进程是否被暂停。

2）alarm()函数和 pause()函数

（1）函数说明

alarm()函数也称为闹钟函数，它可以在进程中设置一个定时器，当定时器指定的时间到时，它就向进程发送 SIGALARM 信号。要注意的是，一个进程只能有一个闹钟时间，如果在调用 alarm()函数之前已设置过闹钟时间，则任何以前的闹钟时间都被新值所代替。

pause()函数用于将调用进程挂起直至捕捉到信号为止。这个函数很常用，通常用于判断信号是否已到。

（2）函数格式

表 3.3.6 列出了 alarm()函数的语法要点，表 3.3.7 列出了 pause()函数的语法要点。

表 3.3.6　alarm()函数语法要点

所需头文件	#include <unistd.h>
函数原型	unsigned int alarm(unsigned int seconds)
函数传入值	seconds：指定秒数，系统经过 seconds 秒之后向该进程发送 SIGALRM 信号
函数返回值	成功：如果调用此 alarm()函数前，进程中已经设置了闹钟时间，则返回上一个闹钟时间的剩余时间，否则返回 0
	出错：−1

表 3.3.7　pause()函数语法要点

所需头文件	#include <unistd.h>
函数原型	int pause(void)
函数返回值	−1，并且把 error 值设为 EINTR

（3）函数实例

该实例实际上已完成了一个简单的 sleep()函数的功能，由于 SIGALARM 默认的系统动作为终止该进程，因此程序在打印信息之前，就会被结束了。代码如下所示：

```
/* alarm_pause.c */
#include <unistd.h>
#include <stdio.h>
#include <stdlib.h>

int main()
{
        /*调用 alarm 定时器函数*/
        int ret = alarm(5);
        pause();
        printf("I have been waken up.\n",ret); /*  此语句不会被执行  */
}
```

运行结果如图 3.3.9 所示。

```
root@ubuntu:/home/linuxbook/8/8.3.2# ./alarm_pause
Alarm clock
root@ubuntu:/home/linuxbook/8/8.3.2#
```

图 3.3.9　alarm_pause.c 运行结果

小练习

参考本小节实例，编写程序，实现主程序首先使用 alarm()函数定时 3s，然后使用循环方式计算 1～10 的和 sum，每次循环都暂停 1s。在循环过程中，如果收到定时器信号 SIGALRM，退出循环，显示 sum 的值。

3.3.4　信号的处理

在了解了信号的产生与捕获之后，接下来就要对信号进行具体的操作了。从前面的信号概述中读者也可以看到，特定的信号是与一定的进程相联系的。也就是说，一个进程可以决定在该进程中需要对哪些信号进行什么样的处理。例如，一个进程可以选择忽略某些信号而只处理其他一些信号。另外，一个进程还可以选择如何处理信号。总之，这些都是与特定的进程相联系的。因此，首先就要建立进程与其信号之间的对应关系，这就是信号的处理。

1．信号处理函数

使用 signal()函数处理时，只需要指出要处理的信号和处理函数即可。它主要是用于前 32 种非实时信号的处理，不支持信号传递信息，但是由于使用简单、易于理解，因此也受到很多程序员的欢迎。

Linux 还支持一个更健壮、更新的信号处理函数 sigaction()，推荐使用该函数。

（1）函数格式

signal()函数的语法要点见表 3.3.8。

表 3.3.8　signal()函数语法要点

所需头文件	#include <signal.h>	
函数原型	void (*signal(int signum,void (*handler)(int)))(int)	
函数传入值	signum：指定信号代码	
	handler：	SIG_IGN：忽略该信号
		SIG_DFL：采用系统默认方式处理信号
		自定义的信号处理函数指针
函数返回值	成功：以前的信号处理配置	
	出错：−1	

表 3.3.9 列举了 sigaction()函数的语法要点。

表 3.3.9　sigaction()函数语法要点

所需头文件	#include <signal.h>
函数原型	int sigaction(int signum,const struct sigaction *act,struct sigaction *oldact)
函数传入值	signum：信号代码，可以为除 SIGKILL 及 SIGSTOP 外的任何一个特定有效的信号
	act：指向结构 sigaction 的一个实例的指针，指定对特定信号的处理
	oldact：保存原来对相应信号的处理
函数返回值	成功：0
	出错：−1

这里要说明的是，sigaction()函数中第 2 个和第 3 个参数用到的 sigaction 结构。下面首先给出 sigaction()函数的定义，如下所示：

```
struct sigaction
{
      void (*sa_handler)(int signo);
      sigset_t sa_mask;
      int sa_flags;
      void (*sa_restore)(void);
}
```

其中，sa_handler 是一个函数指针，指定信号处理函数，这里除可以是用户自定义的处理函数外，还可以为 SIG_DFL（采用默认的处理方式）或 SIG_IGN（忽略信号）。它的处理函数只有一个参数，即信号值。

sa_mask 是一个信号集，它可以指定在信号处理程序执行过程中哪些信号应当被屏蔽，在调用信号捕获函数之前，该信号集要加入信号的信号屏蔽字中。sa_flags 中包含许多标志位，是对信号进行处理的各个选择项。它的常见可选值见表 3.3.10。

表 3.3.10　常见信号的含义及其默认操作

选　项	含　义
SA_NODEFER\SA_NOMASK	当捕捉到此信号时，在执行其信号捕捉函数时，系统不会自动屏蔽此信号
SA_NOCLDSTOP	进程忽略子进程产生的任何 SIGSTOP、SIGTSTP、SIGTTIN 和 SIGTTOU 信号
SA_RESTART	令重启的系统调用起作用
SA_ONESHOT_RESETHAND	自定义信号只执行一次，在执行完毕后恢复信号的系统默认动作

（2）使用实例

下面的实例表明了如何使用 signal()函数捕捉相应信号，并作出给定的处理。这里，my_func 就是信号处理的函数指针。读者还可以将其改为 SIG_IGN 或 SIG_DFL 查看运行结果。

```
/* signal.c */

#include <signal.h>
#include <stdio.h>
#include <stdlib.h>

/*自定义信号处理函数*/
void my_func(int sign_no)
{
    if (sign_no = = SIGINT)
    {
        printf("I have get SIGINT\n");
    }
    else if (sign_no = = SIGQUIT)
    {
        printf("I have get SIGQUIT\n");
    }
}

int main()
{
    printf("Waiting for signal SIGINT or SIGQUIT...\n");

    /* 发出相应的信号，并跳转到信号处理函数处 */
    signal(SIGINT, my_func);
    signal(SIGQUIT, my_func);
    pause();
    exit(0);
}
```

其运行结果如图 3.3.10 所示。

```
root@ubuntu:/home/linuxbook/8/8.3.3# ./signal
Waiting for signal SIGINT or SIGQUIT...
^CI have get SIGINT
root@ubuntu:/home/linuxbook/8/8.3.3# ./signal
Waiting for signal SIGINT or SIGQUIT...
^\I have get SIGQUIT
root@ubuntu:/home/linuxbook/8/8.3.3#
```

图 3.3.10　signal.c 运行结果

☞ 小练习

参考本小节实例，编写使用 sigaction()函数来实现同样的功能。

3.3.5　信号量

1．信号量概述

在多任务操作系统环境下，多个进程会同时运行，并且一些进程之间可能存在一定的关联。多个进程可能为了完成同一个任务会相互协作，这样形成进程之间的同步关系。而且在不同进程之间，为了争夺有限的系统资源（硬件或软件资源）会进入竞争状态，这就是进程之间的互斥关系。

进程之间的互斥与同步关系存在的根源在于临界资源。临界资源是在同一个时刻只允许有限个（通常只有一个）进程可以访问（读）或修改（写）的资源，通常包括硬件资源（处理器、内存、存储器以及其他外围设备等）和软件资源（共享代码段、共享结构和变量等）。访问临界资源的代码称为临界区，临界区本身也会成为临界资源。

信号量是用来解决进程之间的同步与互斥问题的一种进程之间通信机制，包括一个称为信号量的变量和在该信号量下等待资源的进程等待队列，以及对信号量进行的两个原子操作（PV 操作）。其中信号量对应于某一种资源，取一个非负的整型值。信号量值指的是当前可用的该资源的数量，若它等于 0 则意味着目前没有可用的资源。

PV 原子操作的具体定义为：

P 操作：如果有可用的资源（信号量值>0），则占用一个资源（信号量值减 1，进入临界区代码）；如果没有可用的资源（信号量值等于 0），则被阻塞，直到系统将资源分配给该进程（进入等待队列，一直等到资源轮到该进程）。

V 操作：如果在该信号量的等待队列中有进程在等待资源，则唤醒一个阻塞进程。如果没有进程等待它，则释放一个资源（信号量值加 1）。

使用信号量访问临界区的伪代码所下所示：

```
{
    /* 设 R 为某种资源，S 为资源 R 的信号量*/
    INIT_VAL(S);                /* 对信号量 S 进行初始化 */
    非临界区;
    P(S);                       /* 进行 P 操作 */
    临界区（使用资源 R）;       /* 只有有限个（通常只有一个）进程被允许进入该区*/
    V(S);                       /* 进行 V 操作 */
    非临界区;
}
```

最简单的信号量只能取 0 和 1 两种值，这种信号量称为二维信号量。本节中主要讨论二维信号量，二维信号量的应用比较容易扩展到使用多维信号量的情况。

2．信号量的应用

（1）函数说明

在 Linux 系统中，使用信号量通常分为以下几个步骤。

第一步：创建信号量或获得在系统已存在的信号量，此时需要调用 semget()函数。不同进程通过使用同一个信号量键值来获得同一个信号量。

第二步：初始化信号量，此时使用 semctl()函数的 SETVAL 操作。当使用二维信号量时，通常将信号量初始化为 1。

第三步：进行信号量的 PV 操作，此时调用 semop()函数。这一步是实现进程之间的同步和互斥的核心工作部分。

第四步：如果不需要信号量，则从系统中删除它，此时使用 semclt()函数的 IPC_RMID 操作。此时需要注意，在程序中不应该出现对已经被删除的信号量的操作。

（2）函数格式

表 3.3.11 列举了 semget()函数的语法要点。

表 3.3.11 semget()函数语法要点

所需头文件	#include <sys/types.h> #include <sys/ipc.h> #include <sys/sem.h>
函数原型	int semget(key_t key,int nsems,int semflg)
函数传入值	key：信号量的键值，多个进程可以通过它访问同一个信号量，其中有一个特殊值 IPC_PRIVATE，它用于创建当前进程的私有信号量
	nsems：需要创建的信号量数目，通常取值为 1
	semflg：同 open()函数的权限位，也可以用八进制表示法，其中使用 IPC_CREAT 标志创建新的信号量，即使该信号量已经存在（具有同一个键值的信号量已在系统中存在），也不会出错。如果同时使用 IPC_EXCL 标志，可以创建一个新的唯一的信号量，此时如果该信号量已经存在，该函数会返回出错
函数返回值	成功：信号量标识符，在信号量的其他函数中都会使用该值
	出错：-1

表 3.3.12 列举了 semctl()函数的语法要点。

表 3.3.12 semctl()函数语法要点

所需头文件	#include <sys/types.h> #include <sys/ipc.h> #include <sys/sem.h>
函数原型	int semctl(int semid,int semnum,int cmd,union semun arg)
函数传入值	semid：semget()函数返回的信号量标识符
	semnum：信号量编号，当使用信号量集时才会被用到。通常取值为 0，就是使用单个信号量（也是第一个信号量）
	cmd：指定对信号量的各种操作，当使用单个信号量（而不是信号量集）时，常用的有以下几种： IPC_STAT：获得该信号量（或者信号量集）的 semid_ds 结构，并存放在由第 4 个参数 arg 的 buf 指向的 semid_ds 结构中，semid_ds 是在系统中描述信号量的数据结构 IPC_SETVAL：将信号量值设置为 arg 的 val 值 IPC_GETVAL：返回信号量的当前值 IPC_RMID：从系统中删除信号量（或者信号量集）

续表

	arg：是 union semun 结构，该结构可能在某些系统中并不给出定义，此时必须由程序员自己定义
	union semun
	{
	int val;
	struct semid_ds *buf;
	unsigned short *array;
	}

函数返回值	成功：根据 cmd 值的不同而返回不同的值 IPC_STAT、IPC_SETVAL、IPC_RMID：返回 0 IPC_GETVAL：返回信号量的当前值
	出错：-1

表 3.3.13 列举了 semop()函数的语法要点。

表 3.3.13　semop()函数语法要点

所需头文件	#include <sys/types.h> #include <sys/ipc.h> #include <sys/sem.h>
函数原型	int semop(int semid,struct sembuf *sops,size_t nsops)
函数传入值	semid：semget()函数返回的信号量标识符

	sops：指向信号量操作数组，一个数组包括以下成员：
	struct sembuf
	{
	short sem_num;　/*　信号量编号，使用单个信号量时，通常取值为 0 */
	short sem_op; /* *　信号量操作：取值为-1 则表示 P 操作，取值为+1 则表示 V 操作*/
	short sem_flg; /*　通常设置为 SEM_UNDO。这样在进程没释放信号量而退出时，系统自动释放该进程中未释放的信号量　*/
	}

	nsops：操作数组 sops 中的操作个数（元素数目），通常取值为 1（一个操作）
函数返回值	成功：信号量标识符，在信号量的其他函数中都会使用该值
	出错：-1

（3）使用实例

本实例说明信号量的概念及基本用法。在实例程序中，首先创建一个子进程，接下来使用信号量来控制两个进程（父子进程）之间的执行顺序。

因为信号量相关的函数调用接口比较复杂，我们可以将它们封装成二维单个信号量的几个基本函数。它们分别为信号量初始化函数（或者信号量赋值函数）init_sem()、P 操作函数 sem_p()、V 操作函数 sem_v()以及删除信号量的函数 del_sem()等，具体实现如下所示：

```
/* sem_com.c */
#include "sem_com.h"


int init_sem(int sem_id, int init_value)
{
        union semun sem_union;
        sem_union.val = init_value;
        if (semctl(sem_id, 0, SETVAL, sem_union) = = -1)
```

```
        {
            perror("Initialize semaphore");
            return -1;
        }
        return 0;
}

int del_sem(int sem_id)
{
        union semun sem_union;
        if (semctl(sem_id, 0, IPC_RMID, sem_union) = = -1)
        {
            perror("Delete semaphore");
            return -1;
        }
}

int sem_p(int sem_id)
{
        struct sembuf sem_b;
        sem_b.sem_num = 0; /*id*/
        sem_b.sem_op = -1; /* P operation*/
        sem_b.sem_flg = SEM_UNDO;

        if (semop(sem_id, &sem_b, 1) == -1)
        {
            perror("P operation");
            return -1;
        }
        return 0;
}

int sem_v(int sem_id)
{
        struct sembuf sem_b;

        sem_b.sem_num = 0; /* id */
        sem_b.sem_op = 1; /* V operation */
        sem_b.sem_flg = SEM_UNDO;
```

```
    if (semop(sem_id, &sem_b, 1) = = -1)
    {
        perror("V operation");
        return -1;
    }
    return 0;
}
```

现在调用这些简单易用的接口，可以轻松解决控制两个进程之间的执行顺序的同步问题。实现代码如下所示：

```
/* fork.c */

#include <sys/types.h>
#include <unistd.h>
#include <stdio.h>
#include <stdlib.h>
#include <sys/types.h>
#include <sys/ipc.h>
#include <sys/shm.h>

#define DELAY_TIME        3

int main(void)
{
    pid_t result;
    int sem_id;

    sem_id = semget(fork(".", 'a'),   1, 0666|IPC_CREAT);       /* 创建一个信号量*/
    init_sem(sem_id, 0);

    /*调用 fork 函数，其返回值为 result*/
    result = fork();

    /*通过 result 的值来判断 fork 函数的返回情况，首先进行出错处理*/
    if(result ==   -1)
    {
        perror("Fork\n");
    }
    else if (result = = 0)               /*返回值为 0 代表子进程*/
    {
        printf("Child process will wait for some seconds...\n");
```

```
            sleep(DELAY_TIME);
            printf("The returned value is %d in the child process(PID = %d)\n", result, getpid());
            sem_v(sem_id);
        }
        else /*返回值大于 0 代表父进程*/
        {
            sem_p(sem_id);
            printf("The returned value is %d in the father process(PID = %d)\n", result, getpid());
            sem_v(sem_id);
            del_sem(sem_id);
        }

        exit(0);
    }
```

如图 3.3.11 所示，读者可以先从该程序中删除信号量相关的代码部分并观察运行结果。

```
root@ubuntu:/mnt/hgfs/test# ./sem_fork
Child process will wait for some seconds...
The returned value is 16389 in the father process(PID = 16388)
root@ubuntu:/mnt/hgfs/test# The returned value is 0 in the child proces
s(PID = 16389)
^C
root@ubuntu:/mnt/hgfs/test#
```

图 3.3.11　删除信号量部分代码的运行结果

如图 3.3.12 所示，再添加信号量的控制部分并观察运行结果。

```
root@ubuntu:/home/linuxbook/8/8.4# ./sem_fork
Child process will wait for some seconds...
The returned value is 0 in the child process(PID = 24777)
The returned value is 24777 in the father process(PID = 24776)
root@ubuntu:/home/linuxbook/8/8.4#
```

图 3.3.12　添加信号量控制部分的运行结果

本实例说明使用信号量怎么解决多进程之间存在的同步问题。

☞ 小练习

本小节实例解决了两个进程之间的同步问题，参考实例，编写程序使用信号量解决 3 个进程同步的问题。

3.4　多线程编程

3.4.1　线程概述

前面已经提到，进程是系统中程序执行和资源分配的基本单位。每个进程都拥有自己的数据段、代码段和堆栈段，这就造成了进程在进行切换等操作时需要有比较复杂的上下文切换等动作。为了进一步减少处理机的空转时间，支持多处理器以及减少上下文切换开销，进程在演化中出现了另一个概念——线程。它是进程内独立的一条运行路线，是处理器调度的最小单元，也可以称为轻量级进程。线程可以对进程的内存空间和资源进行访问，并与同一进程中的其他线程共享。因此，线程的上下文切换的开销比创建进程小很多。

同进程一样，线程也将相关的执行状态和存储变量放在线程控制表内。一个进程可以有多个线程，也就是有多个线程控制表及堆栈寄存器，但却共享一个用户地址空间。要注意的是，由于线程共享了进程的资源和地址空间，因此，任何线程对系统资源的操作都会给其他线程带来影响。由此可知，多线程中的同步是非常重要的问题。

进程与进程的关系如图 3.4.1 所示。

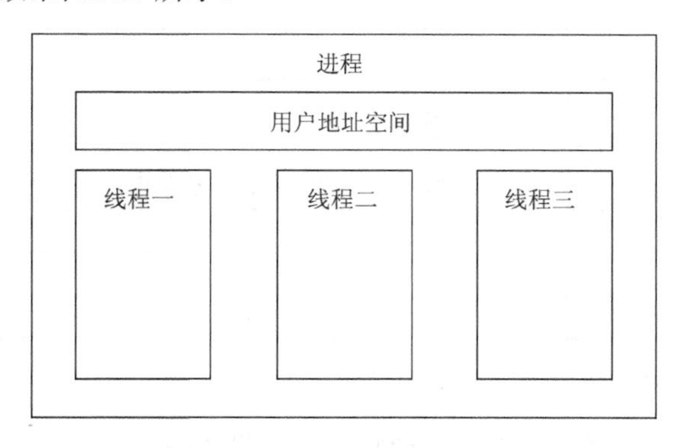

图 3.4.1　进程与线程关系

3.4.2　线程基本编程

这里要讲的线程相关操作都是用户空间中的线程的操作。在 Linux 中，一般 pthread 线程库是一套通用的线程库，是由 POSIX 提出的，因此具有很好的可移植性。

1．函数说明

创建线程实际上就是确定调用该线程函数的入口点，这里通常使用的函数是 pthread_create()。在线程创建以后，就开始运行相关的线程函数，在该函数运行完之后，该线程也就退出了，这也是线程退出一种方法。另一种退出线程的方法是使用函数 pthread_exit()，这是线程的主动行为。

由于一个进程中的多个线程是共享数据段的，因此通常在线程退出之后，退出线程所占用的资源并不会随着线程的终止而得到释放。正如进程之间可以用 wait()系统调用来同步终止并释放资源一样，线程之间也有类似机制，那就是 pthread_join()函数。pthread_join()函数可以用于将当前线程挂起来等待线程的结束。这个函数是一个线程阻塞函数，调用它的函数将一直等待到被等待的线程结束为止，当函数返回时，被等待线程的资源就被收回。

前面已提到线程调用 pthread_exit()函数主动终止自身线程。但是在很多线程应用中，经常会遇到在其他线程中要终止另一个线程的执行的问题。此时调用 pthread_cancel()函数实现这种功能，但在被取消的线程的内部需要调用 pthread_setcancel()函数和 pthread_setcanceltype()函数设置自己的取消状态，例如被取消的线程接收到另一个线程的取消请求之后，是接受还是忽略这个请求；如果接受，是立刻进行终止操作还是等待某个函数的调用等。

2．函数格式

表 3.4.1 列出了 pthread_create()函数的语法要点。

表 3.4.1　pthread_create()函数语法要点

所需头文件	#include <pthread.h>
函数原型	int pthread_create ((pthread_t *thread,pthread_attr_t*attr,void *(*start_routine)(void *),void *arg))
函数传入值	thread：线程标识符
	attr：线程属性设置，通常取为 NULL
	start_routine：线程函数的起始地址，是一个以指向 void 的指针作为参数和返回值的函数指针
	arg：传递给 start_routine 的参数
函数返回值	成功：0
	出错：返回错误码

表 3.4.2 列出了 pthread_exit()函数的语法要点。

表 3.4.2　pthread_exit()函数语法要点

所需头文件	#include <pthread.h>
函数原型	void pthread_exit(void *retval)
函数传入值	retval：线程结束时的返回值，可由其他函数如 pthread_join()来获取

表 3.4.3 列出了 pthread_join()函数的语法要点。

表 3.4.3　pthread_join()函数语法要点

所需头文件	#include <pthread.h>
函数原型	int pthread_join ((pthread_t th,void **thread_return))
函数传入值	th：等待线程的标识符
	thread_return：用户定义的指针，用来存储被等待线程结束时的返回值（不为 NULL 时）
函数返回值	成功：0
	出错：返回错误码

表 3.4.4 列出了 pthread_cancel()函数的语法要点。

表 3.4.4　pthread_cancel()函数语法要点

所需头文件	#include <pthread.h>
函数原型	int pthread_cancel((pthread_t th)
函数传入值	th：要取消的线程的标识符
函数返回值	成功：0
	出错：返回错误码

3．函数使用

以下实例中创建了 3 个线程，为了更好地描述线程之间的并行执行，让 3 个线程重用同一个执行函数。每个线程都有 5 次循环（可以看成 5 个小任务），每次循环之间会随机等待 1～10s 的时间，意义在于模拟每个任务的到达时间是随机的，并没有任何特定规律。

```
/* thread.c */

#include <stdio.h>
#include <stdlib.h>
#include <pthread.h>

#define THREAD_NUMBER              3
#define REPEAT_NUMBER        5
#define DELAY_TIME_LEVELS  10.0

void * thrd_func(void *arg)
{
    int thrd_num = (int)arg;
    int delay_time = 0;
    int count = 0;

    printf("Thread %d is starting\n", thrd_num);

    for (count = 0; count < REPEAT_NUMBER; count++)
    {
            delay_time = (int)(rand() * DELAY_TIME_LEVELS/(RAND_MAX)) + 1;
            sleep(delay_time);
            printf("\tThread %d: job %d delay = %d\n", thrd_num, count, delay_time);
    }
    printf("Thread %d finished\n", thrd_num);

    pthread_exit(NULL);
}

int main(void)
{
      pthread_t thread[THREAD_NUMBER];
      int no = 0, res;
      void * thrd_ret;

      srand(time(NULL));
      for (no = 0; no < THREAD_NUMBER; no++)
      {
           res = pthread_create(&thread[no], NULL, thrd_func, (void*)no);
           if (res != 0)
```

```
            {
                printf("Create thread %d failed\n", no);
                exit(res);
            }
        }
        printf("Create treads success\n Waiting for threads to finish...\n");
        for (no = 0; no < THREAD_NUMBER; no++)
        {
            res = pthread_join(thread[no], &thrd_ret);
            if (!res)
            {
                printf("Thread %d joined\n", no);
            }
            else
            {
                printf("Thread %d join failed\n", no);
            }
        }
        return 0;
}
```

如图 3.4.2 所示为程序的运行结果，可以看出每个线程的运行和结束是独立与并行的。

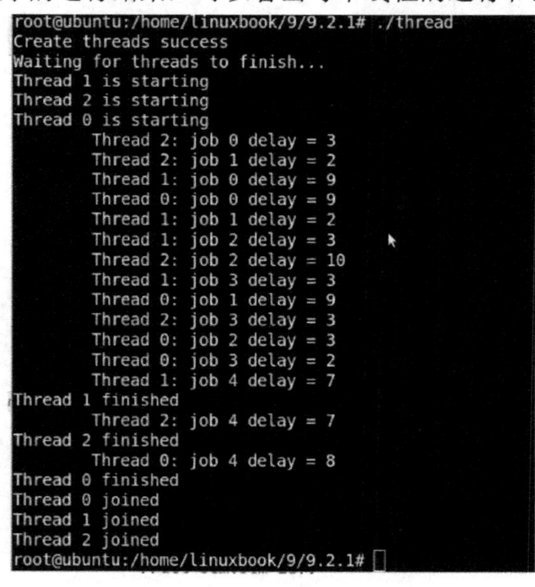

图 3.4.2　thread.c 运行结果

☞ 小练习

参考本小节实例，创建两个线程，线程一实现 1～10 的累加并打印结果，线程二实现 1～10 的累乘并打印结果。

3.4.3 线程之间的同步与互斥

互斥锁是用一种简单的加锁方法来控制对共享资源的原子操作。这个互斥锁只有两种状态，也就是上锁和解锁，可以把互斥锁看作某种意义上的全局变量。在同一时刻只能有一个线程掌握某个互斥锁，拥有上锁状态的线程能够对共享资源进行操作。若其他线程希望上锁一个已经被上锁的互斥锁，则该线程就会挂起，直到上锁的线程释放掉互斥锁为止。可以说，这把互斥锁保证让每个线程对共享资源按顺序进行原子操作。

互斥锁机制主要包括下面的基本函数。

- 互斥锁初始化：pthread_mutex_init()函数
- 互斥锁上锁：pthread_mutex_lock()函数
- 互斥锁判断上锁：pthread_mutex_trylock()函数
- 互斥锁解锁：pthread_mutex_unlock()函数
- 消除互斥锁：pthread_mutex_destroy()函数

其中，互斥锁可以分为快速互斥锁、递归互斥锁和检错互斥锁。这 3 种锁的区别主要在于其他未占有互斥锁的线程在希望得到互斥锁时是否需要阻塞等待。快速互斥锁是指调用线程会阻塞直至拥有互斥锁的线程解锁为止；递归互斥锁能够成功地返回，并且增加调用线程在互斥上加锁的次数；而检错互斥锁则为快速互斥锁的非阻塞版本，它会立即返回并返回一个错误信息。默认属性为快速互斥锁。

1．函数格式

表 3.4.5 列出了 pthread_mutex_init()函数的语法要点。

表 3.4.5 pthread_mutex_init()函数语法要点

<table>
<tr><td>所需头文件</td><td colspan="2">#include <pthread.h></td></tr>
<tr><td>函数原型</td><td colspan="2">int pthread_mutex_init(pthread_mutex_t *mutex,const pthread_mutexattr_t *mutexattr)</td></tr>
<tr><td rowspan="4">函数传入值</td><td colspan="2">mutex：互斥锁</td></tr>
<tr><td rowspan="3">mutexattr</td><td>PTHREAD_MUTEX_INITIALIZER：创建快速互斥锁</td></tr>
<tr><td>PTHREAD_RECURSIVE_MUTEX_INITIALIZER_NP：创建递归互斥锁</td></tr>
<tr><td>PTHREAD_ERRORCHECK_MUTEX_INITIALIZER_NP：创建检错互斥锁</td></tr>
<tr><td rowspan="2">函数返回值</td><td colspan="2">成功：0</td></tr>
<tr><td colspan="2">出错：返回错误码</td></tr>
</table>

表 3.4.6 列出了 pthread_mutex_lock()等函数的语法要点。

表 3.4.6 pthread_mutex_lock()等函数语法要点

<table>
<tr><td>所需头文件</td><td>#include <pthread.h></td></tr>
<tr><td>函数原型</td><td>int pthread_mutex_lock(pthread_mutex_t *mutex,)
int pthread_mutex_trylock(pthread_mutex_t *mutex,)
int pthread_mutex_unlock(pthread_mutex_t *mutex,)
int pthread_mutex_destroy(pthread_mutex_t *mutex,)</td></tr>
<tr><td>函数传入值</td><td>mutex：互斥锁</td></tr>
<tr><td rowspan="2">函数返回值</td><td>成功：0</td></tr>
<tr><td>出错：−1</td></tr>
</table>

2．使用实例

下面的实例是在 3.4.2 节实例代码的基础上增加互斥锁功能，实现原本独立与无序的多个线程能够按顺序执行。

```
/* thread_mutex.c */

#include <stdio.h>
#include <stdlib.h>
#include <pthread.h>

#define THREAD_NUMBER        3
#define REPEAT_NUMBER    3
#define DELAY_TIME_LEVELS 10.0

pthread_mutex_t mutex;

void * thrd_func(void *arg)
{
    int thrd_num = (int)arg;
    int delay_time = 0, count = 0;
    int res;

    res = pthread_mutex_lock(&mutex);
    if (res)
    {
        printf("Thread %d lock failed\n", thrd_num);
        pthread_exit(NULL);
    }

    printf("Thread %d is starting\n", thrd_num);

    for (count = 0; count < REPEAT_NUMBER; count++)
    {

        delay_time = (int)(rand() * DELAY_TIME_LEVELS/(RAND_MAX)) + 1;
        sleep(delay_time);
        printf("\tThread %d: job %d delay = %d\n", thrd_num, count, delay_time);
    }

    printf("Thread %d finished\n", thrd_num);
```

```
        pthread_exit(NULL);
}

int main(void)
{
        pthread_t thread[THREAD_NUMBER];
        int no = 0, res;
        void * thrd_ret;

        srand(time(NULL));

        pthread_mutex_init(&mutex, NULL);
        for (no = 0; no < THREAD_NUMBER; no++)
        {
            res = pthread_create(&thread[no], NULL, thrd_func, (void*)no);
            if (res != 0)
            {
                    printf("Create thread %d failed\n", no);
                    exit(res);
            }
        }

        printf("Create treads success\n Waiting for threads to finish...\n");
        for (no = 0; no < THREAD_NUMBER; no++)
        {
             res = pthread_join(thread[no], &thrd_ret);
             if (!res)
             {
                    printf("Thread %d joined\n", no);
              }
              else
              {
                    printf("Thread %d join failed\n", no);
              }
              pthread_mutex_unlock(&mutex);

        }

        pthread_mutex_destroy(&mutex);
```

```
        return 0;
    }
```

该实例的运行结果如图 3.4.3 所示。这里 3 个线程之间的运行顺序与创建线程的顺序相同。

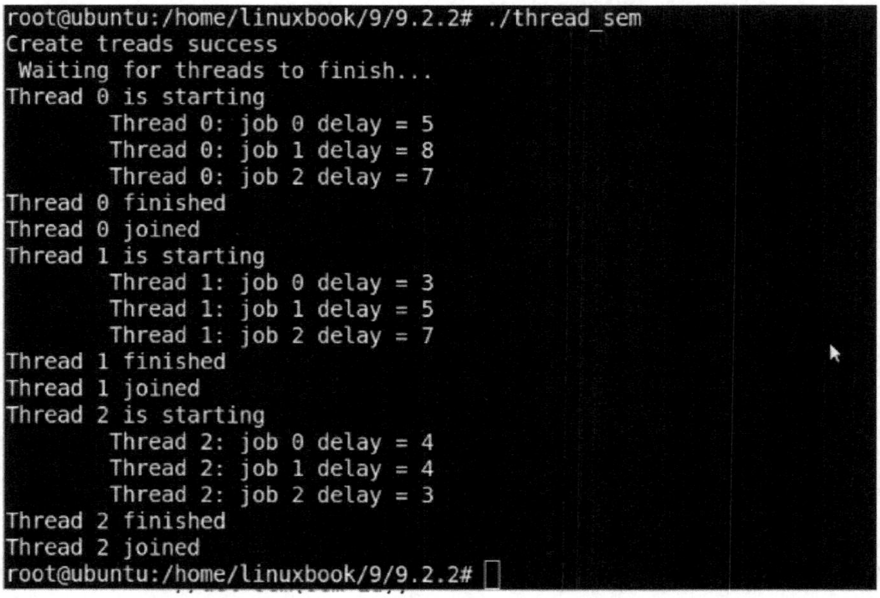

```
root@ubuntu:/home/linuxbook/9/9.2.2# ./thread_sem
Create treads success
 Waiting for threads to finish...
Thread 0 is starting
        Thread 0: job 0 delay = 5
        Thread 0: job 1 delay = 8
        Thread 0: job 2 delay = 7
Thread 0 finished
Thread 0 joined
Thread 1 is starting
        Thread 1: job 0 delay = 3
        Thread 1: job 1 delay = 5
        Thread 1: job 2 delay = 7
Thread 1 finished
Thread 1 joined
Thread 2 is starting
        Thread 2: job 0 delay = 4
        Thread 2: job 1 delay = 4
        Thread 2: job 2 delay = 3
Thread 2 finished
Thread 2 joined
root@ubuntu:/home/linuxbook/9/9.2.2#
```

图 3.4.3　thread_mutex.c 运行结果

☞ 小练习

参考本小节实例，创建两个线程，线程一实现 1～10 的累加并打印结果，线程二实现 1～10 的累乘并打印结果。使用线程同步操作与互斥操作，使程序先执行线程一，后执行线程二，为使效果明显，线程一可以延时 5s。

3.4.4　信号量线程控制

前面已经讲到，信号量也就是操作系统中所用到的 PV 原子操作，它广泛用于进程或线程间的同步与互斥。信号量本质上是一个非负的整数计数器，被用来控制对公共资源的访问。

PV 原子操作是对整数计数器信号量 sem 的操作。一次 P 操作使 sem 减 1，而一次 V 操作使 sem 加 1。进程（或线程）根据信号量的值来判断是否对公共资源具有访问权限。当信号量 sem 的值大于等于零时，该进程（或线程）具有公共资源的访问权限；相反，当信号量 sem 的值小于零时，该进程（或线程）就将阻塞直到信号量 sem 的值大于等于 0 为止。

PV 原子操作主要用于进程或线程间的同步和互斥这两种典型情况。若用于互斥，几个进程（或线程）往往只设置一个信号量 sem。

当信号量用于同步操作时，往往会设置多个信号量，并安排不同的初始值来实现它们之间的顺序执行，操作流程如图 3.4.4 和图 3.4.5 所示。

1．函数说明

Linux 实现了 POSIX 的无名信号量，主要用于线程间的互斥与同步。这里主要介绍几个常见函数。

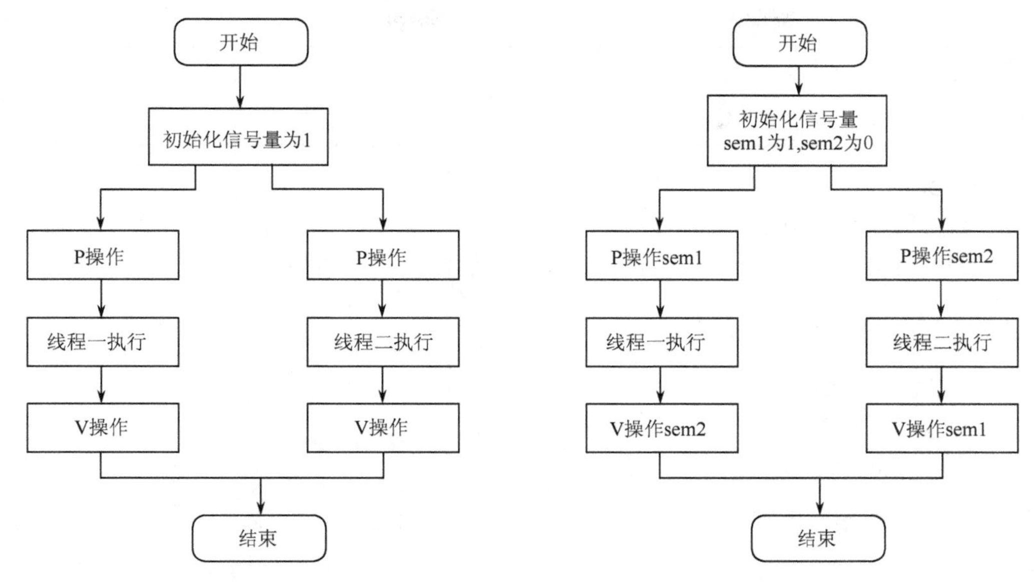

图 3.4.4　信号量互斥操作　　　　图 3.4.5　信号量同步操作

- sem_init()函数用于创建一个信号量，并初始化它的值。
- sem_wait()函数和 sem_trywait()函数都相当于 P 操作，在信号量大于零时它们都能将信号量的值减 1，两者的区别在于若信号量小于零时，sem_wait()函数将会阻塞进程，而 sem_trywait()函数则会立即返回。
- sem_post()函数相当于 V 操作，它将信号量的值加 1，同时发出信号来唤醒等待的进程。
- sem_getvalue()函数用于得到信号量的值。
- sem_destroy()函数用于删除信号量。

2．函数格式

表 3.4.7 列出了 sem_init()函数的语法要点。

表 3.4.7　sem_init()函数语法要点

所需头文件	#include <semaphore.h>
函数原型	int sem_init(sem_t *sem,int pshared,unsigned int value)
函数传入值	sem：信号量指针
	pshared：决定信号量能否在几个进程间共享。由于目前 Linux 还没有实现进程间共享信号量，所以这个值只能取 0，表示这个信号量是当前进程的局部信号量
	value：信号量初始化值
函数返回值	成功：0
	出错：-1

表 3.4.8 列出了 sem_wait()等函数的语法要点。

表 3.4.8　sem_wait()等函数语法要点

所需头文件	#include <pthread.h>
函数原型	int sem_wait(sem_t *sem) int sem_trywait(sem_t *sem) int sem_post(sem_t *sem) int sem_getvalue(sem_t *sem) int sem_destroy(sem_t *sem)

续表

函数传入值	sem：信号量指针
函数返回值	成功：0
	出错：−1

3．使用实例

前面已经通过互斥锁同步机制实现了多线程的顺序执行。下面的例子是用信号量同步机制实现 3 个线程之间的有序执行，只是执行顺序与创建线程的顺序相反。

```
/* thread_sem.c */

#include <stdio.h>
#include <stdlib.h>
#include <pthread.h>
#include <semaphore.h>

#define THREAD_NUMBER           3
#define REPEAT_NUMBER       3
#define DELAY_TIME_LEVELS  10.0

sem_t sem[THREAD_NUMBER];

void * thrd_func(void *arg)
{
        int thrd_num = (int)arg;
        int delay_time = 0;
        int count = 0;

        sem_wait(&sem[thrd_num]);

        printf("Thread %d is starting\n", thrd_num);

        for (count = 0; count < REPEAT_NUMBER; count++)
        {

                delay_time = (int)(rand() * DELAY_TIME_LEVELS/(RAND_MAX)) + 1;
                sleep(delay_time);
                printf("\tThread %d: job %d delay = %d\n", thrd_num, count, delay_time);
        }

        printf("Thread %d finished\n", thrd_num);
```

```
        pthread_exit(NULL);
}

int main(void)
{
        pthread_t thread[THREAD_NUMBER];
        int no = 0, res;
        void * thrd_ret;

        srand(time(NULL));

        for (no = 0; no < THREAD_NUMBER; no++)
        {
                sem_init(&sem[no], 0, 0);
                res = pthread_create(&thread[no], NULL, thrd_func, (void*)no);
                if (res != 0)
                {
                        printf("Create thread %d failed\n", no);
                        exit(res);
                }
        }

        printf("Create treads success\n Waiting for threads to finish...\n");
        sem_post(&sem[THREAD_NUMBER -1]);
        for (no = THREAD_NUMBER -1; no >= 0; no- -)
        {
                res = pthread_join(thread[no], &thrd_ret);
                if (!res)
                {
                        printf("Thread %d joined\n", no);
                }
                else
                {
                        printf("Thread %d join failed\n", no);
                }
                sem_post(&sem[(no + THREAD_NUMBER -1) % THREAD_NUMBER]);

        }

        for (no = 0; no < THREAD_NUMBER; no++)
```

```
        {
              sem_destroy(&sem[no]);
        }
        return 0;
}
```

运行结果如图 3.4.6 所示。

```
root@ubuntu:/home/linuxbook/9/9-2-2-1# ./thread_sem
Create treads success
 Waiting for threads to finish...
Thread 2 is starting
        Thread 2: job 0 delay = 9
        Thread 2: job 1 delay = 8
        Thread 2: job 2 delay = 8
Thread 2 finished
Thread 2 joined
Thread 1 is starting
        Thread 1: job 0 delay = 10
        Thread 1: job 1 delay = 9
        Thread 1: job 2 delay = 10
Thread 1 finished
Thread 1 joined
Thread 0 is starting
        Thread 0: job 0 delay = 5
        Thread 0: job 1 delay = 8
        Thread 0: job 2 delay = 7
Thread 0 finished
Thread 0 joined
root@ubuntu:/home/linuxbook/9/9-2-2-1# 
```

图 3.4.6　thread_sem.c 运行结果

小练习

（1）参考本小节实例，创建两个线程，线程一实现 1～10 的累加并打印结果，线程二实现 1～10 的累乘并打印结果。使用信号量线程控制，使程序先执行线程二，后执行线程一，为使效果明显，线程二可以延时 5s。

（2）用多线程、信号量实现生产者和消费者的模拟，仓库容量为 10 件，仓库中开始有 3 件产品，消费者每 3s 消费一件产品，生产者每 2s 生产一个产品，生产者和消费者不能同时进入仓库（需要互斥）。

3.5　嵌入式 Linux 网络编程

3.5.1　OSI 参考模型及 TCP/IP 参考模型

读者一定都听说过著名的 OSI 协议参考模型，它是基于国际标准化组织（ISO）的建议发展起来的，从上到下共分为 7 层：应用层、表示层、会话层、传输层、网络层、数据链路层及物理层。这个 7 层的协议模型虽然规定得非常细致和完善，但在实际中却得不到广泛的应用，其重要的原因之一就在于它过于复杂。但它仍是此后很多协议模型的基础，这种分层架构的思想在很多领域都得到了广泛的应用。

与此相区别的 TCP/IP 协议模型从一开始就遵循简单明确的设计思路，它将 TCP/IP 的 7 层协议模型简化为 4 层，从而更有利于实现和使用。TCP/IP 协议参考模型和 OSI 协议参考模型的对应关系如图 3.5.1 所示。

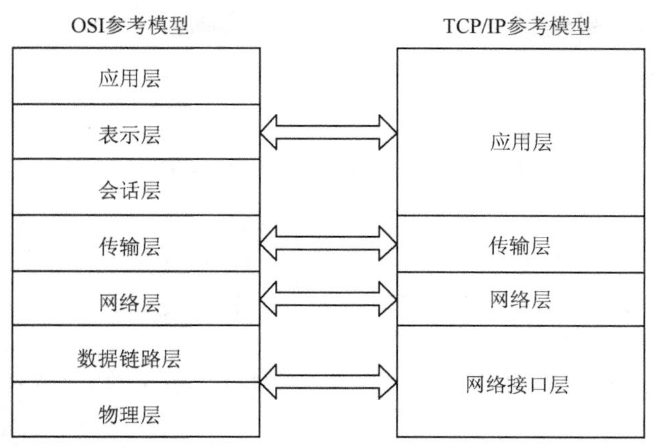

图 3.5.1　OSI 模型和 TCP/IP 参考模型对应关系

下面分别对 TCP/IP 的 4 层模型进行简要介绍。

网络接口层：负责将二进制流转换为数据帧，并进行数据帧的发送和接收。要注意的是，数据帧是独立的网络信息传输单元。

网络层：负责将数据帧封装成 IP 数据包，并运行必要的路由算法。

传输层：负责端对端之间的通信会话连接与建立。传输协议的选择根据数据传输方式而定。

应用层：负责应用程序的网络访问，这里通过端口号来识别各个不同的进程。

3.5.2　网络基础编程

1．Socket 概述

（1）Socket 定义

在 Linux 中的网络编程是通过 Socket 接口来进行的。Socket 是一种特殊的 I/O 接口，它也是一种文件描述符。它是一种常用的进程之间通信机制，通过它不仅能实现本地机器上的进程之间的通信，而且通过网络能够在不同机器上的进程之间进行通信。

每一个 Socket 都用一个半相关描述{协议、本地地址、本地端口}来表示；一个完整的套接字则用一个相关描述{协议、本地地址、本地端口、远程地址、远程端口}来表示。Socket 也有一个类似于打开文件的函数调用，该函数返回一个整型的 Socket 描述符，随后的连接建立、数据传输等操作都是通过 Socket 来实现的。

（2）Socket 类型

常见的 Socket 有如下 3 种类型。

① 流式 Socket（SOCK_STREAM）。流式套接字提供可靠的、面向连接的通信流；它使用 TCP 协议，从而保证了数据传输的正确性和顺序性。

② 数据报 Socket（SOCK_DGRAM）。数据报套接字定义了一种无连接的服务，数据通过相互独立的报文进行传输，是无序的，并且不保证是可靠、无差错的。它使用数据报协议 UDP。

③ 原始 Socket。原始套接字允许对底层协议如 IP 或 ICMP 进行直接访问，功能强大但使用较为不便，主要用于一些协议的开发。

2．地址及顺序处理

1）地址结构相关处理

（1）数据结构介绍

下面首先介绍两个重要的数据类型：sockaddr 和 sockaddr_in，这两个结构类型都是用来保存 Socket 信息的，如下所示：

```
struct sockaddr
{
    unsigned short sa_family; /*地址族*/
    char sa_data[14]; /*14 字节的协议地址，包含该 socket 的 IP 地址和端口号。*/
};

struct sockaddr_in
{
    short int sa_family; /*地址族*/
    unsigned short int sin_port; /*端口号*/
    struct in_addr sin_addr; /*IP 地址*/
    unsigned char sin_zero[8]; /*填充 0 以保持与 struct sockaddr 同样大小*/
};
```

这两个数据类型是等效的，可以相互转化，通常 sockaddr_in 数据类型使用更为方便。在建立 socketadd 或 sockaddr_in 后，就可以对该 Socket 进行适当的操作了。

（2）结构字段

表 3.5.1 列出了结构字段 sa_family 可选的常见值。

表 3.5.1　sa_family 可选值

结构定义头文件	#include <netinet/in.h>
sa_family	AF_INET：IPv4 协议
	AF_INET6：IPv6 协议
	AF_LOCAL：UNIX 域协议
	AF_LINK：链路地址协议
	AF_KEY：密钥套接字（Socket）

2）数据存储优先顺序

（1）函数说明

计算机数据存储有两种字节优先顺序：高位字节优先（称为大端模式）和低位字节优先（称为小端模式）。Internet 上数据以高位字节优先顺序在网络上传输，因此在有些情况下，需要对这两个字节存储优先顺序进行相互转化。这里用到了 4 个函数：htons()、ntohs()、htonl()和 ntohl()。这 4 个函数分别实现网络字节序和主机字节序的转化，这里的 h 代表 host，n 代表 network，s 代表 short，l 代表 long。通常 16 位的 IP 端口号用 s 代表，而 IP 地址用 l 来代表。

（2）函数格式说明

表 3.5.2 列出了这 4 个函数的语法格式。

表 3.5.2　htons 等函数语法要点

所需头文件	#include <netinet/in.h>
函数原型	uint16_t htons(unit16_t host16bit) uint32_t htonl(unit32_t host32bit) uint16_t ntohs(unit16_t net16bit) uint32_t ntohs(unit32_t net32bit)
函数传入值	host16bit：主机字节序的 16 位数据
	host32bit：主机字节序的 32 位数据
	net16bit：网络字节序的 16 位数据
	net32bit：网络字节序的 32 位数据
函数返回值	成功：返回要转换的字节序
	出错：−1

3）地址格式转化

（1）函数说明

通常用户在表达地址时采用的是点分十进制表示的数值（或者是以冒号分开的十进制 IPv6 地址），而在通常使用的 Socket 编程中所使用的则是二进制值，这就需要将这两个数值进行转换。这里在 IPv4 中用到的函数有 inet_aton()、inet_addr()和 inet_ntoa()，而 IPv4 和 IPv6 兼容的函数有 inet_pton()和 inet_ntop()。由于 IPv6 是下一代互联网的标准协议，因此，本书介绍的函数都能够同时兼容 IPv4 和 IPv6，但在具体举例时仍以 IPv4 为例。

这里 inet_pton()函数是将点分十进制地址映射为二进制地址，而 inet_ntop()是将二进制地址映射为点分十进制地址。

（2）函数格式

表 3.5.3 列出了 inet_pton()函数的语法要点。

表 3.5.3　inet_pton()函数语法要点

所需头文件	#include <arpa/inet.h>	
函数原型	int inet_pton(int family,const char *strptr,void *addrptr)	
函数传入值	family	AF_INET：IPv4 协议
		AF_INET6：IPv6 协议
	strptr：要转化的值	
	addrptr：转化后的地址	
函数返回值	成功：0	
	出错：−1	

表 3.5.4 列出了 inet_ntop()函数的语法要点。

表 3.5.4　inet_ntop()函数语法要点

所需头文件	#include <arpa/inet.h>	
函数原型	int inet_ntop(int family,void *addrptr,char *strptr,size_t len)	
函数传入值	family	AF_INET：IPv4 协议
		AF_INET6：IPv6 协议
	strptr：要转化的值	
	addrptr：转化后的地址	
	len：转化后值的大小	
函数返回值	成功：0	
	出错：−1	

4）名字地址转化

（1）函数说明

通常，人们在使用过程中都不愿意记忆冗长的 IP 地址，尤其到 IPv6 时，地址长度多达 128 位，那时就更加不可能一次次记忆那么长的 IP 地址了。因此，使用主机名将会是很好的选择。

在 Linux 中，同样有一些函数可以实现主机名和地址的转化，最为常见的有 gethostbyname()、gethostbyaddr()和 getaddrinfo()等，它们都可以实现 IPv4 和 IPv6 的地址和主机名之间的转化。其中，gethostbyname()函数是将主机名转化为 IP 地址，gethostbyaddr()函数则是逆操作，是将 IP 地址转化为主机名，另外 getaddrinfo()函数还能实现自动识别 IPv4 地址和 IPv6 地址。

gethostbyname()函数和 gethostbyaddr()函数都涉及一个 hostent 的结构体，如下所示：

```
struct hostent
{
    char *h_name;/*正式主机名*/
    char **h_aliases;/*主机别名*/
    int h_addrtype;/*地址类型*/
    int h_length;/*地址字节长度*/
    char **h_addr_list;/*指向 IPv4 或 IPv6 的地址指针数组*/
}
```

调用 gethostbyname()函数或 gethostbyaddr()函数后就能返回 hostent 结构体的相关信息。

getaddrinfo()函数涉及一个 addrinfo 的结构体，如下所示：

```
struct addrinfo
{
    int ai_flags;/*AI_PASSIVE, AI_CANONNAME;*/
    int ai_family;/*地址族*/
    int ai_socktype;/*socket 类型*/
    int ai_protocol;/*协议类型*/
    size_t ai_addrlen;/*地址字节长度*/
    char *ai_canonname;/*主机名*/
    struct sockaddr *ai_addr;/*socket 结构体*/
    struct addrinfo *ai_next;/*下一个指针链表*/
}
```

相对于 hostent 结构体而言，addrinfo 结构体包含更多的信息。

（2）函数格式

表 3.5.5 列出了 gethostbyname()函数的语法要点。

表 3.5.5　gethostbyname()函数语法要点

所需头文件	#include <netdb.h>
函数原型	struct hostent *gethostbyname(const char *hostname)
函数传入值	hostname：主机名
函数返回值	成功：hostent 类型指针
	出错：-1

调用该函数时，可以首先对 hostent 结构体中的 h_addrtype 和 h_length 进行设置。若为 IPv4，可设置为 AF_INET 和 4；若为 IPv6，可设置为 AF_INET6 和 16；若不设置，则默认为 IPv4。

表 3.5.6 列出了 getaddrinfo()函数的语法要点。

表 3.5.6　getaddrinfo()函数语法要点

所需头文件	#include <netdb.h>
函数原型	int getaddrinfo(const char *node, const char *service, const struct addrinfo *hints,struct addrinfo **result)
函数传入值	node：网络地址或者网络主机名
	service：服务名或十进制的端口号字符串
	hints：服务线索
	result：返回结果
函数返回值	成功：0
	出错：−1

在调用之前，首先要对 hints 服务线索进行设置。它是一个 addrinfo 结构体，表 3.5.7 列举了该结构体常见的选项值。

表 3.5.7　addrinfo 结构体常见选项值

结构体头文件	#include <netdb.h>
ai_flags	AI_PASSIVE：该套接口用作被动地打开
	AI_CANONNAME：通知 getaddrinfo()函数返回主机的名字
ai_family	AF_INET：IPv4 协议
	AF_INET6：IPv6 协议 ai_family
	AF_UNSPEC：IPv4 或 IPv6 均可
ai_socktype	SOCK_STREAM：字节流套接字 Socket（TCP）
	SOCK_DGRAM：数据报套接字 Socket（UDP）
ai_protocol	IPPROTO_IP：IP 协议
	IPPROTO_IPV4：Ipv4 协议
	IPPROTO_IPV6：IPv6 协议
	IPPROTO_UDP：UDP
	IPPROTO_TCP：TCP

（3）使用实例

下面的实例给出了 getaddrinfo()函数的用法，后面会给出 gethostbyname()函数用法的例子。

```
/* getaddrinfo.c */

#include <stdio.h>
#include <stdlib.h>
#include <errno.h>
#include <string.h>
#include <netdb.h>
#include <sys/types.h>
#include <netinet/in.h>
#include <sys/socket.h>
```

```
int main()
{
    struct addrinfo hints, *res = NULL;
    int rc;

    memset(&hints, 0, sizeof(hints));
    /*设置 addrinfo 结构体中各参数 */
    hints.ai_flags = AI_CANONNAME;
    hints.ai_family = AF_UNSPEC;
    hints.ai_socktype = SOCK_DGRAM;
    hints.ai_protocol = IPPROTO_UDP;

    /*调用 getaddinfo 函数*/
    rc = getaddrinfo("localhost", NULL, &hints, &res);
    if (rc != 0)
    {
        perror("getaddrinfo");
        exit(1);
    }
     else
     {
        printf("Host name is %s\n", res->ai_canonname);
     }
     exit(0);
}
```

3.5.3 Socket 基础编程

1．函数说明

Socket 编程的基本函数有 socket()、bind()、listen()、accept()、send()、sendto()、recv()以及 recvfrom()等，其中根据客户端还是服务端，或者根据使用 TCP 协议还是 UDP 协议，这些函数的调用流程都有所区别。

- socket()函数：该函数用于建立一个 Socket 连接，可指定 Socket 类型等信息。在建立了 Socket 连接之后，可对 sockaddr 或 sockaddr_in 结构进行初始化，以保存所建立的 Socket 地址信息。
- bind()函数：该函数用于将本地 IP 地址绑定到端口号，若绑定其他 IP 地址则不能成功。另外，它主要用于 TCP 的连接，而在 UDP 的连接中则无必要。
- listen()函数：在服务端程序成功建立套接字和与地址进行绑定之后，还需要准备在该套接字上接收新的连接请求。此时调用 listen()函数来创建一个等待队列，在其中存放未处理的客户端连接请求。
- accept()函数：服务端程序调用 listen()函数创建等待队列之后，调用 accept()函数等待并接收客户端的连接请求。它通常从由 bind()函数所创建的等待队列中取出第一个未处理的连接请求。

● connect()函数：该函数在 TCP 中用于 bind()函数之后的客户端，用于与服务器端建立连接，而在 UDP 中由于没有 bind()函数，因此用 connect()函数有点类似 bind()函数的作用。

● send()函数和 recv()函数：这两个函数分别用于发送和接收数据，可以用在 TCP 中，也可以用在 UDP 中。当用在 UDP 时，可以在 connect()函数建立连接之后再用。

● sendto()函数和 recvfrom()函数：这两个函数的作用与 send()函数和 recv()函数类似，也可以用在 TCP 和 UDP 中。当用在 TCP 时，后面几个与地址有关的参数不起作用，函数作用等同于 send()函数和 recv()函数；当用在 UDP 时，可以用在之前没有使用 connect()函数的情况下，这两个函数可以自动寻找指定地址并进行连接。

服务器端和客户端使用 TCP 协议的流程如图 3.5.2 所示。

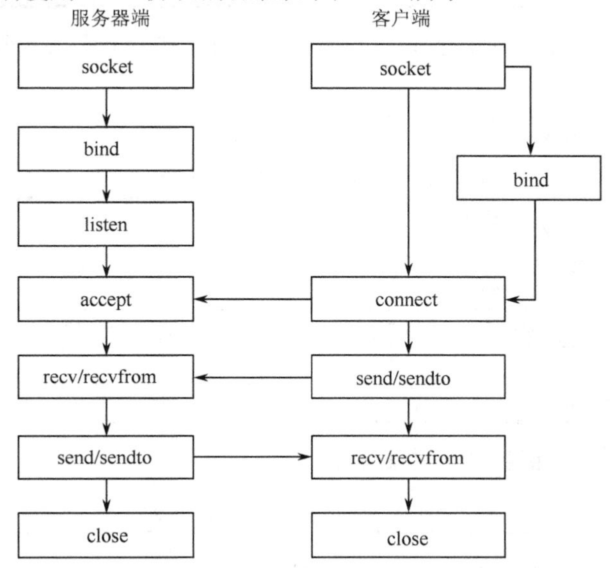

图 3.5.2　使用 TCP 协议 Socket 编程流程图

2. 函数格式

表 3.5.8 列出了 socket()函数的语法要点。

表 3.5.8　socket()函数语法要点

所需头文件	#include <sys/socket.h>	
函数原型	int socket(int family, int type, int protocol)	
函数传入值	family：协议族	AF_INET：IPv4 协议
		AF_INET6：IPv6 协议
		AF_LOCAL：UNIX 域协议
		AF_ROUTE：路由套接字（Socket）
		AF_KEY：密钥套接字（Socket）
	type：套接字类型	SOCK_STREAM：字节流套接字 Socket
		SOCK_DGRAM：数据报套接字 Socket
		SOCK_STREAM：字节流套接字 Socket
	protocol：0（原始套接字除外）	

续表

函数返回值	成功：非负套接字描述符
	出错：-1

表 3.5.9 列出了 bind()函数的语法要点。

表 3.5.9　bind()函数语法要点

所需头文件	#include <sys/socket.h>
函数原型	int bind(int sockfd, struct sockaddr *my_addr, int addrlen)
函数传入值	sockfd：套接字描述符
	my_addr：本地地址
	addrlen：地址长度
函数返回值	成功：0
	出错：-1

端口号和地址在 my_addr 中给出了，若不指定地址，则内核随意分配一个临时端口给该应用程序。

表 3.5.10 列出了 listen()函数的语法要点。

表 3.5.10　listen()函数语法要点

所需头文件	#include <sys/socket.h>
函数原型	int listen(int sockfd,int backlog)
函数传入值	sockfd：套接字描述符
	backlog：请求队列中允许的最大请求数，大多数系统默认值为 5
函数返回值	成功：0
	出错：-1

表 3.5.11 列出了 accept()函数的语法要点。

表 3.5.11　accept()函数语法要点

所需头文件	#include <sys/socket.h>
函数原型	int accept(int sockfd,struct sockaddr *addr,socklen_t *addrlen)
函数传入值	sockfd：套接字描述符
	addr：客户端地址
	addrlen：地址长度
函数返回值	成功：0
	出错：-1

表 3.5.12 列出了 connect()函数的语法要点。

表 3.5.12　connect()函数语法要点

所需头文件	#include <sys/socket.h>
函数原型	int connect(int sockfd,struct sockaddr *serv_addr,int addrlen)
函数传入值	sockfd：套接字描述符
	serv_addr：服务器端地址
	addrlen：地址长度
函数返回值	成功：0
	出错：-1

表 3.5.13 列出了 send()函数的语法要点。

表 3.5.13　send()函数语法要点

所需头文件	#include <sys/socket.h>
函数原型	int send(int sockfd,const void *msg,int len,int flags)
函数传入值	sockfd：套接字描述符
	msg：指向要发送数据的指针
	len：数据长度
	flags：一般为 0
函数返回值	成功：发送的字节数
	出错：−1

表 3.5.14 列出了 recv()函数的语法要点。

表 3.5.14　recv()函数语法要点

所需头文件	#include <sys/socket.h>
函数原型	int recv(int sockfd,void *buf,int len,unsigned int flags)
函数传入值	sockfd：套接字描述符
	buf：存放接收数据的缓冲区
	len：数据长度
	flags：一般为 0
函数返回值	成功：接收的字节数
	出错：−1

3．使用实例

该实例分为客户端和服务器端两部分，其中服务器端首先建立起 Socket，然后与本地端口进行绑定，接着就开始接收从客户端的连接请求并建立与它的连接，接下来接收客户端发送的消息。客户端则在建立 Socket 之后调用 connect()函数来建立连接。

服务端的代码如下所示：

```
/*server.c*/
#include <sys/types.h>
#include <sys/socket.h>
#include <stdio.h>
#include <stdlib.h>
#include <string.h>
#include <sys/ioctl.h>
#include <unistd.h>
#include <netinet/in.h>

#define PORT                4321
#define BUFFER_SIZE              1024
#define MAX_QUE_CONN_NM  5

int main()
```

```
{
    struct sockaddr_in server_sockaddr, client_sockaddr;
    int sin_size, recvbytes;
    int sockfd, client_fd;
    char buf[BUFFER_SIZE];

    /*建立 Socket 连接*/
    if ((sockfd = socket(AF_INET,SOCK_STREAM,0))= = -1)
    {
        perror("socket");
        exit(1);
    }
    printf("socket id = %d\n",sockfd);

    /*设置 sockaddr_in 结构体中相关参数*/
    server_sockaddr.sin_family = AF_INET;
    server_sockaddr.sin_port = htons(PORT);
    server_sockaddr.sin_addr.s_addr = INADDR_ANY;
    bzero(&(server_sockaddr.sin_zero), 8);

    int i = 1;/* 使得重复使用本地地址与套接字进行绑定 */
    setsockopt(sockfd, SOL_SOCKET, SO_REUSEADDR, &i, sizeof(i));

    /*绑定函数 bind*/
    if (bind(sockfd, (struct sockaddr *)&server_sockaddr, sizeof(struct sockaddr))= = -1)
    {
        perror("bind");
        exit(1);
    }
    printf("Bind success!\n");

    /*调用 listen 函数*/
    if (listen(sockfd, MAX_QUE_CONN_NM) = = -1)
    {
        perror("listen");
        exit(1);
    }
    printf("Listening....\n");

    /*调用 accept 函数，等待客户端的连接*/
```

```
        if ((client_fd = accept(sockfd, (struct sockaddr *)&client_sockaddr, &sin_size)) == -1)
        {
                perror("accept");
                exit(1);
        }

        /*调用 recv 函数接收客户端的请求*/
        memset(buf , 0, sizeof(buf));
        if ((recvbytes = recv(client_fd, buf, BUFFER_SIZE, 0)) == -1)
        {
                perror("recv");
                exit(1);
        }
        printf("Received a message: %s\n", buf);
        close(sockfd);
        exit(0);
}
```

客户端的代码如下所示：

```
/*client.c*/

#include <sys/types.h>
#include <sys/socket.h>
#include <stdio.h>
#include <stdlib.h>
#include <string.h>
#include <sys/ioctl.h>
#include <unistd.h>
#include <netdb.h>
#include <netinet/in.h>

#define PORT      4321
#define BUFFER_SIZE 1024

int main(int argc, char *argv[ ])
{
        int sockfd, sendbytes;
        char buf[BUFFER_SIZE];
        struct hostent *host;
        struct sockaddr_in serv_addr;
```

```
if(argc < 2)
{
    fprintf(stderr,"USAGE: ./client Hostname(or ip address) Text\n");
    exit(1);
}

/*地址解析函数*/
if ((host = gethostbyname(argv[1])) = = NULL)
{
    perror("gethostbyname");
    exit(1);
}

memset(buf, 0, sizeof(buf));
//sprintf(buf, "%s", argv[2]);
printf("Please input char:\n");
fgets(buf, BUFFER_SIZE, stdin);

/*创建 Socket*/
if ((sockfd = socket(AF_INET,SOCK_STREAM,0)) = = -1)
{
    perror("socket");
    exit(1);
}

/*设置 sockaddr_in 结构体中相关参数*/
serv_addr.sin_family = AF_INET;
serv_addr.sin_port = htons(PORT);
serv_addr.sin_addr = *((struct in_addr *)host->h_addr);
bzero(&(serv_addr.sin_zero), 8);

/*调用 connect 函数主动发起对服务器端的连接*/
if(connect(sockfd,(struct sockaddr *)&serv_addr, sizeof(struct sockaddr))= = -1)
{
    perror("connect");
    exit(1);
}

/*发送消息给服务器端*/
if ((sendbytes = send(sockfd, buf, strlen(buf), 0)) = = -1)
```

```
        {
                perror("send");
                exit(1);
        }
        close(sockfd);
        exit(0);
}
```

在运行时需要先启动服务器端，再启动客户端。这里我们用两个终端分别代表客户端和服务器端。客户端发送信息如图 3.5.3 所示。

```
root@ubuntu:/home/linuxbook/10/10.2.3# ./client localhost
Please input char:
hello
root@ubuntu:/home/linuxbook/10/10.2.3#
```

图 3.5.3　客户端发送信息

服务器接收信息如图 3.5.4 所示。

```
root@ubuntu:/home/linuxbook/10/10.2.3# ./server
Socket id = 3
Bind success!
Listening....
Received a message: hello

root@ubuntu:/home/linuxbook/10/10.2.3#
```

图 3.5.4　服务器接收信息

☞ 小练习

（1）使用两台局域网相连的计算机实现本小节实例的功能。

（2）参考本小节实例，新建 test.txt 文档，写入 abcdef 字符串。服务器端读出 text.txt 的数据内容，发送到客户端，客户端接收到数据并打印出来。

第4章　嵌入式 Linux 设备驱动开发

上一章讲解了 Linux 应用程序的开发，这些都是处于用户空间的内容。本章将进入内核空间，初步介绍嵌入式 Linux 设备驱动的开发。面对层出不穷的新硬件产品，必须有人不断地编写新的驱动程序以便让这些设备能够在 Linux 下正常工作，从这个意义上讲，讲述驱动程序的编写本身就是一件非常有意义的事情。

本章学习目标：

- 掌握 Linux 设备驱动的基本概念；
- 掌握设备驱动程序的基本功能；
- 掌握设备驱动运行过程、接口函数；
- 掌握字符设备驱动编程。

4.1　设备驱动概述

4.1.1　设备驱动简介及驱动模块

操作系统是通过各种驱动程序来驾驭硬件设备的，它为用户屏蔽了各种各样的设备，驱动硬件是操作系统最基本的功能，并且提供统一的操作方式。设备驱动程序是内核的一部分，硬件驱动程序是操作系统最基本的组成部分，在 Linux 内核源程序中也占有 60%以上。因此，熟悉驱动的编写是很重要的。

Linux 内核中采用可加载的模块化设计（Loadable Kernel Modules，LKMs），一般情况下，编译的 Linux 内核是支持可插入式模块的，也就是将最基本的核心代码编译在内核中，其他的代码可以编译到内核中，或者编译为内核的模块文件（在需要时动态加载）。

常见的驱动程序是作为内核模块动态加载的，比如声卡驱动和网卡驱动等，而 Linux 最基础的驱动，如 CPU、PCI 总线、TCP/IP 协议、APM（高级电源管理）、VFS 等驱动程序，则直接编译在内核文件中。有时也把内核模块称为驱动程序，只不过驱动的内容不一定是硬件罢了，比如 ext3 文件系统的驱动。因此，加载驱动就是加载内核模块。

下面首先列举一些模块相关的命令。

lsmod 命令列出当前系统中加载的模块，其中左边第一列是模块名，第二列是该模块大小，第三列则是使用该模块的对象数目。如图 4.1.1 所示。

```
[root@WXL210 /]# lsmod
unifi_sdio 334981 0 - Live 0xbf0e5000
rt3070sta 661657 0 - Live 0xbf027000
wxl210_beep 1242 0 - Live 0xbf021000
wxl210_swzb 1735 0 - Live 0xbf01b000
wxl210_swrf 1763 0 - Live 0xbf015000
wxl210_adc1 2217 0 - Live 0xbf00f000
wxl210_leds 1269 0 - Live 0xbf009000
ft5x06_ts 8763 0 - Live 0xbf000000
[root@WXL210 /]#
```

图 4.1.1　lsmod 命令使用实例

rmmod 命令用于将当前模块卸载。

insmod 命令和 modprobe 命令用于加载当前模块，但 insmod 命令不会自动解决依存关系，即如果要加载的模块引用了当前内核符号表中不存在的符号，则无法加载，也不会去查在其他尚未加载的模块中是否定义了该符号；modprobe 命令可以根据模块间的依存关系以及/etc/modules.conf 文件中的内容自动加载其他有依赖关系的模块。

4.1.2 设备分类

Linux 的一个重要特点就是将所有的设备都当作文件进行处理，这一类特殊文件就是设备文件，可以使用前面提到的文件、I/O 相关函数进行操作，这样就大大方便了对设备的处理。它通常在/dev 下面存在一个对应的逻辑设备节点，这个节点以文件的形式存在。

Linux 系统的设备分为 3 类：字符设备、块设备和网络设备。

1. 字符设备

字符设备通常指像普通文件或字节流一样，以字节为单位顺序读/写的设备，如并口设备、虚拟控制台等。字符设备可以通过设备文件节点访问，它与普通文件之间的区别在于普通文件可以被随机访问（可以前后移动访问指针），而大多数字符设备只能提供顺序访问，因为对它们的访问不会被系统所缓存。但也有例外，例如帧缓存（Frame Buffer）是一个可以被随机访问的字符设备。

2. 块设备

块设备通常指一些需要以块为单位随机读/写的设备，如 IDE 硬盘、SCSI 硬盘、光驱等。块设备也是通过文件节点来访问的，它不仅可以提供随机访问，而且可以容纳文件系统（如硬盘、闪存等）。Linux 可以使用户态程序像访问字符设备一样每次进行任意字节的操作，只是在内核态内部中的管理方式和内核提供的驱动接口上不同。

通过文件属性可以查看它们是哪种设备文件（字符设备文件或块设备文件）。如图 4.1.2 所示，字母 c 开头表示字符设备，b 开头表示块设备。

```
crw-rw----    1 root     root       2, 175 Jan  1 08:00 ptyzf
brw-rw----    1 root     root       1,   0 Jan  1 08:00 ram0
```

图 4.1.2 文件属性

3. 网络设备

网络设备通常是指通过网络能够与其他主机进行数据通信的设备，如网卡等。内核和网络设备驱动程序之间的通信需要调用一套数据包处理函数，它们完全不同于内核和字符以及块设备驱动程序之间的通信（read()、write()等函数）。Linux 网络设备不是面向流的设备，因此不会将网络设备的名字（如 eth0）映射到文件系统中去。

4.1.3 设备号

设备号是一个数字，它是设备的标志。就如前面所述，一个设备文件（也就是设备节点）可以通过 mknod 命令来创建，其中指定了主设备号和次设备号。主设备号表明设备的类型（如串口设备、SCSI 硬盘），与一个确定的驱动程序对应；次设备号通常用于标明不同的属性，例如不同的使用方法、不同的位置、不同的操作等，它标志着某个具体的物理设备。高字节为主设备号，低字节为次设备号。

例如，在系统中的块设备 IDE 硬盘的主设备号是 3，而多个 IDE 硬盘及其各个分区分别赋予次设备号 1，2，3…，如图 4.1.3 所示，主设备号是 3，次设备号是 143。

```
crw-rw----    1 root     root      3, 143 Jan  1 08:00 ttyxf
```

图 4.1.3　设备号

4.1.4　驱动层次结构

Linux 下的设备驱动程序是内核的一部分，运行在内核模式下，也就是说设备驱动程序为内核提供了一个 I/O 接口，用户使用这个接口实现对设备的操作。图 4.1.4 显示了典型的 Linux 输入/输出系统中各层次结构和功能。

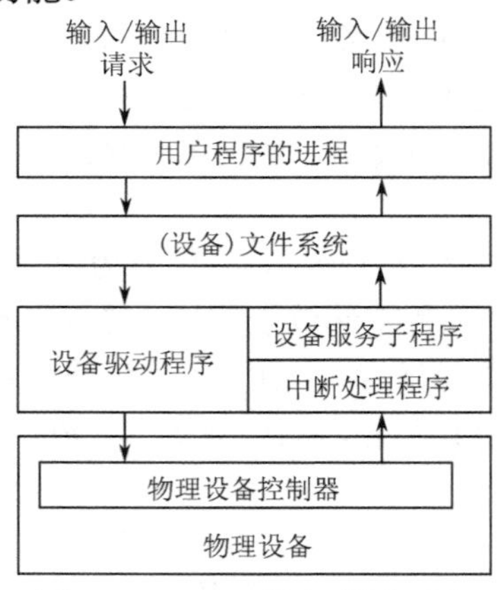

图 4.1.4　Linux 输入/输出系统

Linux 设备驱动程序包含中断处理程序和设备服务子程序两部分。设备服务子程序包含所有与设备操作相关的处理代码。它从面向用户进程的设备文件系统中接收用户命令，并对设备控制器执行操作。这样，设备驱动程序屏蔽了设备的特殊性，使用户可以像对待文件一样操作设备。

4.1.5　设备驱动程序与外界的接口

每种类型的驱动程序，不管是字符设备还是块设备都为内核提供相同的调用接口，因此内核能以相同的方式处理不同的设备。Linux 为每种不同类型的设备驱动程序维护相应的数据结构，以便定义统一的接口并实现驱动程序的可装载性和动态性。Linux 设备驱动程序与外界的接口可以分为如下 3 个部分。

① 驱动程序与操作系统内核的接口：这是通过数据结构 file_operations 来完成的。

② 驱动程序与系统引导的接口：这部分利用驱动程序对设备进行初始化。

③ 驱动程序与设备的接口：这部分描述了驱动程序如何与设备进行交互，这与具体设备密切相关。

它们之间的相互关系如图 4.1.5 所示。

4.1.6　设备驱动程序的特点

综上所述，Linux 中的设备驱动程序有如下特点。

① 内核代码：设备驱动程序是内核的一部分，如果驱动程序出错，则可能导致系统崩溃。

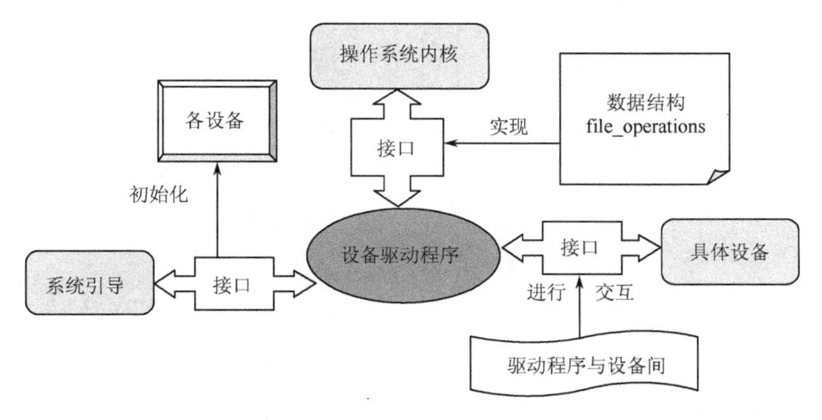

图 4.1.5　设备驱动程序与外界的接口

② 内核接口：设备驱动程序必须为内核或者其子系统提供一个标准接口。比如，一个终端驱动程序必须为内核提供一个文件 I/O 接口；一个 SCSI 设备驱动程序应该为 SCSI 子系统提供一个 SCSI 设备接口，同时 SCSI 子系统也必须为内核提供文件的 I/O 接口及缓冲区。

③ 内核机制和服务：设备驱动程序使用一些标准的内核服务，如内存分配等。

④ 可装载：大多数的 Linux 操作系统设备驱动程序都可以在需要时装载进内核，在不需要时从内核中卸载。

⑤ 可设置：Linux 操作系统设备驱动程序可以集成为内核的一部分，并可以根据需要把其中的某一部分集成到内核中，这只需要在系统编译时进行相应的设置即可。

⑥ 动态性：在系统启动且各个设备驱动程序初始化后，驱动程序将维护其控制的设备。如果该设备驱动程序控制的设备不存在也不影响系统的运行，那么此时的设备驱动程序只是多占用了一点系统内存罢了。

4.2　字符设备驱动编程

1．字符设备驱动编写流程

设备驱动程序可以使用模块的方式动态加载到内核中去。加载模块的方式与以往的应用程序开发有很大的不同。以往在开发应用程序时，都有一个 main()函数作为程序的入口点，而在驱动开发时却没有 main()函数，模块在调用 insmod 命令时被加载，此时的入口点是 init_module()函数，通常在该函数中完成设备的注册。同样，模块在调用 rmmod 命令时被卸载，此时的入口点是 cleanup_module()函数，在该函数中完成设备的卸载。在设备完成注册加载之后，用户的应用程序就可以对该设备进行一定的操作，如 open()、read()、write()等，而驱动程序就是用于实现这些操作，在用户应用程序调用相应入口函数时执行相关的操作。init_module()入口点函数则不需要完成其他如 read()、write()之类功能。

上述函数之间的关系如图 4.2.1 所示。

2．重要数据结构

用户应用程序调用设备的一些功能是在设备驱动程序中定义的，也就是设备驱动程序的入口点，它是一个在<Linux/fs.h>中定义的 struct file_operations 结构，这是一个内核结构，不会出现在用户空间的程序中，它定义了常见文件 I/O 函数的入口，如下所示：

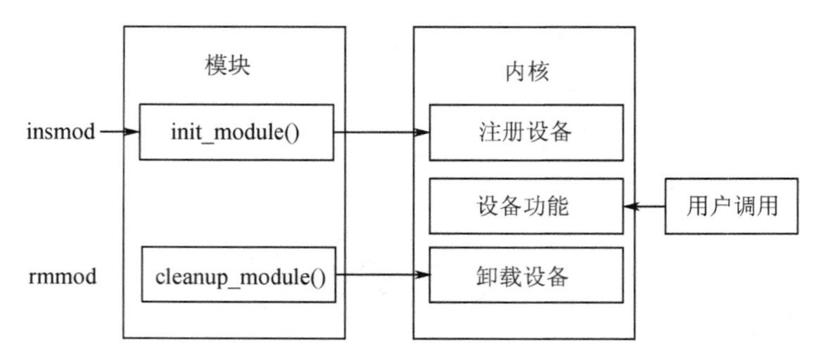

图 4.2.1　设备驱动程序流程图

```
struct file_operations
{
    loff_t (*lseek) (struct file *, loff_t, int);
    ssize_t (*read) (struct file *filp, char *buff, size_t count, loff_t *offp);
    ssize_t (*write) (struct file *filp, const char *buff, size_t count, loff_t *offp);
    int (*readdir) (struct file *, void *, filldir_t);
    unsigned int (*poll) (struct file *, struct poll_table_struct *);
    int (*ioctl) (struct inode *, struct file *, unsigned int, unsigned long);
    int (*mmap) (struct file *, struct vm_area_struct *);
    int (*open) (struct inode *, struct file *);
    int (*flush) (struct file *);
    int (*release) (struct inode *, struct file *);
    int (*fsync) (struct file *, struct dentry *);
    int (*fasync) (int, struct file *, int);
    int (*check_media_change) (kdev_t dev);
    int (*revalidate) (kdev_t dev);
    int (*lock) (struct file *, int, struct file_lock *);
};
```

struct inode 结构提供了关于设备文件/dev/driver（假设此设备名为 driver）的信息，struct file 结构提供关于被打开的文件信息，主要用于与文件系统对应的设备驱动程序使用。struct file 结构较为重要，这里列出了它的定义：

```
struct file
{
    mode_t f_mode;/*标识文件是否可读或可写，FMODE_READ 或 FMODE_WRITE*/
    dev_t f_rdev; /* 用于/dev/tty */
    off_t f_pos; /* 当前文件位移 */
    unsigned short f_flags; /* 文件标志，如 O_RDONLY、O_NONBLOCK 和 O_SYNC */
    unsigned short f_count; /* 打开的文件数目 */
    unsigned short f_reada;
    struct inode *f_inode; /*指向 inode 的结构指针 */
```

```
        struct file_operations *f_op;/*  文件索引指针  */
    };
```

3. 设备驱动程序的主要组成

（1）早期版本的字符设备注册

早期版本的设备注册使用函数 register_chrdev()，调用该函数后就可以向系统申请主设备号，如果 register_chrdev()操作成功，设备名就会出现在/proc/devices 文件中。在关闭设备时，通常需要解除原先的设备注册，此时可使用函数 unregister_chrdev()，此后该设备就会从/proc/devices 里消失。其中主设备号和次设备号不能大于 255。

register_chrdev()函数格式见表 4.2.1。

表 4.2.1　register_chrdev()函数语法要点

所需头文件	#include <linux/fs.h>
函数原型	int register_chrdev(unsigned int major,const char *name,struct file_operations *fops)
函数传入值	major：设备驱动程序向系统申请的主设备号，如果为 0 则系统为此驱动程序动态地分配一个主设备号
	name：设备名
	fops：对各个调用的入口点
函数返回值	成功：如果是动态分配主设备号，返回所分配的主设备号，且设备名就会出现在/proc/devices 文件里
	出错：−1

unregister_chrdev()函数格式见表 4.2.2。

表 4.2.2　unregister_chrdev()函数语法要点

所需头文件	#include <linux/fs.h>
函数原型	int unregister_chrdev(unsigned int major,const char *name)
函数传入值	major：设备的主设备号，必须和注册时的主设备号相同
	name：设备名
函数返回值	成功：0，且设备名从/proc/devices 文件里消失
	出错：−1

（2）设备号相关函数

前面已经提到设备号有主设备号和次设备号，其中主设备号表示设备类型，对应于确定的驱动程序，具备相同主设备号的设备之间公用同一个驱动程序，而用次设备号来标识具体物理设备。因此在创建字符设备之前，必须先获得设备的编号（可能需要分配多个设备号）。

在 Linux2.6 的版本中，用 dev_t 类型来描述设备号（dev_t 是 32 位数值类型，其中高 12 位表示主设备号，低 20 位表示次设备号）。用两个宏 MAJOR 和 MINOR 分别获得 dev_t 设备号的主设备号和次设备号，而且用 MKDEV 宏来实现逆过程，即组合主设备号和次设备号而获得 dev_t 类型设备号。

分配设备号有静态和动态的两种方法。静态分配（register_chrdev_region()函数）是指在事先知道设备主设备号的情况下，通过参数函数指定第一个设备号（它的次设备号通常为 0）而向系统申请分配一定数目的设备号。动态分配（alloc_chrdev_region()函数）是指通过参数仅设置第一个次设备号（通常为 0，事先不会知道主设备号）和要分配的设备数目而系统动态分配所需的设备号。通过 unregister_chrdev_region()函数释放已分配的（无论是静态的还是动态的）设备号。

它们的函数格式见表 4.2.3。

表 4.2.3　设备号分配与释放函数语法要点

所需头文件	#include <linux/fs.h>
函数原型	int register_chrdev_region (dev_t first,unsigned int count, char *name) int alloc_chrdev_region (dev_t *dev,unsigned int firstminor,unsigned int count, char *name) void unregister_chrdev_region (dev_t first,unsigned int count)
函数传入值	first：要分配的设备号的初始值 count：要分配（释放）的设备号数目 name：要申请设备号的设备名称（在/proc/devices 和 sysfs 中显示） dev：动态分配的第一个设备号
函数返回值	成功：0（只限于两种注册函数）
	出错：-1（只限于两种注册函数）

（3）最新版本的字符设备注册

在 Linux 内核中使用 struct cdev 结构来描述字符设备，在驱动程序中必须将已分配到的设备号及设备操作接口（即为 struct file_operations 结构）赋予 struct cdev 结构变量。首先使用 cdev_alloc()函数向系统申请分配 struct cdev 结构，再用 cdev_init()函数初始化已分配到的结构并与 file_operations 结构关联起来。最后调用 cdev_add()函数将设备号与 struct cdev 结构进行关联并向内核正式报告新设备的注册，这样新设备可以被用起来了。

如果要从系统中删除一个设备，则要调用 cdev_del()函数。具体函数格式见表 4.2.4。

表 4.2.4　最新版本的字符设备注册

所需头文件	#include <linux/fs.h>
函数原型	sturct cdev *cdev_alloc(void) void cdev_init(struct cdev *cdev,struct file_operations *fops) nt cdev_add (struct cdev *cdev,dev_t num, unsigned int count) void cdev_del(struct cdev *dev)
函数传入值	cdev：需要初始化/注册/删除的 struct cdev 结构 fops：该字符设备的 file_operations 结构 num：系统给该设备分配的第一个设备号 count：该设备对应的设备号数量
函数返回值	成功： cdev_alloc：返回分配到的 struct cdev 结构指针 cdev_add：返回 0
	出错： cdev_alloc：返回 NULL cdev_add：返回 -1

（4）打开设备

打开设备的函数接口是 open，根据设备的不同，open()函数接口完成的功能也有所不同。但通常情况下，在 open()函数接口中要完成如下工作：

- 递增计数器，检查错误；
- 如果未初始化，则进行初始化；
- 识别次设备号，如果必要，更新 f_op 指针；
- 分配并填写被置于 filp→private_data 的数据结构。

其中，递增计数器是用于设备计数的。由于设备在使用时通常会打开多次，也可以由不同的进程所使用，所以若有一进程想要删除该设备，则必须保证其他设备没有使用该设备。因此，使用计数器就可以很好地完成这项功能。

（5）释放设备

释放设备的函数接口是 release()。要注意释放设备和关闭设备是完全不同的。当一个进程释放设备时，其他进程还能继续使用该设备，只是该进程暂时停止对该设备的使用；而当一个进程关闭设备时，其他进程必须重新打开此设备才能使用它。

释放设备时要完成的工作如下：

- 递减计数器 MOD_DEC_USE_COUNT（最新版本已经不再使用）；
- 释放打开设备时系统所分配的内存空间（包括 filp→private_data 指向的内存空间）；
- 在最后一次释放设备操作时关闭设备。

（6）读/写设备

读/写设备的主要任务就是把内核空间的数据复制到用户空间，或者从用户空间复制到内核空间，也就是将内核空间缓冲区里的数据复制到用户空间的缓冲区中或者相反。这里首先解释一个 read()和 write()函数的入口函数，见表 4.2.5。

表 4.2.5　read()、write()函数接口语法要点

所需头文件	#include <linux/fs.h>
函数原型	ssize_t (*read) (struct file *filp,char *buff,size_t count,loff_t *offp) ssize_t (*write) (struct file *filp,const char *buff,size_t count,loff_t *offp)
函数传入值	filp：文件指针
	buff：指向用户缓冲区
	count：传入的数据长度
	offp：用户在文件中的位置
函数返回值	成功：写入的数据长度

内核空间地址和用户空间地址是有很大区别的，其中一个区别是用户空间的内存是可以被换出的，因此可能会出现页面失效等情况。所以不能使用诸如 memcpy()之类的函数来完成这样的操作。在这里要使用 copy_to_user()或 copy_from_user()等函数，它们是用来实现用户空间和内核空间的数据交换的。copy_to_user()函数和 copy_from_user()函数的格式见表 4.2.6。

表 4.2.6　copy_to_user()函数和 copy_from_user()函数语法要点

所需头文件	#include <asm/uaccess.h>
函数原型	unsigned long copy_to_user(void *to,const void *from,unsigned long count) unsigned long copy_from_user(void *to,const void *from,unsigned long count)
函数传入值	to：数据目的缓冲区
	from：数据源缓冲区
	count：数据长度
函数返回值	成功：写入的数据长度
	失败：-EFAULT

（7）ioctl()函数

大部分设备除了读/写操作，还需要硬件配置和控制（例如，设置串口设备的波特率）等很多其他操作。在字符设备驱动中，ioctl()函数接口给用户提供对设备的非读/写操作机制。ioctl()函数接口的具体格式见表 4.2.7。

表 4.2.7　ioctl()函数接口语法要点

所需头文件	#include <linux/fs.h>
函数原型	int(*ioctl)(struct inode* inode,struct file* filp,unsigned int cmd,unsigned long arg)
函数传入值	inode：文件的内核内部结构指针
	filp：被打开的文件描述符
	cmd：命令类型
	arg：命令相关参数

4.3　GPIO 驱动程序实例

4.3.1　LED 灯实验

【实验目的】

（1）熟悉 Linux 驱动实验原理；

（2）掌握 Linux 驱动加载和运行。

【实验设备】

（1）FS4412 开发板；

（2）USB 转串口下载线；

（3）计算机。

【实验内容】

编写 LED 驱动程序，在内核中编译成 ko 库文件，动态加载此驱动程序库。编写应用程序，调用此驱动函数驱动 LED 点亮或熄灭。

【实验原理】

如图 4.3.1 所示，LED 分别由 4 个 GPIO 口控制亮灭，实际控制 LED 灯亮灭就是控制 GPIO 的输出状态，见表 4.3.1。

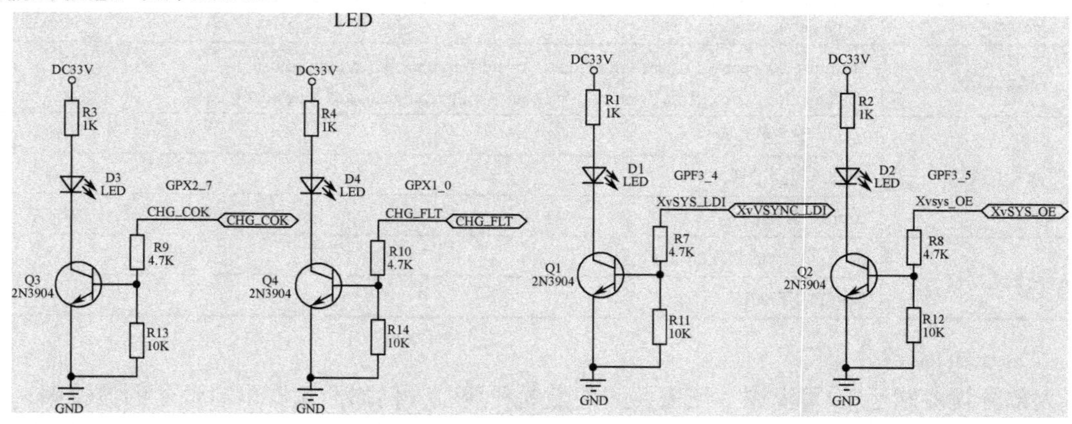

图 4.3.1　LED 驱动电路

表 4.3.1　LED 对应 GPIO 口

LED	对应的 I/O 寄存器名称
LED1	GPF3_4
LED2	GPF3_5
LED3	GPX2_7
LED4	GPX1_0

【实验步骤】

（1）实现 Windows 与 Ubuntu 下文件共享

单击“管理→虚拟机设置”命令，弹出“虚拟机设置”对话框，在“选项”页面单击“共享文件夹”项，勾选“总是启用”项，单击“添加”按钮，弹出“浏览文件夹”对话框，单击“Share”选项，单击“确定”按钮。如图 4.3.2、图 4.3.3 和图 4.3.4 所示。

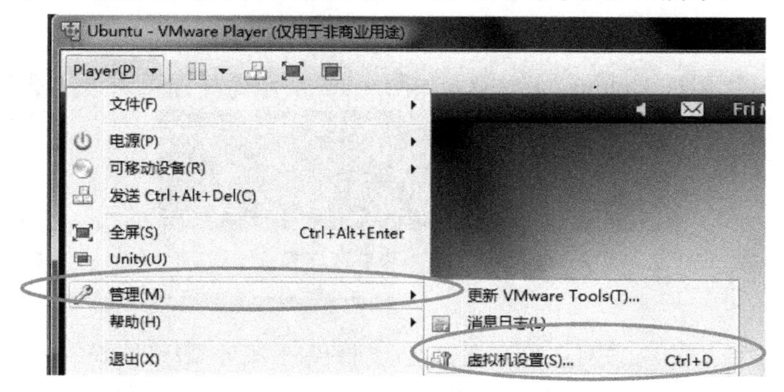

图 4.3.2　Windows 与 Ubuntu 下文件共享设置

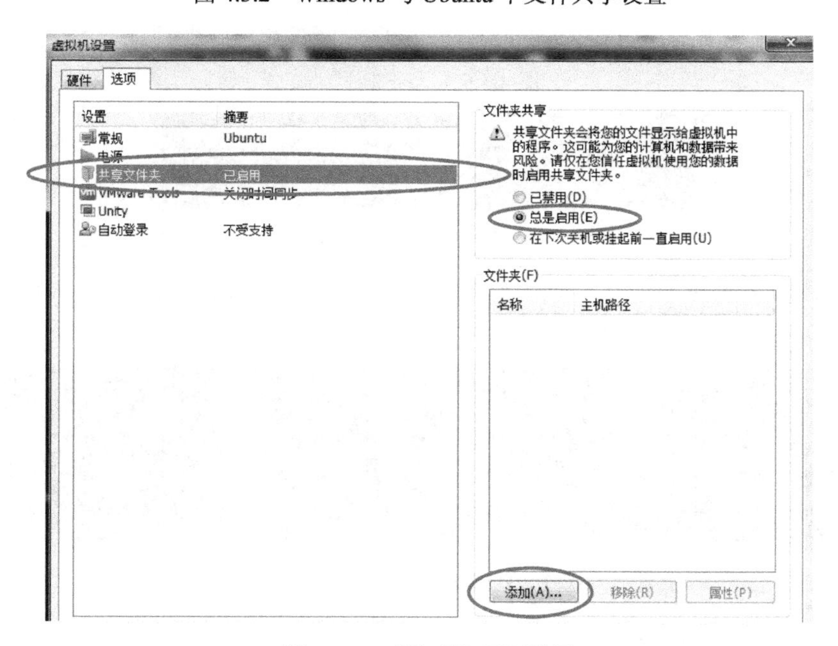

图 4.3.3　“选项”页面设置

图 4.3.4　浏览文件夹

添加完成之后，可以在 Ubuntu 终端输入如图 4.3.5 所示命令即可进入所选的共享文件夹。

```
gec@ubuntu:~$ cd /mnt/hgfs/
gec@ubuntu:/mnt/hgfs$ ls
share
gec@ubuntu:/mnt/hgfs$
```

图 4.3.5　进入共享文件夹

（2）编译环境准备

将“基于嵌入式系统的物联网实验开发光盘/实验代码/第 4 章/移植好的内核源码”路径下的压缩文件 Linux-3.14-fs4412.tar.xz 复制到共享文件夹下，如图 4.3.6 和图 4.3.7 所示。

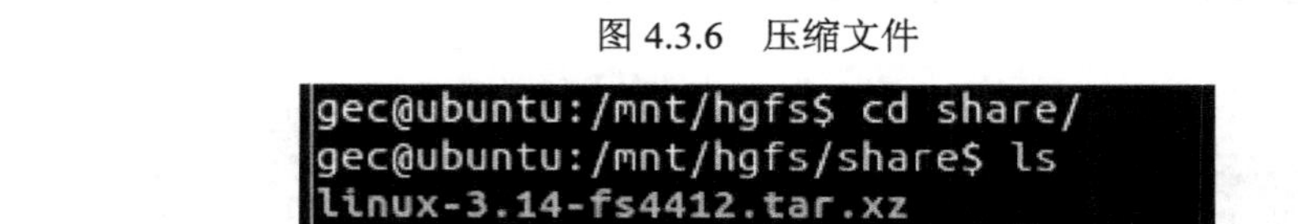

图 4.3.6　压缩文件

```
gec@ubuntu:/mnt/hgfs$ cd share/
gec@ubuntu:/mnt/hgfs/share$ ls
linux-3.14-fs4412.tar.xz
```

图 4.3.7　共享文件夹下压缩文件

复制内核源码到 home 目录下，切换到 home 目录（不要在共享文件夹下编译内核源码），如图 4.3.8 所示。

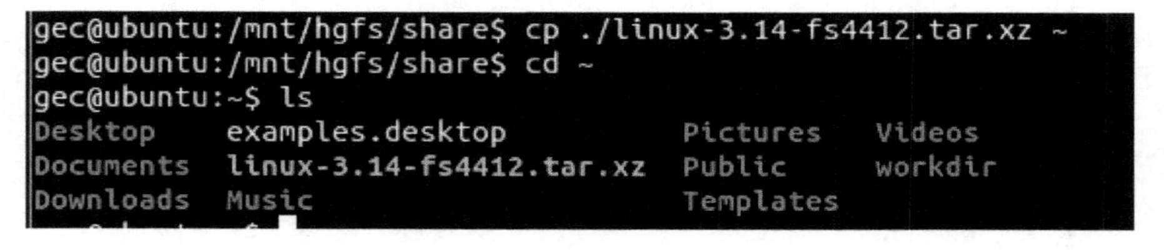

gec@ubuntu:/mnt/hgfs/share$ cp ./linux-3.14-fs4412.tar.xz ~
gec@ubuntu:/mnt/hgfs/share$ cd ~
gec@ubuntu:~$ ls
Desktop
examples.desktop
Pictures
Videos
Documents
linux-3.14-fs4412.tar.xz
Public
workdir
Downloads
Music
Templates

图 4.3.8　切换到 home 目录

解压内核源码，如图 4.3.9 所示。

```
gec@ubuntu:~$ tar xvf linux-3.14-fs4412.tar.xz
```

图 4.3.9　解压内核文件

进入源码目录，编译内核源码，如图 4.3.10 所示。

```
gec@ubuntu:~$ cd linux-3.14-fs4412/
gec@ubuntu:~/linux-3.14-fs4412$ ls
arch       Documentation    init     MAINTAINERS     REPORTING-BUGS  usr
block      drivers          ipc      Makefile        samples         virt
build.sh   firmware         Kbuild   mm              scripts
COPYING    fs               Kconfig  Module.symvers  security
CREDITS    fs4412_defconfig kernel   net             sound
crypto     include          lib      README          tools
gec@ubuntu:~/linux-3.14-fs4412$ make uImage
```

图 4.3.10　编译内核源码

如果编译成功，则出现如图 4.3.11 所示信息。

```
  Kernel: arch/arm/boot/Image is ready
  Kernel: arch/arm/boot/zImage is ready
  UIMAGE  arch/arm/boot/uImage
Image Name:   Linux-3.14.0
Created:      Sat Aug 30 12:13:19 2014
Image Type:   ARM Linux Kernel Image (uncompressed)
Data Size:    3027976 Bytes = 2957.01 kB = 2.89 MB
Load Address: 40008000
Entry Point:  40008000
  Image arch/arm/boot/uImage is ready
```

图 4.3.11　编译成功信息

（3）编译驱动程序及应用程序源码

将“基于嵌入式系统的物联网实验开发光盘/实验代码/第 4 章”路径下的 fs4412_led 文件复制到共享文件夹下，如图 4.3.12 和图 4.3.13 所示。

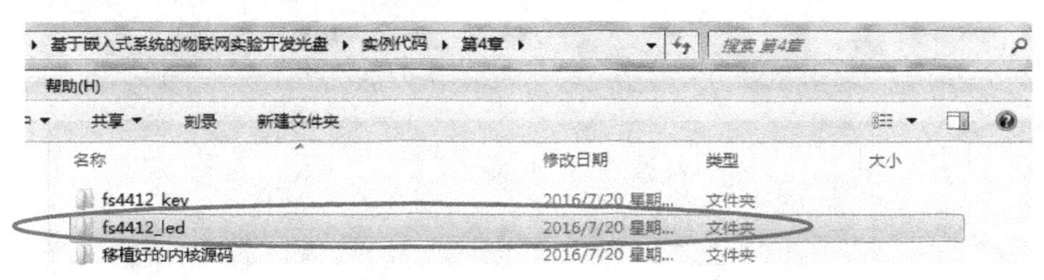

图 4.3.12　LED 实例源码

```
gec@ubuntu:~$ cd /mnt/hgfs/share/
gec@ubuntu:/mnt/hgfs/share$ ls
fs4412_led  linux-3.14-fs4412.tar.xz
```

图 4.3.13　共享文件夹下 LED 实例源码

进入“fs4412_led/fs4412_led_dev”目录，如图 4.3.14 所示。

```
gec@ubuntu:/mnt/hgfs/share$ cd fs4412_led/
gec@ubuntu:/mnt/hgfs/share/fs4412_led$ ls
fs4412_led_app  fs4412_led_dev
gec@ubuntu:/mnt/hgfs/share/fs4412_led$ cd fs4412_led_dev/
gec@ubuntu:/mnt/hgfs/share/fs4412_led/fs4412_led_dev$ ls
fs4412_led.c  fs4412_led.h  Makefile
gec@ubuntu:/mnt/hgfs/share/fs4412_led/fs4412_led_dev$
```

图 4.3.14　进入 fs4412_led/fs4412_led_dev 目录

修改 makefile 文件第 3、4 行，如图 4.3.15 所示。

```
gec@ubuntu: ~/workdir/driver/fs4412_led
 1 ifeq ($(KERNELRELEASE),)
 2
 3 KERNELDIR ?= /home/linux/linux-3.14-fs4412/
 4 #KERNELDIR ?= /lib/modules/$(shell uname -r)/build
 5 PWD := $(shell pwd)
 6
 7 modules:
 8         $(MAKE)    $(KERNELDIR)   $(PWD)
 9
10 modules_install:
11         $(MAKE)    $(KERNELDIR)   $(PWD)
12
13 clean:
14
15
16 .PHONY: modules modules_install clean
17
18 else
19     obj-m := fs4412_led.o
20 endif
~
~
"Makefile" 20L, 418C                                   1,1        All
```

图 4.3.15　修改 makefile 文件

修改内核源码的路径和交叉编译工具链，如图 4.3.16 所示。

```
gec@ubuntu: /mnt/hgfs/share/fs4412_led/fs4412_led_dev
 1 ifeq ($(KERNELRELEASE),)
 2
 3 KERNELDIR ?= /home/gec/linux-3.14-fs4412/
 4 #KERNELDIR ?= /lib/modules/$(shell uname -r)/build
 5 PWD := $(shell pwd)
 6
 7 modules:
 8         $(MAKE)    $(KERNELDIR)   $(PWD)
 9
10 modules_install:
11         $(MAKE)    $(KERNELDIR)   $(PWD)
12
13 clean:
14
15
16 .PHONY: modules modules_install clean
17
18 else
19     obj-m := fs4412_led.o
20 endif
~
~
-- INSERT --                                            3,42       All
```

图 4.3.16　修改内核源码的路径和交叉编译工具链

保存退出。执行 make 命令编译源码，如图 4.3.17 所示。

```
gec@ubuntu:/mnt/hgfs/share/fs4412_led/fs4412_led_dev$ make
```

图 4.3.17　执行 make 命令

查看生成的 ko 文件，如图 4.18 所示。

```
gec@ubuntu:/mnt/hgfs/share/fs4412_led/fs4412_led_dev$ ls
fs4412_led.c  fs4412_led.ko     fs4412_led.mod.o  Makefile       Module.symvers
fs4412_led.h  fs4412_led.mod.c  fs4412_led.o      modules.order
gec@ubuntu:/mnt/hgfs/share/fs4412_led/fs4412_led_dev$
```

图 4.3.18　生成 ko 文件

进入 fs4412_led_app 目录，编译应用程序源码，如图 4.3.19 所示。

```
gec@ubuntu:/mnt/hgfs/share/fs4412_led/fs4412_led_dev$ cd ../
gec@ubuntu:/mnt/hgfs/share/fs4412_led$ cd fs4412_led_app/
gec@ubuntu:/mnt/hgfs/share/fs4412_led/fs4412_led_app$ ls
led.c
gec@ubuntu:/mnt/hgfs/share/fs4412_led/fs4412_led_app$ arm-linux-gcc led.c -o led
```

图 4.3.19　编译应用程序源码

生成可执行文件，如图 4.3.20 所示。

```
gec@ubuntu:/mnt/hgfs/share/fs4412_led/fs4412_led_app$ ls
led  led.c
gec@ubuntu:/mnt/hgfs/share/fs4412_led/fs4412_led_app$
```

图 4.3.20　生成可执行文件

（4）把驱动文件及可执行应用文件下载到实验箱

用 USB 转串口线把实验箱与 PC 相连，打开串口工具 SecureCRT，单击“文件→快速连接”命令，各选项选择如图 4.3.21 所示。

连接之后打开实验箱，如图 4.3.22 所示。

使用“rz”命令下载之前所生成的.ko 文件到实验箱，如图 4.3.23 所示。

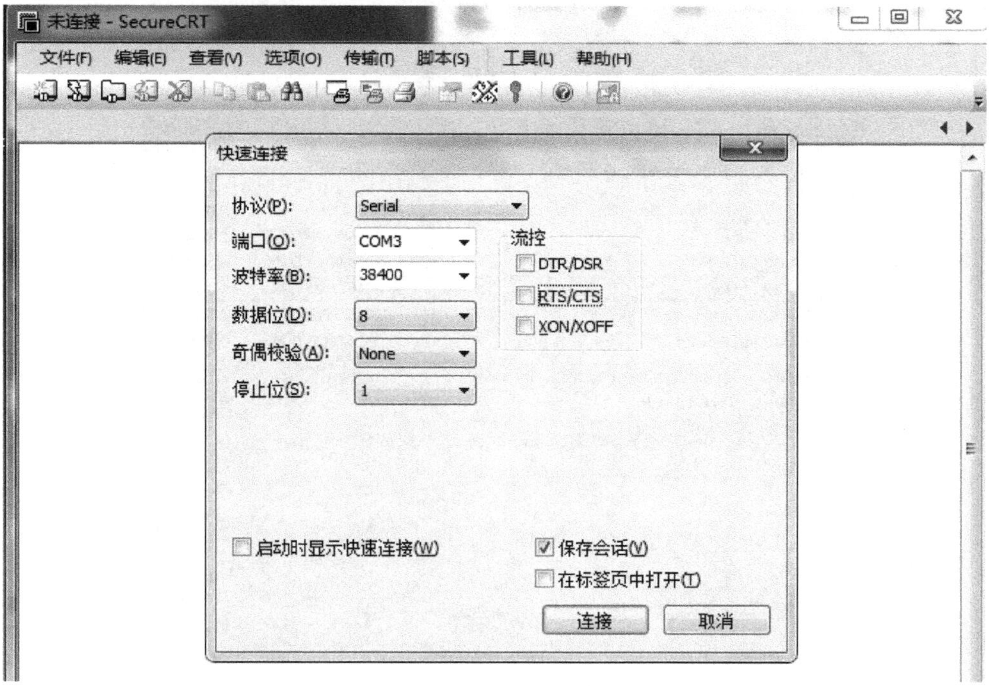

图 4.3.21　串口工具连接设置

同样，使用“rz”命令下载之前所生成的 led 文件到实验箱。

修改 ko 文件权限，如图 4.3.24 所示。

（5）加载驱动，并执行应用程序

如图 4.3.25 所示，执行之后，可以看到 4 个 LED 间隔闪烁。

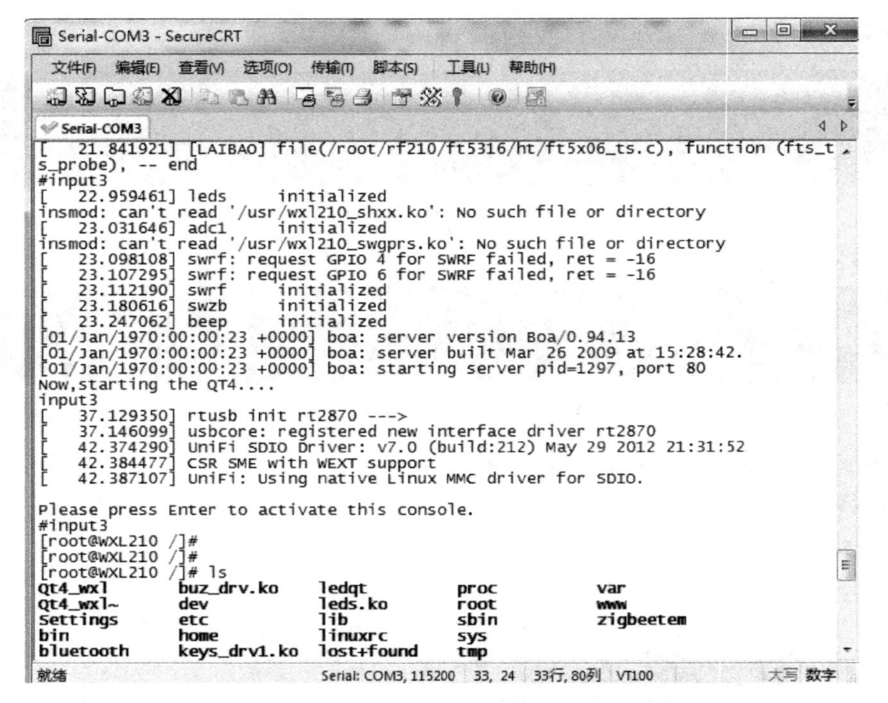

图 4.3.22　连接实验箱

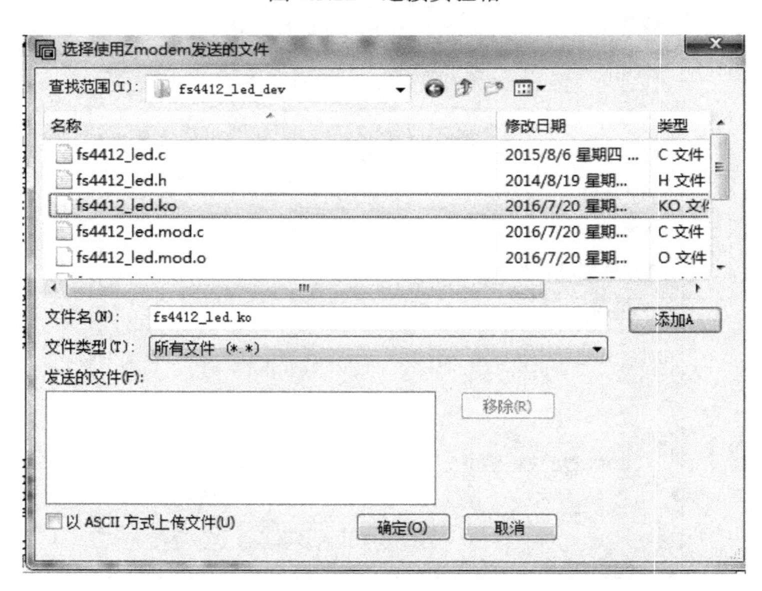

图 4.3.23　下载文件

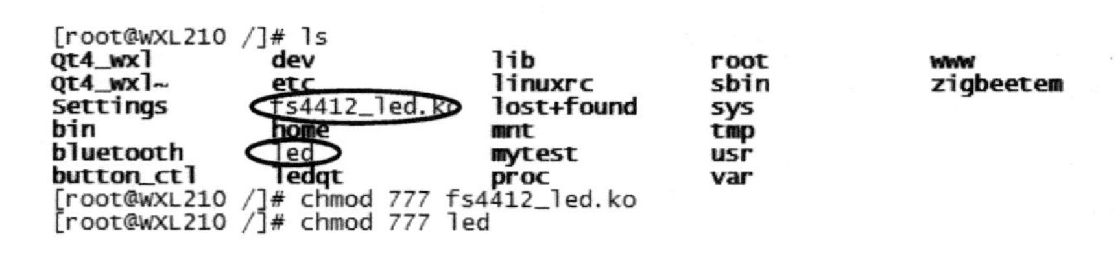

图 4.3.24　修改权限

```
# insmod fs4412_led.ko
# mknod /dev/led c 500 0
# ./test
```

图 4.3.25　加载驱动，执行应用程序

☞ 小练习

编写驱动程序和应用程序，实现 LED 流水灯功能。

4.3.2　按键驱动实例

【实验目的】

（1）熟悉 Linux 驱动实验原理；

（2）掌握 Linux 驱动加载和运行；

（3）利用按键驱动的编写掌握 Linux 下中断的实现。

【实验设备】

（1）FS4412 开发板；

（2）USB 转串口下载线；

（3）计算机。

【实验内容】

编写按键驱动程序，在内核中编译成 ko 库文件，动态加载此驱动程序库。编写应用程序调用此驱动函数采集按键值。

【实验原理】

如图 4.3.26 所示，3 个按键 K2，K3，K4 分别对应 3 个 GPIO，且 GPIO 与中断复用。当按键没有按下时 GPIO 处于高电平，当按键按下时 GPIO 处于低电平，所以本例将 GPIO 设置为中断功能，当按键按下时下降沿触发中断，CPU 通过中断确定按键状态。

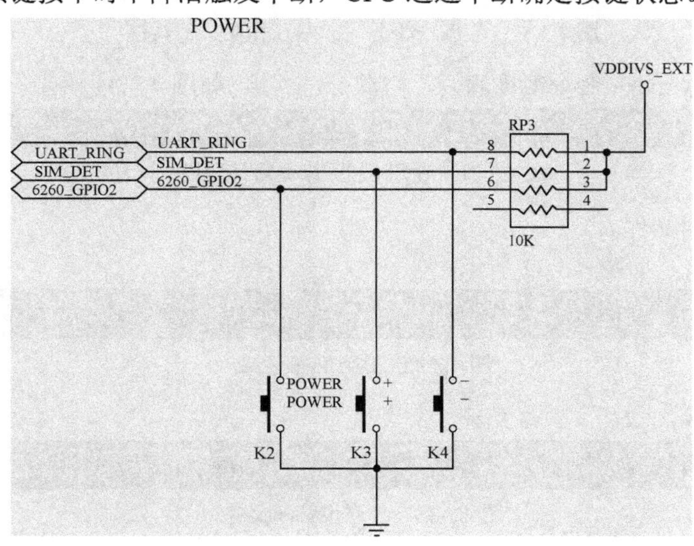

图 4.3.26　按键驱动电路

【实验步骤】

（1）编译生成驱动文件（参照 4.3.1 节实验步骤）

将“基于嵌入式系统的物联网实验开发光盘/实验代码/第 4 章”路径下的 fs4412_key 文件复制到共享文件夹下，如图 4.3.27 和图 4.3.28 所示。

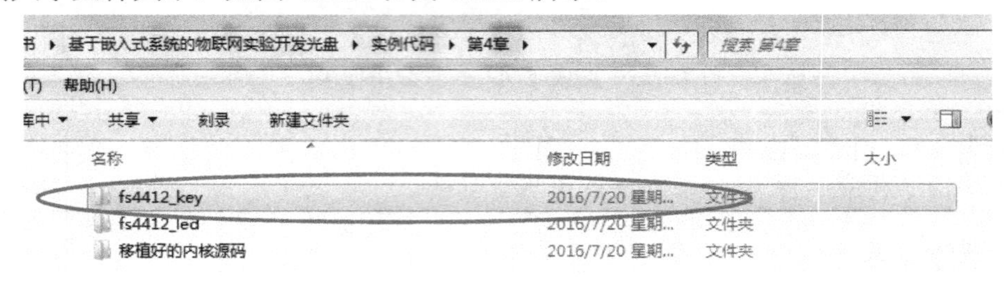

图 4.3.27　按键实验源码文件

```
gec@ubuntu: /mnt/hgfs/share/fs4412_key
gec@ubuntu:~$ cd /mnt/hgfs/share/
gec@ubuntu:/mnt/hgfs/share$ ls
fs4412_key
gec@ubuntu:/mnt/hgfs/share$ cd fs4412_key/
gec@ubuntu:/mnt/hgfs/share/fs4412_key$ ls
fs4412_key.c  Makefile
```

图 4.3.28　共享文件夹下按键实验源码文件

修改 makefile 文件的第 3，4 行，如图 4.3.29 所示。

```
3 KERNELDIR ?= /home/linux/linux-3.14-fs4412/
4 #KERNELDIR ?= /lib/modules/$(shell uname -r)/build
```

图 4.3.29　修改 makefile 文件

修改内核源码的路径和交叉工具链，如图 4.3.30 所示。

```
3 KERNELDIR ?= /home/gec/linux-3.14-fs4412/
4 #KERNELDIR ?= /lib/modules/$(shell uname -r)/build
```

图 4.3.30　修改内核源码的路径和交叉工具链

保存退出。执行 make 命令编译源码，生成 ko 文件，如图 4.3.31 所示。

```
gec@ubuntu:/mnt/hgfs/share/fs4412_key$ make
```

图 4.3.31　使用 make 命令编译源码

（2）修改设备树文件

进入 Linux 内核，如图 4.3.32 所示。

```
gec@ubuntu:/mnt/hgfs/share/fs4412_key$ cd ~/linux-3.14-fs4412/
gec@ubuntu:~/linux-3.14-fs4412$
```

图 4.3.32　进入内核目录

打开设备树文件，如图 4.3.33 所示。

```
gec@ubuntu:/mnt/hgfs/share/fs4412_key$ cd ~/linux-3.14-fs4412/
gec@ubuntu:~/linux-3.14-fs4412$ vi arch/arm/boot/dts/exynos4412-fs4412.dts
```

图 4.3.33　打开设备树文件

添加如下内容，如图 4.3.34 所示。

重新编译设备树文件，并复制到/tftpboot 目录下，如图 4.3.35 和图 4.3.36 所示。

```
fs4412-key{
        compatible = "fs4412,key";
        interrupt-parent = <&gpx1>;
        interrupts = <1 2>, <2 2>;
};
```

图 4.3.34　添加内容

```
gec@ubuntu:~/linux-3.14-fs4412$ make dtbs
```

图 4.3.35　重新编译设备树文件

```
gec@ubuntu:~/linux-3.14-fs4412$
gec@ubuntu:~/linux-3.14-fs4412$ cp arch/arm/boot/dts/exynos4412-fs4412.dtb  /tftpboot
```

图 4.3.36　复制设备树文件/tftpboot 目录下

（3）下载并执行代码

参照 4.3.1 节步骤，启动开发板，并把 ko 文件下载到开发板，修改权限，并加载驱动。

加载驱动后屏幕会显示“match OK”的字样，否则说明设备树修改错误或设备树文件没有被正确加载，如图 4.3.37 所示。

```
[root@farsight ]# insmod fs4412_key.ko
[  107.725000] match OK
```

图 4.3.37　正确加载驱动

连续按下按键 K2 和 K3，屏幕会打印出按键对应的中断号，如图 4.3.38 所示。

```
[root@farsight ]# insmod fs4412_key.ko
[  107.725000] match OK
[root@farsight ]# [  112.745000] irqno = 168
[  114.005000] irqno = 169
[  114.570000] irqno = 168
[  115.180000] irqno = 169
[  115.695000] irqno = 168
[  115.835000] irqno = 168
[  116.215000] irqno = 169
[  116.640000] irqno = 168
[  117.095000] irqno = 169
```

图 4.3.38　运行结果

☞ **小练习**

编写驱动程序和应用程序，实现一个按键控制一盏灯的亮灭功能。

第5章 物联网应用开发

前面的章节已经学习了 Linux 相关基础操作及嵌入式 Linux 下 C 编程，打下了一定的编程基础，本章将正式进入物联网应用开发相关学习。本章将详细介绍物联网无线传输的几种方式。

本章学习目标：

- 理解无线传感网络的概念；
- 了解相关传感器的原理；
- 掌握 STM32 网关平台技术；
- 掌握 ZigBee 下数据传输技术；
- 掌握蓝牙下数据传输技术；
- 掌握 IPv6 协议传输技术；
- 掌握 WiFi 下数据传输技术；
- 掌握 GPRS 的使用。

5.1 无线传感网络

5.1.1 无线传感网络概述

1. 定义

无线传感网络是无线 Ad hoc 网络的一个重要分支，是随着微机电系统、无线通信和数字电子技术的迅速发展而出现的一种新的信息获取和处理模式。它是由随机分布的集成传感器、数据处理单元和通信模块的微小节点通过自组织的方式构成的网络，借助于节点中内置的形式多样的传感器测量所在周边环境中的热、红外、声呐、雷达和地震波信号，从而探测包括温度、湿度、噪声、光强、压力、土壤成分、移动物体的大小、速度和方向等众多人们感兴趣的物质现象，实现对所在环境的监测。

无线传感网络的定义是：大量的静止或移动的传感器以自组织和多跳的方式构成的无线网络，其目的是协同地感知、采集、处理和传输网络覆盖地地理区域内感知对象和监测信息，并报告给用户。

在这个定义中，传感器网络实现了数据采集、处理和传输的 3 种功能，而这正对应着现代信息技术的 3 大基础技术，即传感器技术、计算机技术和通信技术。它们分别构成了信息系统的“感官”、“大脑”和“神经”三大部分。因此说无线传感网络正是这 3 种技术的结合，可以构成一个独立的现代信息系统。

2. 无线传感网络的组成

无线传感网络系统的组成如图 5.1.1 所示。检测区域中随机分布着大量的传感器节点，这些节点以自组织的方式构成网络结构。每个节点既有数据采集又有路由功能，采集数据经过多跳传递给汇聚节点，连接到互联网。在网络的任务管理节点对信息进行管理、分类、处理，最后供用户进行集中处理。

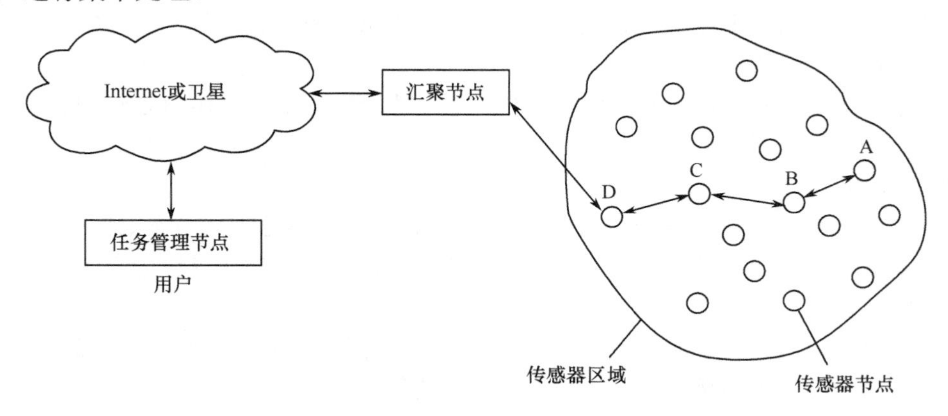

图 5.1.1 无线传感网络的组成

3. 传感器网络的常用逻辑结构图

传感器通过无线链路和无线接口模块，向监控主机发送传感器数据，实现传感器网络的逻辑功能，如图 5.1.2 所示。

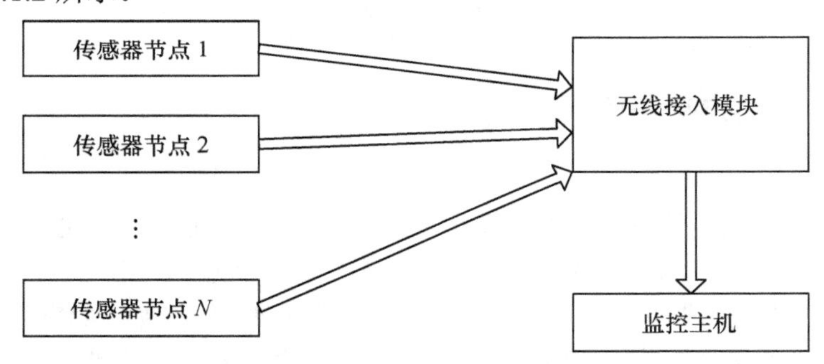

图 5.1.2 传感器网络的逻辑

① 传感器节点的处理器模块完成计算与控制功能，射频模块完成无线通信传输功能，传感器探测模块完成数据采集功能。传感器通常由电池供电，封装成完整的低功耗无线传感器网络终端。

② 网关节点只需要具有处理器模块和射频模块，通过无线方式接收探测终端发送来的数据信息，再传输给有线网络的 PC 或服务器。

③ 各种类型的低功耗网络终端节点可以构成星形拓扑结构或者混合型的 ZigBee 拓扑结构，有的路由节点还可以采用电源供电方式。

④ 当通信环境发生变化导致两个节点失效时，当前借助它们传输数据的其他节点将自动重新选择路由，保证在网络出现故障时能够实现自动愈合。

根据以上工作原理，通过这种自组网方式可以构建出传感器网络宏观系统的地面微系统。

5.1.2 无线传感网络的关键技术

1. 无线通信技术

节点的通信覆盖范围只有几十米到几百米，如何在有限的通信能力条件下完成感知数据的传输呢？无线通信技术是第一个关键技术。

2．低功耗

传感器节点采用电池供电，工作环境通常比较恶劣，一次部署终身使用，所以要更换电池就比较困难。如何节省电源、最大化网络生命周期呢？低功耗设计是第二个关键技术。

3．嵌入式操作系统

节点体积小，处理器和存储器性能有限，不允许进行复杂算法运算。因此，嵌入式操作系统设计是第三个关键技术。

4．路由协议

传感器网络作为一种自组织的动态网络，没有基站支撑，由于节点失效、新节点加入导致网络拓扑结构的动态性，需要自动愈合。多跳自组织的网络路由协议是第四个关键技术。

5．数据融合

传感器网络是以数据为中心的网络，用户感兴趣的是数据而不是网络和传感器硬件本身。如何建立以数据为中心的传感网络？数据融合方法是第五个关键技术。

6．安全性

由于网络攻击无处不在，安全性是传感器网络设计的重要问题，如何保护机密数据和防御网络攻击是第六个关键技术。

5.2 传感器技术

5.2.1 传感器技术的定义及作用

1．定义

现代信息技术的基础是信息的获取、传输和处理技术，即传感技术、通信技术和计算机技术，它们分别构成了信息技术系统的“感官”、“神经”和“大脑”。“感官”负责正确、迅速、高精度地获取对象的信息，“神经”负责快速准确的信息传递，“大脑”负责信息的综合、加工和处理等。传感技术是信息的获取技术，如果没有适当的传感技术，或者传感手段落后难以形成高精度高反应速度的信息获取，就不可能建立一个高效的控制系统。

凡接收外界刺激并能产生输出信号的设备即可定义为传感器。传感器是一种把物理量或者化学量转化成便于利用的电信号的硬件，国际电工委员会的定义为“传感器是测量系统中的一种前置部件，它将输入变量转化成可供测量的信号”。传感技术是关于从自然信源获取信息，并对之进行处理（变换）和识别的一门多学科交叉的现代科学与工程技术，它涉及传感器、信息处理和识别的规划设计、开发、制/建造、测试、应用、评价及改进等活动。传感器输出的信号具有不同的形式，例如电压、电流、频率、脉冲等，以满足信息的传输、处理、记录、显示和控制等要求。目前，一些传感器具有数字接口，其本质是传统传感器增加了A/D 转换及接口控制电路，在方便使用的同时保证信息可以较远距离的无损传输。

2．作用

传感器是测量装置和控制系统的重要组成部分。获取信息依靠各类传感器，如各种物理量、化学量和生物量的传感器。传感器的功能和品质决定了传感系统获取自然信息的数据量和质量，是高品质传感系统构造的关键因素之一。如果没有传感器对原始参数进行精确可靠的测量，那么无论是信号转换还是信息处理，或者数据的显示和控制，都将难以实现。可以说，没有精确可靠的传感器，就没有精确可靠的自动检测和控制系统。现代电子技术和电子计算机为信息转换与处理提供了先进的手段，使检测与控制技术发展到了崭新阶段。但是，如果没有各种精确可靠的传感器检测各种原始数据并提供真实的信息，电子计算机也无法发挥其应有的作用。

传感器把某种形式的能量转换成另一种形式的能量，根据供应情况可以将传感器分为两大类：有源传感器和无源传感器。有源传感器是将一种能量形式直接转变成另一种，不需要外接的能源或激励源；无源传感器不能直接转换能量形式，但是它能控制从另一输入端输入的能量或激励能，传感器承担着将某个对象或过程的特定特性转换成可度量的特性的工作。传感器的对象可以是固体、液体或者气体等，对象的状态可以是静止的，也可以是动态的（即过程）的。对象特性被转换量化后可以通过多种方式检测，对象的特性可以是物理性质的，也可以是化学性质的。传感器一般将对象特性或状态参数转化成可测定的电学量，然后将此电信号分离出来，送入传感器系统加以评价。

5.2.2 各类传感器介绍

1．光照传感器

光照传感器使用的是光敏电阻。光敏电阻又称光导管，常用的制作材料为硫化镉，另外还有硒、硫化铝、硫化铅等材料。这些制作材料具有在特定波长的光照下，其阻值迅速减小的特性。这是由于光照产生的载流子都参与导电，在外加电场的作用下产生漂移作用，电子奔向电源的正极，空穴奔向电源的负极，从而使光敏电阻器的阻值迅速下降。光敏电阻器一般用于光的测量、光的控制和光电转换（将光的变化转换成电的变化）。常用的硫化镉光敏电阻器，是由半导体材料制成的。光敏电阻器的阻值随入射光线（可见光）的强弱变化而变化。在黑暗条件下，阻值（暗阻）可达 1～10MΩ；在强光条件（100lx）下，阻值（亮阻）仅有几百到数千欧姆。光敏电阻器对光的敏感性（即光谱特性）与人眼对可见光响应很接近，只要人眼可感受光，都会引起它的阻值变化。

2．人体检测传感器

人体检测传感器使用的是热释电人体红外线感应模块。人体红外线感应模块是基于红外线技术的自动控制产品，灵敏度高，可靠性强，用于各类感应电器设备，适合干电池供电的电器产品；低电压工作模式，可方便与各类电路实现对接；尺度小，便于安装。人体红外线感应模块适用于广告机、感应水龙头、各类感应灯饰、感应玩具、感应排气扇、感应报警器和感应风扇等。这类传感器种类繁多，通常具有高响应、低噪声的特点。

人体红外线感应模块的主要技术参数如下。

① 工作电压：DC 5～20V。

② 电平输出：高 3.3V，待机时输出为 0V。

③ 延时时间：可制作范围零点几秒到十几分钟可调。

④ 封锁时间：可制作范围零点几秒到几十秒。

⑤ 触发方式：可重复触发。

⑥ 工作温度：–20℃～+60℃。

3．温度传感器

常用的温度传感器有 DS18B20。DS18B20 数字温度计提供 9 位（二进制）温度读数指示器件的温度信息经过单线接口送入 DS18B20 或从 DS18B20 送出，因此从主机 CPU 到 DS18B20 仅需一条线（和地线）。DS18B20 的电源可以由数据线本身提供而不需要外部电源，因为每一个 DS18B20 在出厂时已经给定了唯一的序号，因此任意多个 DS18B20 可以存放在同一条单线总线上，这允许在许多不同的地方放置温度敏感器件。DS18B20 的测量范围从−55℃到+125℃，增量值为 0.5℃，可在 1s（典型值）内把温度变换成数字。

4．湿度传感器

（1）湿度

湿度是指大气中的水蒸气含量，通常采用绝对湿度和相对湿度两种表示方法。绝对湿度是指在一定的湿度和压力条件下，每单位体积的混合气体中所含水蒸气的质量，一般用符号 RH（%）表示。相对湿度给出大气的潮湿程度，它是一个无量纲的量，在实际使用中多使用相对湿度这一概念。

（2）湿度传感器的特点

湿度传感器是能感受外界湿度变化，并通过器件材料的物理或化学性质变化，将湿度转化成有用信号的器件。湿度检测较之其他物理量的检测显得更困难，这首先是因为空气中水蒸气含量要比空气少得多；另外，液体水会使一些高分子材料和电解质材料溶解，一部分水分子电离后和溶入水中的空气中的杂质结合成酸或碱，使湿敏材料不同程度地受到腐蚀并老化，从而丧失原来的性质；再者，湿度信息的传递必须靠水对湿敏器件直接接触来完成，因此湿敏器件只能直接暴露于待检测环境中，不能密封。

5.2.3 传感器在物联网中的应用

传感器是物联网信息采集的基础。传感器处于产业链上游，在物联网发展之初受益较大；同时传感器又处在物联网金字塔的塔座，随着物联网的发展，传感器行业也将得到提升，它将是整个物联网产业中需求量最大的环节。

目前，我国传感器产业相对国外而言，还比较落后，尤其是在高端产品的需求上，大部分还依赖进口，即使这样，随着工业技术的发展，需求量还是很大。随着物联网“十二五”规划的出台，物联网在智能电网、交通运输、智能家居、智能农业等领域的应用正在慢慢地拓展，由此带来了传感器需求更加的庞大。

现在，汽车、物流、煤矿安监、安防的传感器市场增长较快。在汽车传感器市场上，由于汽车的需求急剧增加，带动传感器的销量也在快速上升，其潜在规模达 57 亿只，这个数量将是目前的 14 倍以上；物流传感器市场将是汽车行业的 2 倍左右；此外，安防行业也引起了人们的重视，“十二五”规划中我国安防行业产值年均增长 20%，传感器也将与其同步发展。

传感器技术领导者易转型为整体方案商，成长空间大，竞争力强，是投资的首选目标。在物联网战略下，传感器国产化需求迫切，作为物联网发展瓶颈，传感器成为整个产业链的优势环节，也代表了企业的核心竞争力。

5.3 网　　关

本章主要讲解物联网无线传感网络开发与实践，因此，主要使用到物联网综合实验箱（FS_WSN4412）中的 Cortex-M3 ARM 系统和各通信模块。下面是对 STM32 网关开发平台的相关介绍。

5.3.1 STM32 网关平台

1．简介

华清远见专门为物联网教学开发的 STM32 网关开发板（Cortex-M3 ARM 系统），基于 STM32F103 微控制器（ARM Cortex-M3 内核）。留出来 4 个 UART 接口，用于连接无线传输模块，可实现同时控制（接收）不同的无线模块设备（采集到的信息）。丰富的硬件资源及物联网相关实验程序，适合于物联网教学及工程师做研发参考平台。

2．硬件组成

开发板硬件资源如下：

- 处理器 STM32F103；
- 主频最高 72MHz，外接 12MHz 晶体；
- 256～512KB Flash；
- 64KB SRAM；
- 1 个 I^2C 接口的 256KB EEPROM；
- 1 个 SPI 接口的 256KB Flash；
- 1 个 MCU 片上的 UART 接口，通过板上的 USB 转换后可与 PC 或其他装置连接；
- 4 个扩展 UART 接口；
- *N* 个 ZigBee 模块；
- *N* 个 WiFi 模块；
- *N* 个 STM32W108(IPv6)；
- 1 个电源开关；
- 1 个复位键（Reset）；
- 4 个 10 引脚 SWD 调试接口；
- 2 个 ST-Link/V2 的仿真调试器；
- 2 个 SmartRF04EB 仿真器。

（1）STM32 网关开发平台最小系统

一个嵌入式处理器自己是不能独立工作的，必须给它供电、加上时钟信号、提供复位信号，如果芯片没有片内程序存储器，则还要加上存储器系统，然后嵌入式处理器芯片才可能工作。这些提供嵌入式处理器运行所必需的电路与嵌入式处理器共同构成了这个嵌入式处理器的最小系统，如图 5.3.1 所示。

（2）电源电路

STM32 网关开发平台使用 USB 供电方式，电源 IC 芯片采用 AS1117 可输出稳定电压。此芯片的输入范围 2.3～5.5V，主要输出稳定的 3.3V 电压给其他芯片供电，如图 5.3.2 所示。

（3）复位电路

FS_11C14 开发平台使用 CAT1025WI-30 复位芯片，外接去抖手动复位引脚 NRST，该引脚输入低电平将产生一个复位状态，引脚输出 200ms 的低电平使 MCU、OLED 屏和 JTAG 处于复位状态，如图 5.3.3 所示。

（4）SWD 接口电路

SWD 调试用到了 ST_TCK、SWDIO 和 NRST 引脚。其中 NRST 用来对各模块和 STM32 的 CPU 产生复位信号，如图 5.3.4 所示。

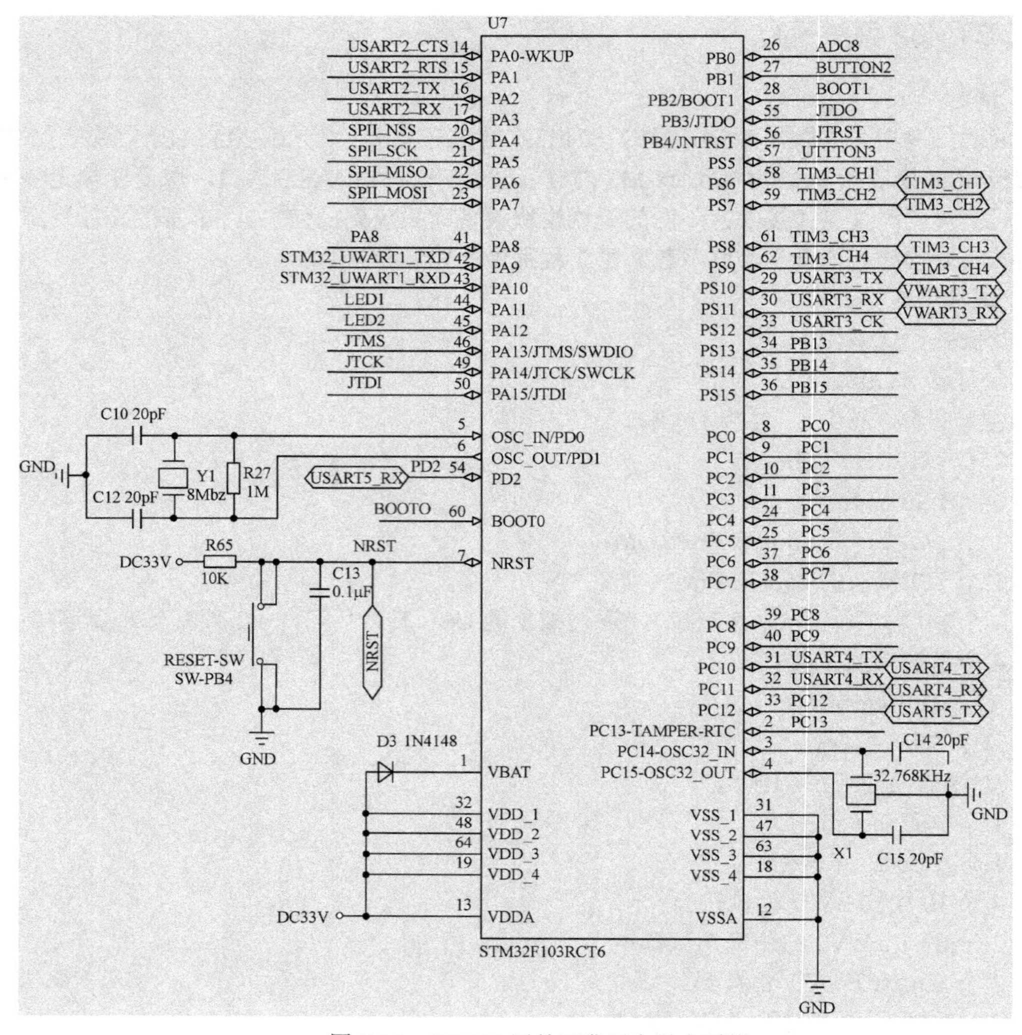

图 5.3.1　STM32 网关开发平台最小系统

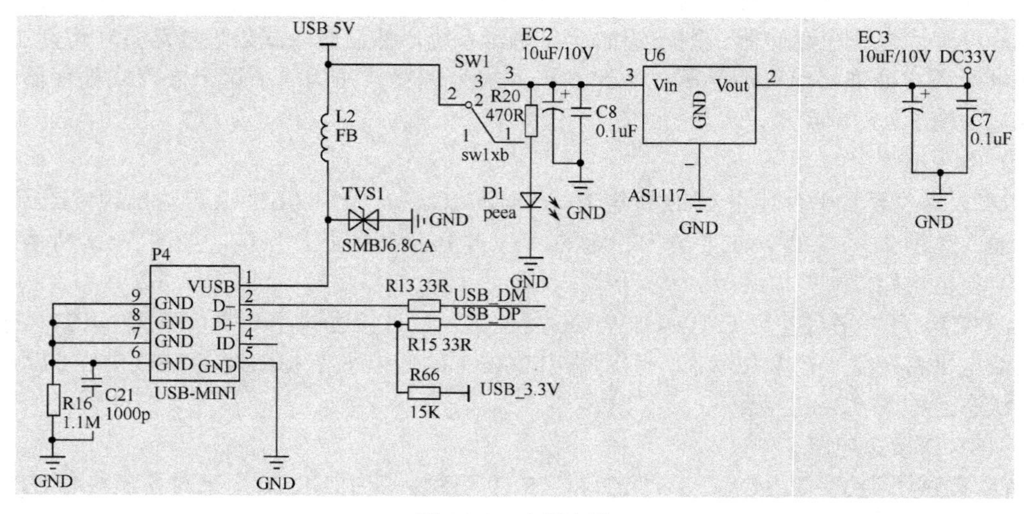

图 5.3.2　电源电路

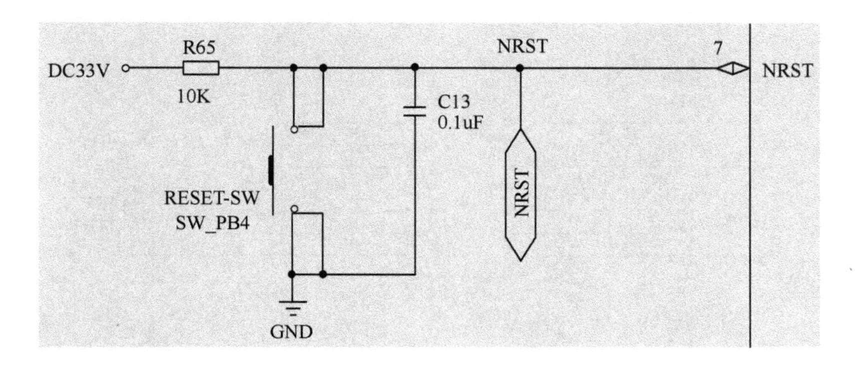

图 5.3.3　复位电路

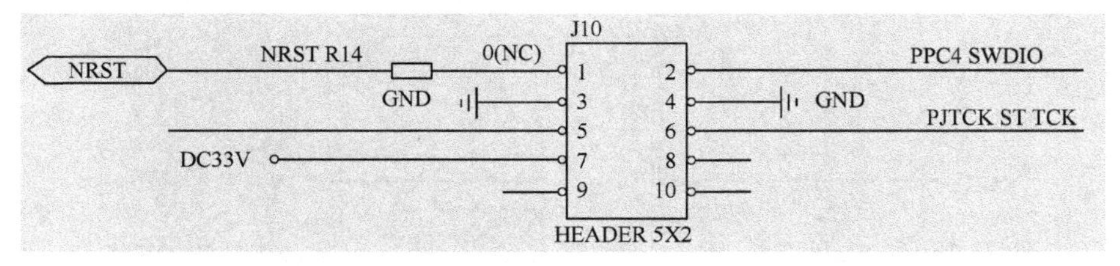

图 5.3.4　SWD 接口电路

（5）ZigBee 接口电路

此接口连接 ZigBee 模块，把 ZigBee 模块插入 J7 和 CON5 上，如图 5.3.5 所示。

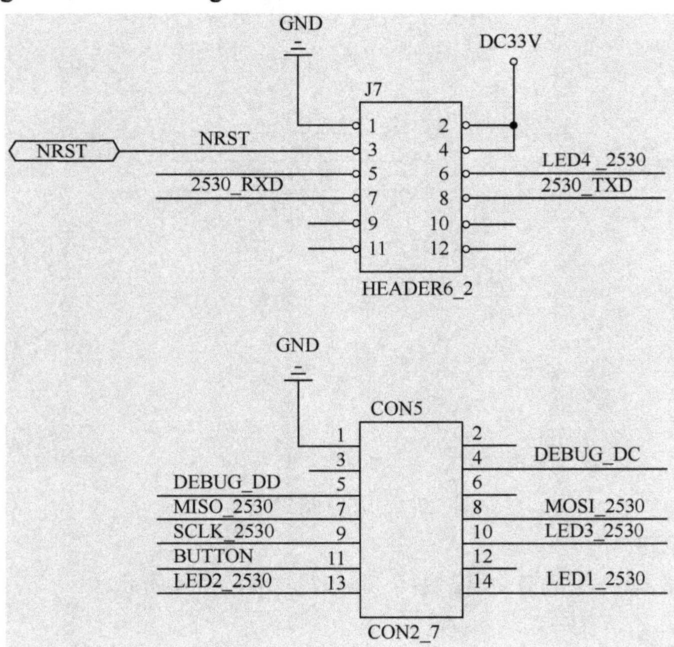

图 5.3.5　ZigBee 接口电路

（6）蓝牙 4.0 接口电路

此接口连接蓝牙 4.0 模块，把蓝牙 4.0 模块插入 P1 和 P2 上，如图 5.3.6 所示。

（7）WiFi 接口电路

此接口连接 WiFi 模块，把 WiFi 模块插入 J3 上，如图 5.3.7 所示。

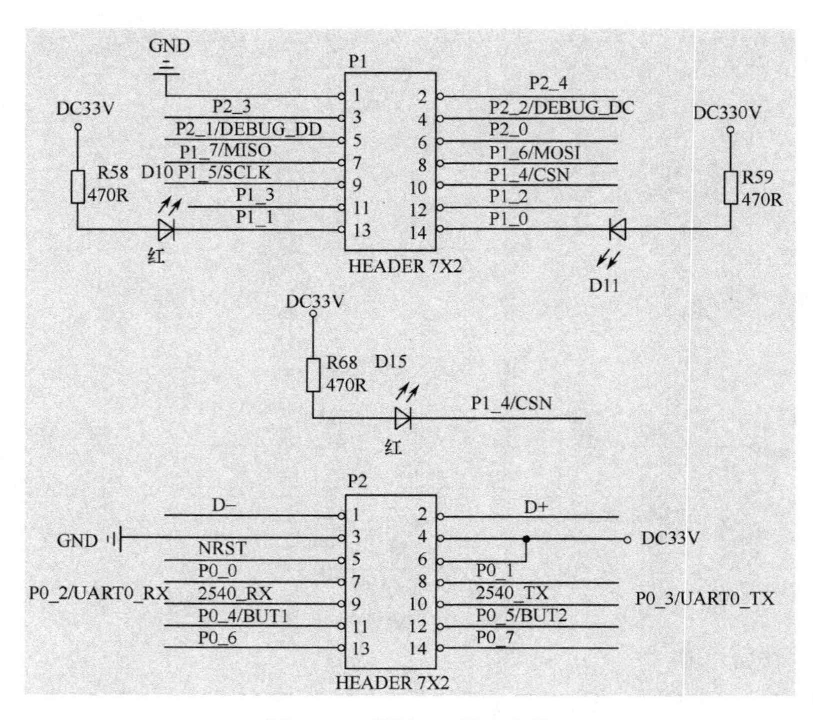

图 5.3.6　蓝牙 4.0 接口电路

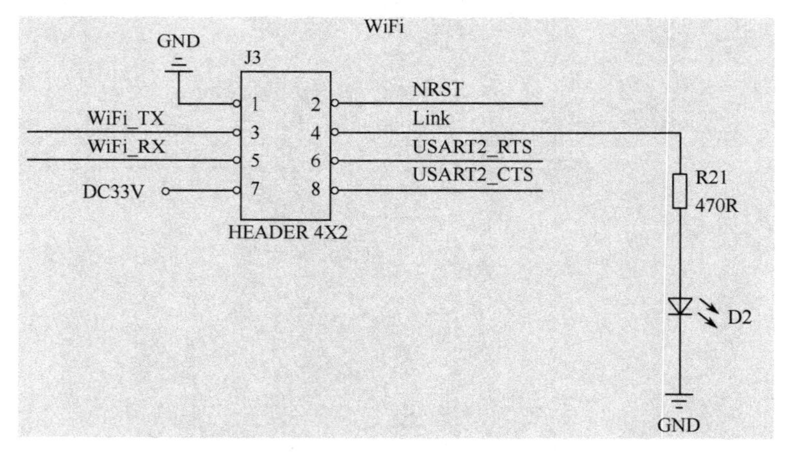

图 5.3.7　WiFi 接口电路

（8）IPv6 接口电路

此接口连接 IPv6 模块，把 IPv6 模块插入 U9，如图 5.3.8 所示。

5.3.2　M3 网关实验

M3 网关板使用的芯片是 STM32F103，其开发工具为官方的 MDK 软件。首先，在 PC 上安装好 MDK 集成开发环境，然后对编写的代码进行编译。若需将编译好的可执行程序下载到开发板上运行，则需先安装好驱动和烧写工具；若只需接收开发板返回的信息，则只需安装驱动即可。

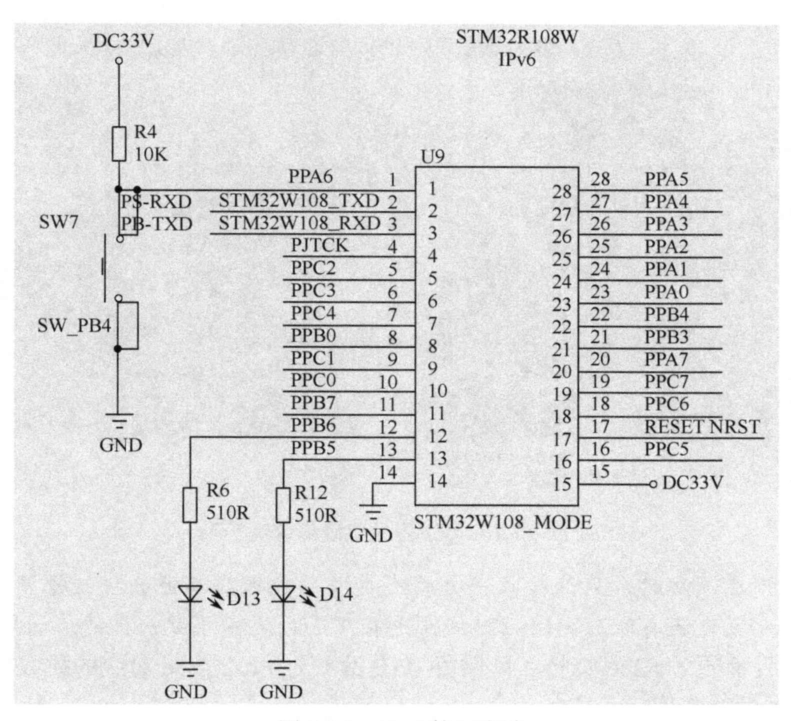

图 5.3.8　IPv6 接口电路

1. M3 网关板结构

（1）M3 网关跳线帽说明

如图 5.3.9 所示，用椭圆圈出的黑色跳线帽的位置，表示协调节点接收到无线数据会传给 STM32F103 进行处理。这种模式适用于网络拓扑图实验的 WiFi 模式和串口模式。

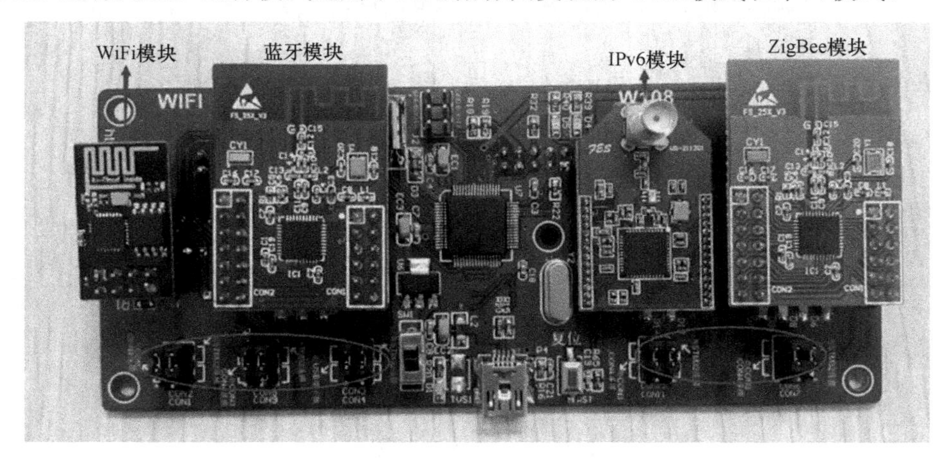

图 5.3.9　M3 网关跳线帽说明

如图 5.3.10 所示，用圆圈出的黑色跳线帽的位置，表示协调节点接收到无线数据不经过 STM32F103 进行处理，直接和 USB 接口相连。

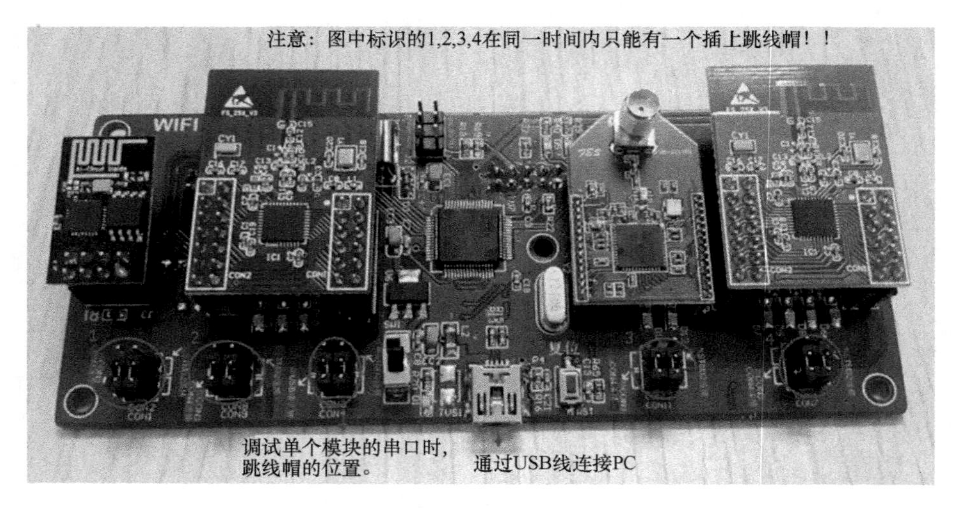

图 5.3.10　M3 网关跳线帽说明

注意：跳线帽在下面时，只能接收一种无线类型的数据，其他的跳线帽请取下来，保持 USB 的跳线帽在下面，还有对应网络的跳线帽也在下面。此模式做一种网络的单个实验时用。

如图 5.3.11 所示的 ZigBee 实验，只保留 USB 跳线帽和 ZigBee 对应的跳线帽在下面。

（2）M3 网关板的作用

M3 网关板的作用是采集各不同网络类型节点的数据汇集到 STM32FF103 的串口，经过接收处理通过 UART 或 WiFi 模式发送出去，4412 开发板（或平板电脑）可以通过串口或 WiFi 模式接收 M3 网关发送的数据。

图 5.3.11　M3 网关跳线帽说明

2．RealView MDK4.72a 中新建一个项目

要为某个目标系统开发一个新应用程序，必须首先新建一个项目工程。新建项目的具体步骤下面将详细介绍。μVision IDE 的工程开发流程与其他软件开发流程大体上相同。开发工具的开发大致流程如下：

① 新建一个工程，从设备库中选择目标芯片，配置编译器环境；

② 用 C 或汇编语言编写源文件；

③ 编译目标应用程序；

④ 修改源程序中的错误；

⑤ 测试链接应用程序。

3. 创建新项目工程

① 新建一个文件夹用于存放工程文件，此处文件名为“LED”，放在 E 盘（可自行选择）。

② 单击“Project→New μVision Project”命令，如图 5.3.12 所示。

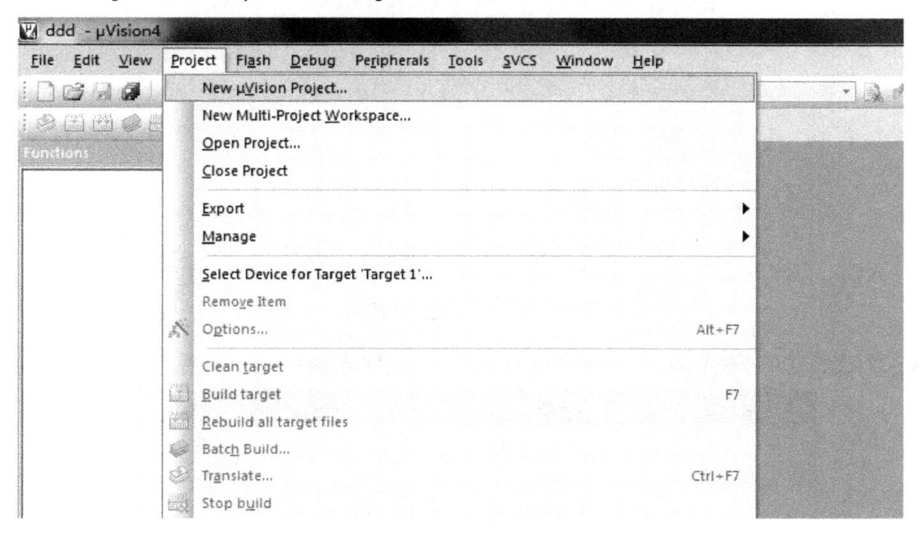

图 5.3.12　创建新项目工程

μVision 4 打开一个标准对话框，输入新建工程的名字“LED”，新项目工程保存在文件夹“LED”下，μVision 将会创建以 LED.uvproj 为名字的新工程文件，如图 5.3.13 所示。

图 5.3.13　输入新项目工程名字

单击“保存”按钮后，要求为工程选择一款对应处理器，此处选择 NXP（恩智浦）菜单下的 STM32F103RC，单击“OK”按钮，如图 5.3.14 所示。

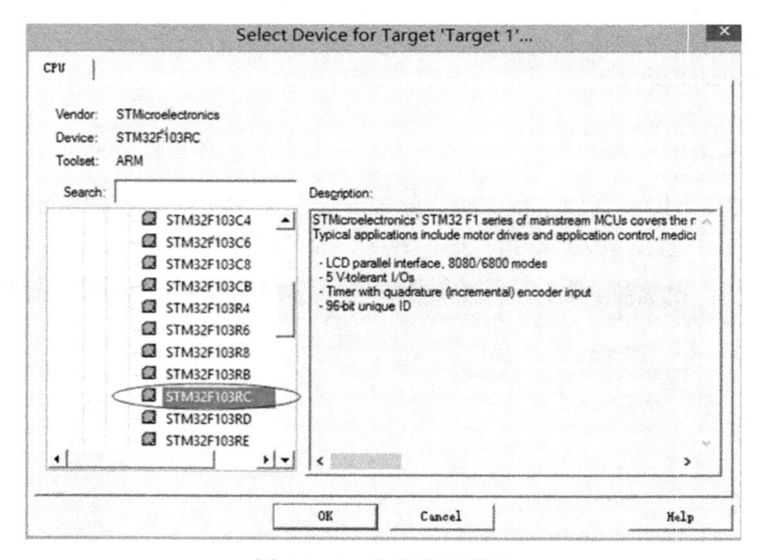

图 5.3.14　选择芯片型号

μVision 自动添加启动代码，单击“是”按钮，工程新建完毕，如图 5.3.15 所示。

图 5.3.15　添加启动代码

新工程包含一个默认的目标（Target）和文件组名。如图 5.3.16 所示，这些内容可在 Project Workspace 窗口中看到。

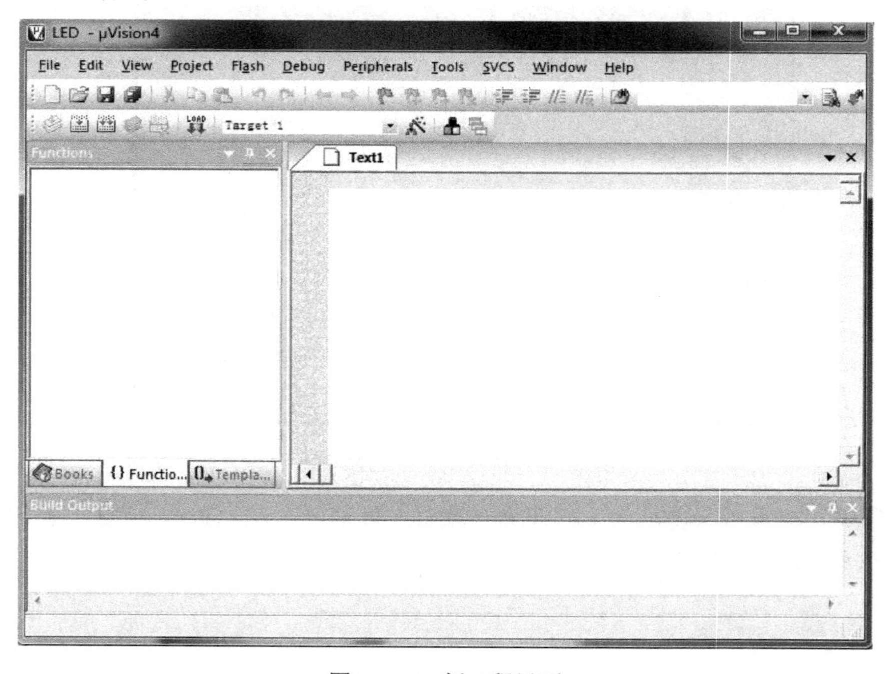

图 5.3.16　新工程界面

单击“File→New”命令，或者直接单击左上角工具栏中的图标，将会打开一个空的编辑窗口，用以输入源程序代码，输入完毕后，选择“File→Save As”命令保存源程序，保存路径选择“LED”文件夹下的 Source 子文件夹，文件名“main.c”，如图 5.3.17 所示。

图 5.3.17　创建新文件

4．工程管理

① 单击工具栏中的按钮，打开如图 5.3.18 所示对话框。

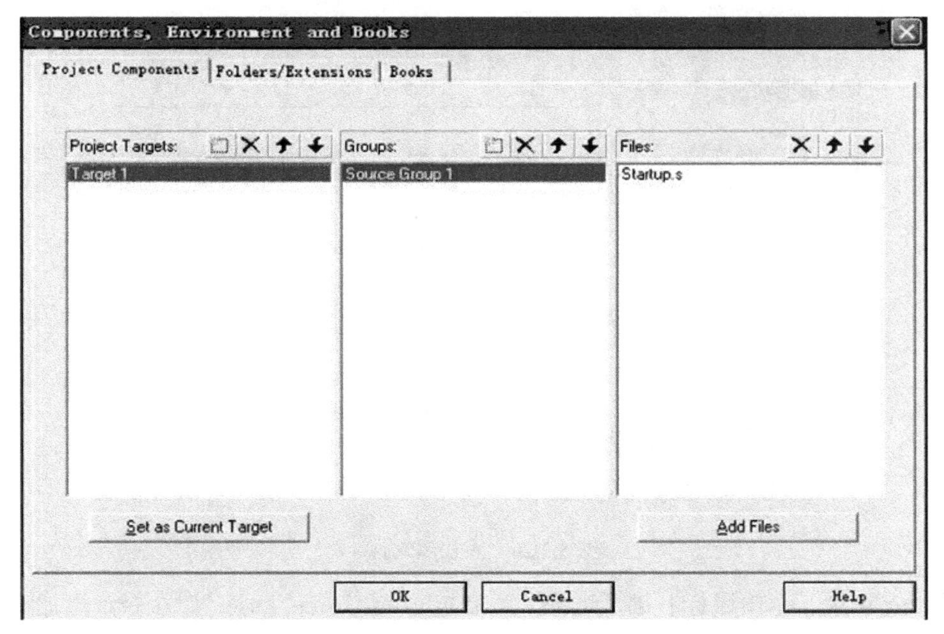

图 5.3.18　工程管理

② 文件管理

首先打开一个空的编辑窗口，将“Project Targets”栏中的 Target1 改为工程名字 LED，将“Groups”栏中的 Source Group 1 改为 Startup，在“Groups”栏中新建两个文件组 MCU_lib（添

加官方库）和 user。单击 user，然后在“Files”栏中添加 main.c 文件或其他的 C 文件。添加完成后如图 5.3.19 所示。

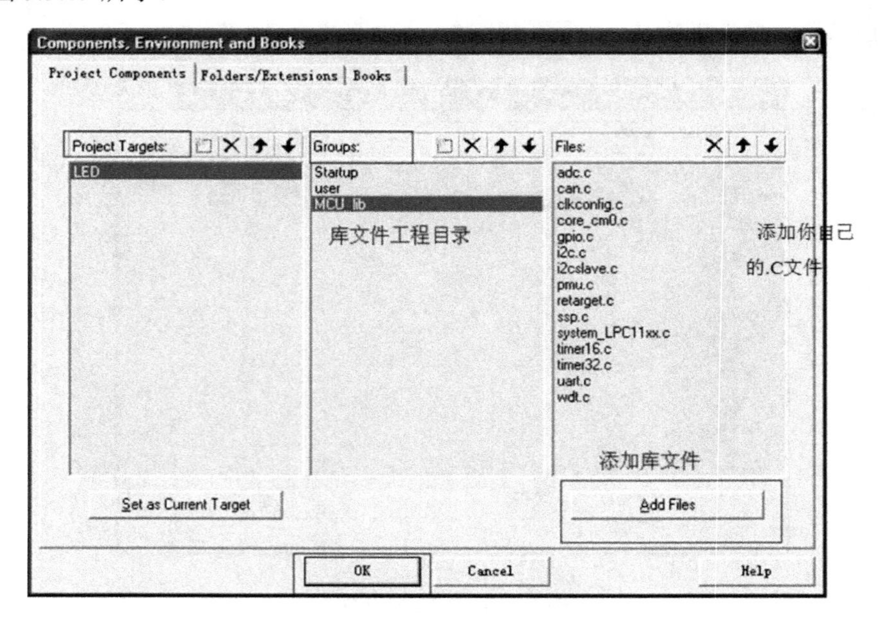

图 5.3.19　文件管理

单击图 5.3.19 中的“OK”按钮，工程下面显示创建列表。

③ 在工程里添加源文件，如图 5.3.20 所示。

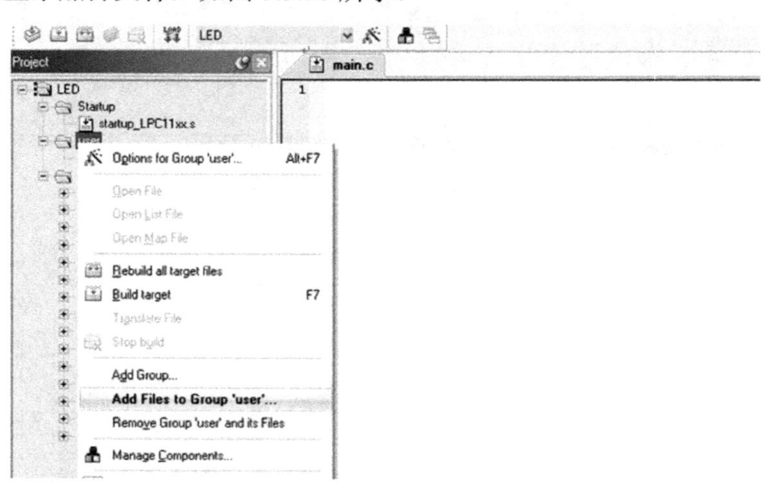

图 5.3.20　添加源文件

选择 user 目录，单击鼠标右键，选择“Add Files to Group ‘user’”命令，添加 main.c 文件，如图 5.3.21 所示。

5. 工程基本配置

μVision IDE 允许用户根据目标硬件的实际情况对工程进行配置。通过单击目标工具栏图标或单击“Project→Options for Target”命令，在弹出的“Target”页面可指定目标硬件和所选择设备片内组件的相关参数，图 5.3.22 为本案例的相关设置。

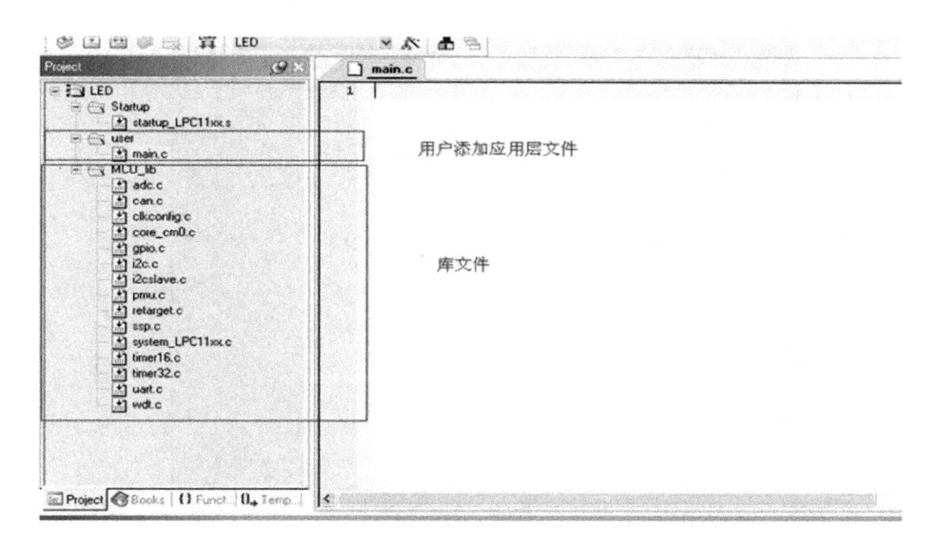

图 5.3.21　添加 main.c 文件

注意：要选中工程名（LED）再单击图标和菜单选项时才会弹出“Target”页面，如图 5.3.22 所示。

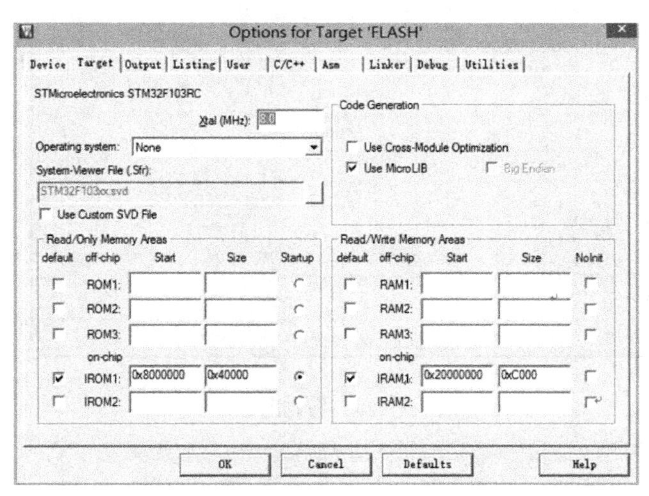

图 5.3.22　配置工程

① 指定输出文件存放文件夹（创建 HEX 文件），如图 5.3.23 所示。

② 选择“Use Memory Layout from Target Dialog”选项，单击“OK”按钮保存。若使用分散加载文件，在此处指定路径，如图 5.3.24 所示。

③ PC 通过 ST-link 仿真器与目标板连接，选择硬件仿真中的 ST-Link Debugger。若工程中用到.ini 脚本文件，需在此处指定其路径，如图 5.3.25 所示。

④ 使用 ST-Link 仿真器，为仿真器选择合适的驱动以及为应用程序和可执行文件下载进行配置，单击“Project→Project→Option for Target→Debugger→Settings”选项，检查 ST-Link 连接是否成功。如图 5.3.26 所示，则代表成功。

单击“Project→Project→Option for Target→Utilities”选项，配置如图 5.3.27 所示。

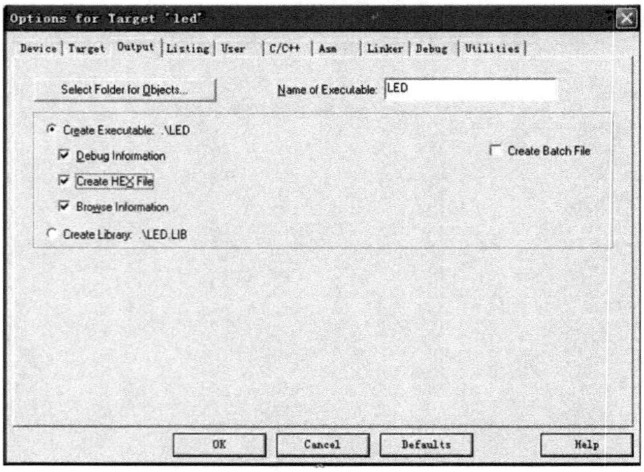

图 5.3.23　指定输出文件存放文件夹

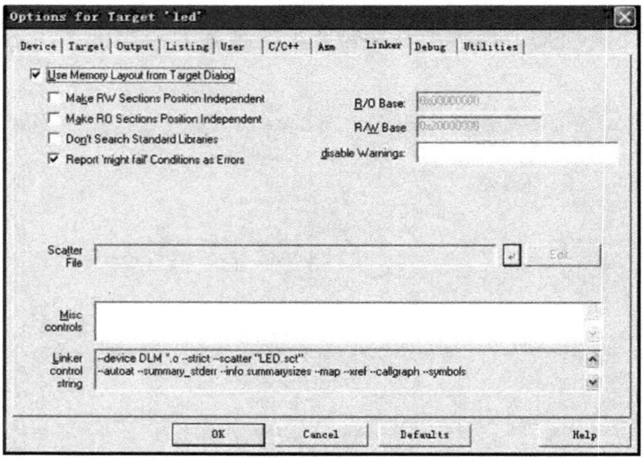

图 5.3.24　指定路径

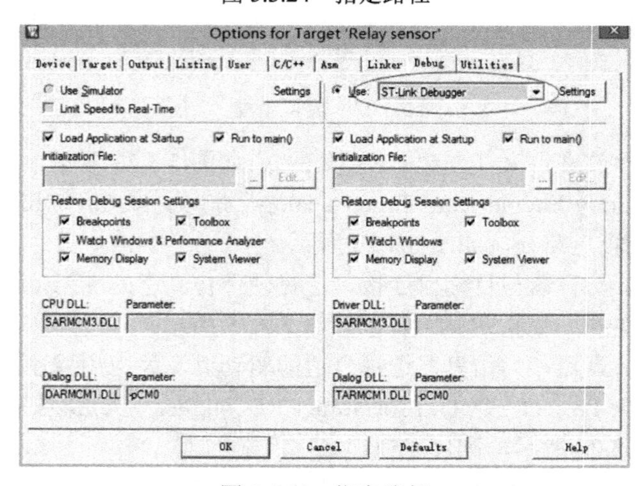

图 5.3.25　指定路径

Cortex-M Target Driver Setup

Debug | Trace | Flash Download

Debug Adapter

Unit: ST-LINK/V2

Serial Number: N/A

HW Version: V2

Firmware: V2J17S4

Port: SW

Max: 1MHz

SW Device

说明驱动已经安装成功

	IDCODE	Device Name
SWDIO	0x0BB11477	ARM CoreSight SW-DP

Move

Up

Down

Automatic Detection　ID CODE:

Manual Configuration　Device Name:

Add　Delete　Update　IR len:

Debug

Connect & Reset Options

Connect: Normal　Reset: Autodetect

Reset after Connect

Cache Options

Cache Code

Cache Memory

Download Options

Verify Code Download

Download to Flash

确定　取消　应用(A)

图 5.3.26　安装成功提示

Options for Target 'Relay sensor'

Device | Target | Output | Listing | User | C/C++ | Asm | Linker | Debug | Utilities

Configure Flash Menu Command

Use Target Driver for Flash Programming　Use Debug Driver

ST-Link Debugger　Settings　Update Target before Debugging

Init File:　...　Edit...

Use External Tool for Flash Programming

Command:　...

Arguments:

Run Independent

Configure Image File Processing (FCARM):

Output File:　Add Output File to Group:

User

Image Files Root Folder:　Generate Listing

OK　Cancel　Defaults　Help

图 5.3.27　工程配置

⑤ Flash 算法添加。单击图 5.3.27 中的“Settings”按钮，弹出如图 5.3.28 所示对话框，单击“Add”按钮添加（一般情况下系统默认已添加，如没有则手动添加）。

选择相应的芯片算法，单击“Add”按钮，如图 5.3.29 所示。

所有的配置均要单击“确定”按钮来保存配置。

6．工程的编译、链接和调试

（1）编译、链接

工程已经创建完成，工程文件已经添加到工程目录下，接下来的工作是编译、链接工程。单击工具栏中 Build Target 图标可编译、链接工程文件。如果源程序中存在语法错误，μVision

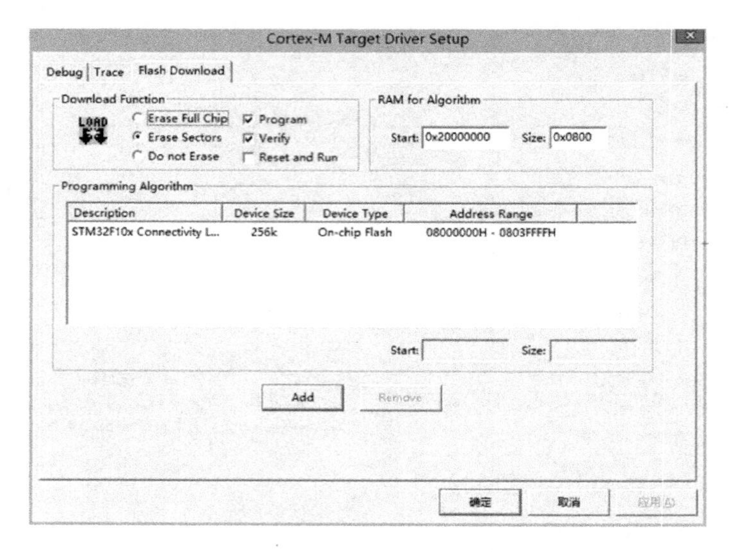

图 5.3.28　添加相关文件

Add Flash Programming Algorithm

Description	Flash Size	Device Type	Origin
RC28F640J3x Dual Flash	16M	Ext. Flash 32-bit	MDK Core
S29GL064N Dual Flash	16M	Ext. Flash 32-bit	MDK Core
STM32F0xx 128kB Flash	128k	On-chip Flash	MDK Core
STM32F0xx 16kB Flash	16k	On-chip Flash	MDK Core
STM32F0xx 32kB Flash	32k	On-chip Flash	MDK Core
STM32F0xx 64kB Flash	64k	On-chip Flash	MDK Core
STM32F0xx Flash Options	16B	On-chip Flash	MDK Core
STM32F10x XL-density Flash	1M	On-chip Flash	MDK Core
STM32F10x Med-density Flash	128k	On-chip Flash	MDK Core
STM32F10x Low-density Flash	16k	On-chip Flash	MDK Core
STM32F10x High-density Flash	512k	On-chip Flash	MDK Core
STM32F10x Connectivity Lin...	256k	On-chip Flash	MDK Core
STM32F10x Flash Options	16B	On-chip Flash	MDK Core
STM32F4xx Flash(Modified b...	1M	On-chip Flash	MDK Core
STM32W108 128kB Flash	128k	On-chip Flash	MDK Core
STM32W108 192kB Flash	192k	On-chip Flash	MDK Core

J:\work_space\MDK\Keil_v5\ARM\flash\STM32F10x_CL.FLM

Add　Cancel

图 5.3.29　选择相应芯片算法

则会在“Output Window→Build”窗口中显示出错误和警告信息。双击提示信息所在行，就会在μVision4 编辑窗口里打开并显示相应的出错源文件，光标会定位在该文件的出错行上，以方便用户快速定位出错位置，如图 5.3.30 所示。

图 5.3.30　编译、链接

注意：如果要对工程全部重新编译和链接，选中工程名字，单击鼠标右键，选择“Rebuild all target files”选项，如图 5.3.31 所示。

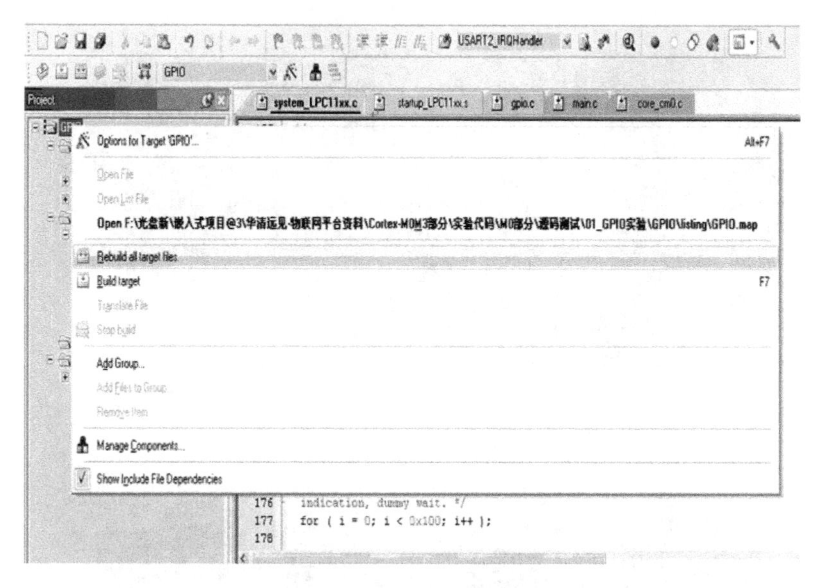

图 5.3.31　重新编译、链接

（2）下载程序

μVision IDE 调试器提供了软件仿真和 GDI 驱动两种调试模式，采用 ST-Link 仿真器调试时，首先将集成环境与 ST-Link 仿真器连接，按照前面章节中的工程基本配置方法对要调试的工程进行配置后，单击“Flash→Download”命令，可将目标文件下载到目标系统的指定存储区中，文件下载后即可进行在线仿真调试。

M3 网关板和 ST-Link 如图 5.3.32 所示。

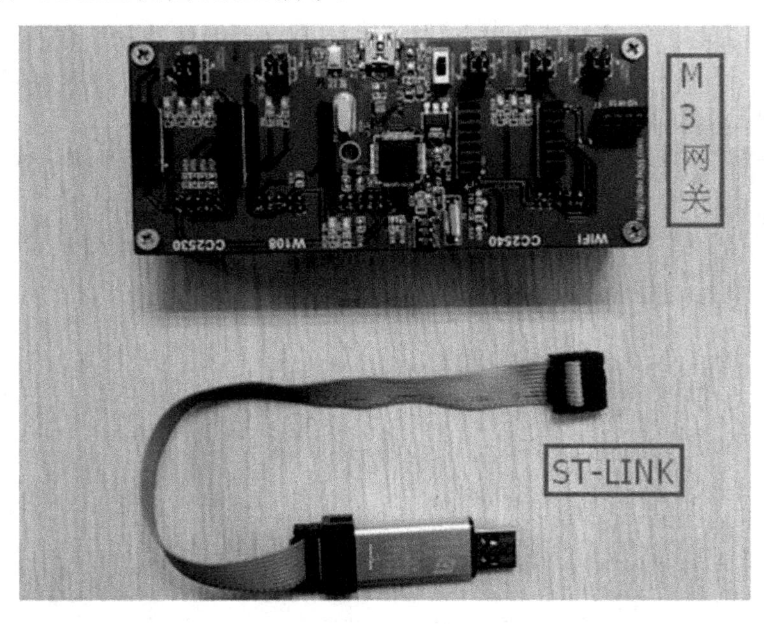

图 5.3.32　M3 网关板和 ST-Link

接下来将 ST-Link 和 M3 网关板按如图 5.3.33 和图 5.3.34 所示接线方式连接,并将 ST-Link 的 USB 端接至 PC。

图 5.3.33　连接方式

图 5.3.34　连接方式

打开如下路径的工程："基于嵌入式系统的物联网实验开发光盘/无线传感模块/M3 网关部分-STM32F103/程序源码/FS_WSN_M3 V6"，如图 5.3.35 所示。

无线传感模块 ▸ M3网关部分-STM32F103 ▸ 程序源码 ▸ FS_WSN_M3 V6 ▸

工具(T)　帮助(H)

刻录　新建文件夹

名称	修改日期	类型	大小
App	2016/7/21 星期...	文件夹	
LIB	2016/7/21 星期...	文件夹	
Lis	2016/7/21 星期...	文件夹	
Obj	2016/7/21 星期...	文件夹	
临时文件	2016/7/21 星期...	文件夹	
FS_WSN_GATE_V1.uvgui.Administrator	2015/10/22 星期...	ADMINISTRATO...	144 KB
FS_WSN_GATE_V1.uvgui.LYJ	2014/12/18 星期...	LYJ 文件	140 KB
FS_WSN_GATE_V1.uvgui.SongLei	2015/4/7 星期二 ...	SONGLEI 文件	143 KB
FS_WSN_GATE_V1.uvgui.zhangw	2015/11/5 星期...	ZHANGW 文件	71 KB
FS_WSN_GATE_V1.uvgui_Administrator.bak	2015/10/14 星期...	BAK 文件	144 KB
FS_WSN_GATE_V1.uvgui_LYJ.bak	2014/12/18 星期...	BAK 文件	140 KB
FS_WSN_GATE_V1.uvgui_SongLei.bak	2015/4/7 星期二 ...	BAK 文件	143 KB
FS_WSN_GATE_V1.uvgui_zhangw.bak	2015/11/4 星期...	BAK 文件	71 KB
FS_WSN_GATE_V1.uvopt	2015/11/5 星期...	UVOPT 文件	27 KB
FS_WSN_GATE_V1.uvproj	2015/8/6 星期四 ...	µVision4 Project	

图 5.3.35　工程文件

打开后编译，下载程序如图 5.3.36 所示。

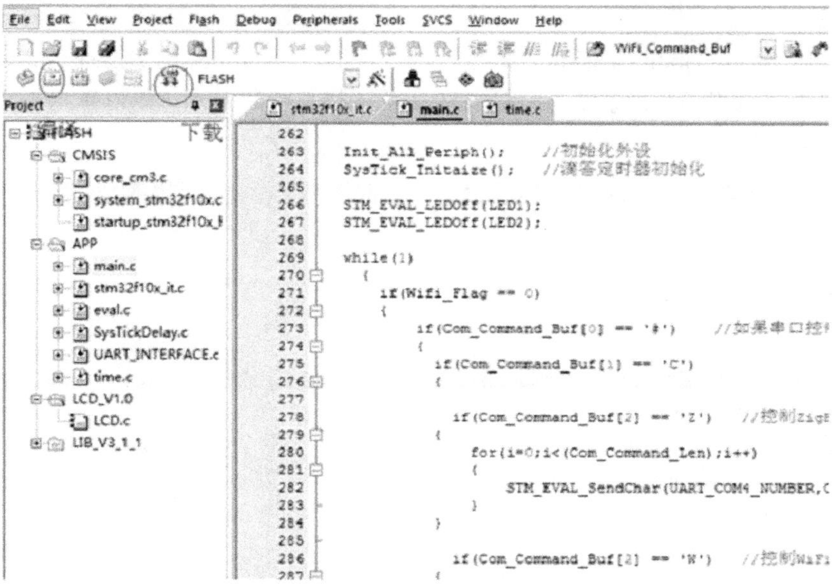

图 5.3.36　下载程序

下载成功后，在如图 5.3.37 所示窗口中可看到下载成功提示。

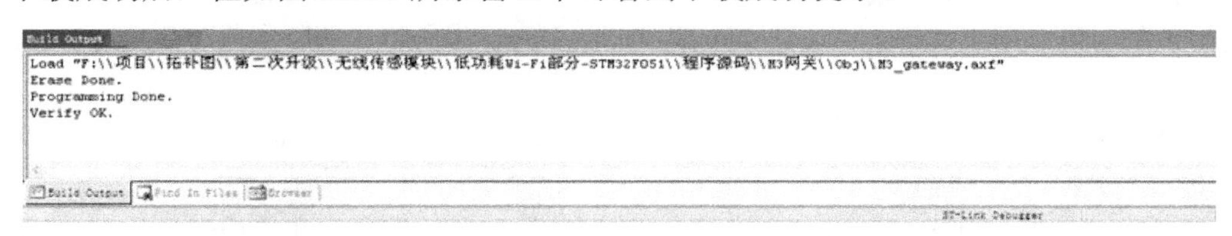
Build Output
Load "F:\\项目\\拓扑图\\第二次升级\\无线传感模块\\低功耗Wi-Fi部分-STM32F051\\程序源码\\M3网关\\Obj\\M3_gateway.axf"
Erase Done.
Programming Done.
Verify OK.
Build Output
Find In Files
Browser
ST-Link Debugger

图 5.3.37　下载成功提示

（3）仿真调试

① 仿真运行

在编译、链接或下载完成后，就可使用 µVision IDE 的调试器进行调试了。单击“Debug→Start→Stop Debug Session”命令或者单击工具栏中的对应图标进入调试模式。µVision IDE 将会初始化调试器并启动程序运行主函数。

单击“Debug→Go”命令或者单击工具栏中的运行图标以启动程序运行。

单击“Debug→Stop”命令或者单击工具栏中的停止图标来中止程序运行。

② 单步调试和断点

单击“Debug→Insert→Remove Breakpoints”命令，或者单击鼠标右键选择“Insert→Remove Breakpoints”选项，在主函数的开始设置断点。

单击“Debug→Reset CPU”命令对 CPU 进行复位。如果已经中止了程序，可使用 Run 命令启动程序运行。µVision IDE 会在断点处中止程序运行。

这 4 个按键分别为 Step、Step Over、Step Out、Run to Cursor Line。可以使用调试工具栏中的 Step 按钮单步运行程序。当前的指令会用黄色箭头标记出来，将鼠标指针停留在变量上可以观察其相应的值。

注意：在调试时，要逐个试一下这 4 个工具按钮。在实践中学习，容易理解和掌握。

③ 反汇编

使用“Start→Stop Debug Session”命令调试程序时，会自动弹出 Disassembly（反汇编）窗口。反汇编窗口（见图 5.3.38）可以将源程序和汇编程序一起显示，也可以只显示汇编程序，如图 5.3.38 所示。

```
Disassembly
    43:         GPIOSetValue(PORT3, 0, 1);
0x000002B8 2201      MOVS     r2,#0x01
0x000002BA 2100      MOVS     r1,#0x00
0x000002BC 2003      MOVS     r0,#0x03
0x000002BE F000FA3C  BL.W     GPIOSetValue (0x0000073A)
0x000002C2 E7E8      B        0x00000296
0x000002C4 D090      DCW      0xD090
0x000002C6 0003      DCW      0x0003
           __use_two_region_memory:
                                              反汇编窗口

system_LPC11xx.c   startup_LPC11xx.s   gpio.c   main.c   core_cm0.c
39       for(i=0; i<250000; i++);
40     GPIOSetValue(PORT3, 0, 0);
41                                            编译窗口
42     for(i=0; i<250000; i++);
43     GPIOSetValue(PORT3,+0, 1);
44     }
45   }
46
47
48   /**** End of File ****/
49
```

图 5.3.38　显示汇编程序

若选择反汇编窗口作为当前窗口，那么程序的执行是以 CPU 指令为单位的而不是以源程序中的行为单位的。可以用工具条上的按钮或快捷菜单命令为选中的行设置断点或对断点进行修改。

④ 逻辑分析仪

μVision IDE 逻辑分析仪可以将指定的变量或 VTREGs 值的变化以图形方式表示出来。

⑤ 寄存器窗

单击“View→Registers Window”命令，弹出寄存器显示界面，在“Project Workspace→Registers”页中列出了 CPU 的所有寄存器，按模式排列共有 4 组，分别为 Core 模式寄存器组、System 模式寄存器组、Banked 模式寄存器组和 Internal 模式寄存器组。每个寄存器组中又分别有相应的寄存器。在调试过程中，值发生变化的寄存器将会以蓝色显示。选中指定寄存器单击或按 F2 键便可以出现一个编辑框，从而可以改变此寄存器的值，如图 5.3.39 所示。

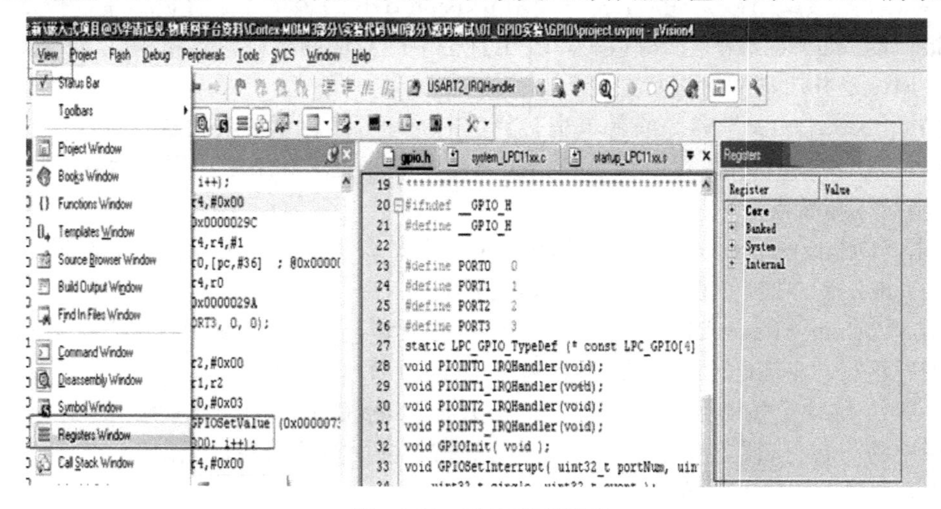

图 5.3.39　改变寄存器值

⑥ 内存窗口

通过工具栏图标弹出内存窗口，可以查看存储器内容。内存窗口可以显示不同的存储域内容，最多可将 4 个不同的存储域显示在不同的页中，窗口中的右键菜单可以选择输出格式，分别为 Memory#1、Memory#2、Memory#3、Memory#4 存储区域，如图 5.3.40 所示。

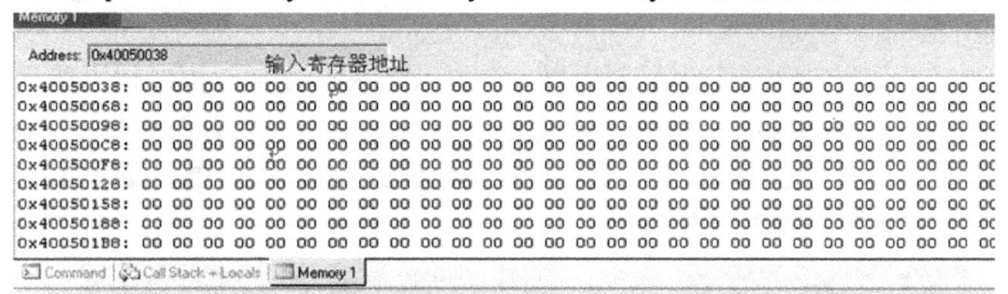

图 5.3.40　查看存储内容

在 Address 域内，可以输入一个表达式，此表达式的值为所显示内容的地址。在某个单元的值上双击可打开一个编辑框，它允许输入一个新的存储值，即可改变存储内容。单击“View→Periodic Window Update”命令，可以在运行目标程序时更新此窗口中的值。

⑦ 查看窗口

Watch 窗口用于查看和修改程序中变量的值，并可列出当前函数的调用关系。在程序运行结束后，Watch 窗口中的内容自动更新。可通过执行“View→Periodic Window Update”命令来实现程序运行时实时更新变量的值，如图 5.3.41 所示。

有 3 种方式可以把程序变量加到 Watch 窗口中。

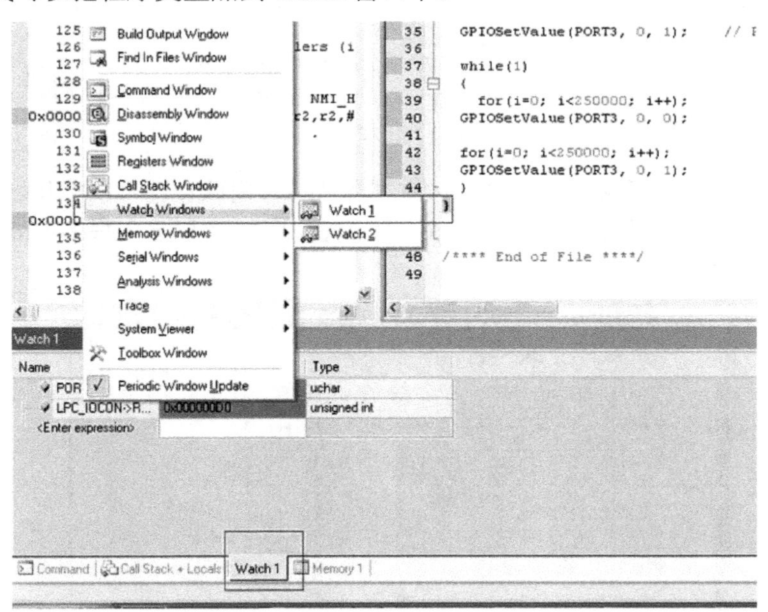

图 5.3.41　实时更新变量值

● 选中“type F2 to edit”，等待 1s 后再单击一次或按 F2 键，会出现一个编辑框，在此输入要添加的变量即可；用同样的方法，可以修改已存在的变量。

● 在工作空间中，选中要添加到 Watch 窗口中的变量，单击鼠标右键会出现快捷菜单，在快捷菜单中选择“Add to Watch Window”选项，即可把选定的变量添加到 Watch 窗口中。

● 在 Output Window 窗口中，在 Command 页中使用 WS 命令将所要添加的变量添加到 Watch 窗口中。

要修改变量的值，只需选中变量的值，再单击或按 F2 键即可出现一个编辑框，进行修改变量的值；要删除变量，只需选中变量，按 Delete 键或用 WK 命令就可以删除变量。

⑧ 执行剖析器

μVision ARM 仿真器包含一个执行剖析器，它可以记录执行全部程序代码所需的时间。可以通过执行“Debug→Execution Profiling”命令来使能此功能。它具有两种显示方式：Call（显示执行次数）和 Time（显示执行时间）。将鼠标光标放在指定的入口处，即可显示有关执行时间及次数的详细信息，如图 5.3.42 所示。

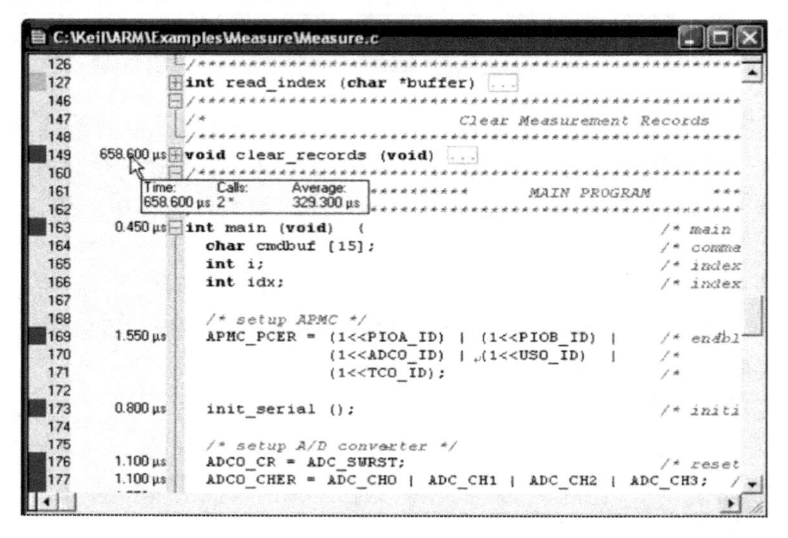

图 5.3.42　执行剖析器

对 C 源文件，可使用编辑器的源文件大纲视图特性，用此特性可以将几行源文件代码收缩为一行，以查看此源文件块的执行时间。在反汇编窗口中，可以显示每条汇编指令的执行时间，如图 5.3.43 所示。

```
Disassembly
      149: void clear_records (void) {
      150:    int idx;
      151:
2 0x010009C0  B500   PUSH    {LR}
      152:    startflag = 0;
Time:      Calls:  Average:
0.250 μs   2       0.125 μs
                     MOV     R2,#0x00
                     LDR     R0,[PC,#0x0020]
2 0x010009C6  4909   LDR     R1,[PC,#0x0024]
2 0x010009C8  600A   STR     R2,[R1,#0x00]
      153:    sindex = savefirst = 0;
2 0x010009CA  2100   MOV     R1,#0x00
2 0x010009CC  6041   STR     R1,[R0,#0x04]
2 0x010009CE  2100   MOV     R1,#0x00
2 0x010009D0  6001   STR     R1,[R0,#0x00]
      154:    for (idx = 0; idx != SCNT; idx++) {
2 0x010009D2  4A07   LDR     R2,[PC,#0x001C]
2 0x010009D4  21FF   MOV     R1,#0xFF
2 0x010009D6  4807   LDR     R0,[PC,#0x001C]
      155:      save_record[idx].time.hour = 0xff;
40 0x010009D8  1C13  ADD     R3,R2,#0
40 0x010009DA  7019  STRB    R1,[R3,#0x00]
      156:    }
40 0x010009DC  3214  ADD     R2,#0x14
40 0x010009DE  1C13  ADD     R3,R2,#0
```

图 5.3.43　汇编指令执行时间

注意：执行时间是基于当前时钟设置的，当代码在不同的时钟下多次执行时，可能会产生错误的执行时间结果。执行剖析器当前仅能用于 ARM 仿真器。

5.3.3 STM32 LED 实验

【实验目的】

（1）学习 STM32 的 Cortex-M3 系列芯片的使用。

（2）学习 MDK 开发软件的使用方法，如仿真调试。

（3）通过本实验掌握 STM32F103 的 GPIO 使用方法。

【实验环境】

（1）STM32F103 Cortex-M3 模块。

（2）MDK 开发工具和相应的仿真器。

（3）WindowsXP、Windows7（32/64 位）的 PC。

【实验内容】

编写 M3 的 LED 实验程序，实现对 STM32F103 的 GPIO 引脚的输出控制 LED 的状态。

【实验原理】

控制 GPIO 的高低电平就可以控制 LED 的状态。LED 原理图如图 5.3.44 所示。

由原理图可知，LED1 连接 PA11，LED2 连接 PA12。当 PA11、PA12 引脚被拉低时，LED1 和 LED2 被点亮。

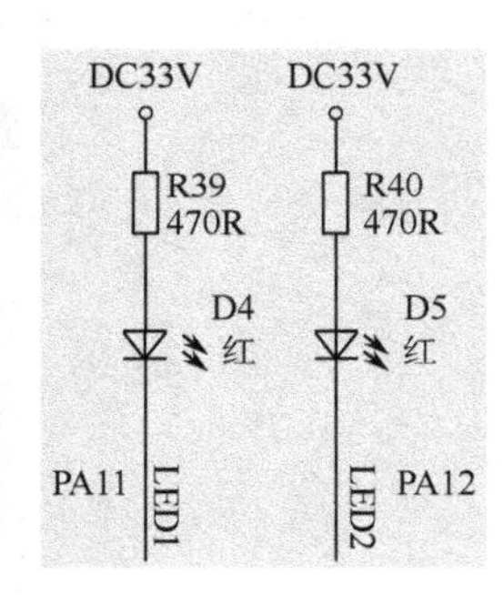

图 5.3.44　LED 原理图

【实验步骤】

完成 5.3.2 节的 MDK 环境搭建，就可以做传感器实验了。首先打开传感器工程文件，工程源码路径：“基于嵌入式系统的物联网实验开发光盘/无线传感模块/M3 网关部分-STM32F103/程序源码/FS32f103 基础试验/Project/01FS_LED/MDK”，如图 5.3.45 所示。

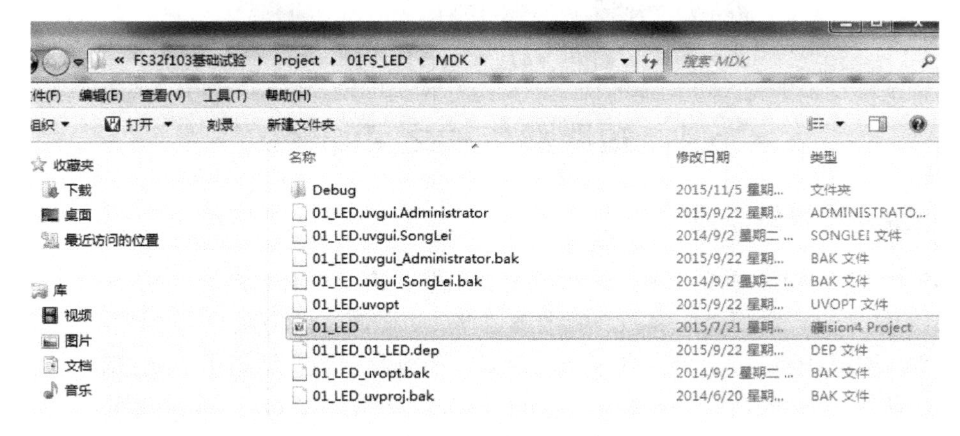

图 5.3.45　LED 实验工程文件

编译下载程序（先编译后下载），如果需要调试的话，应先下载程序，再单击右上方的调试按钮进入调试界面，如图 5.3.46 所示。

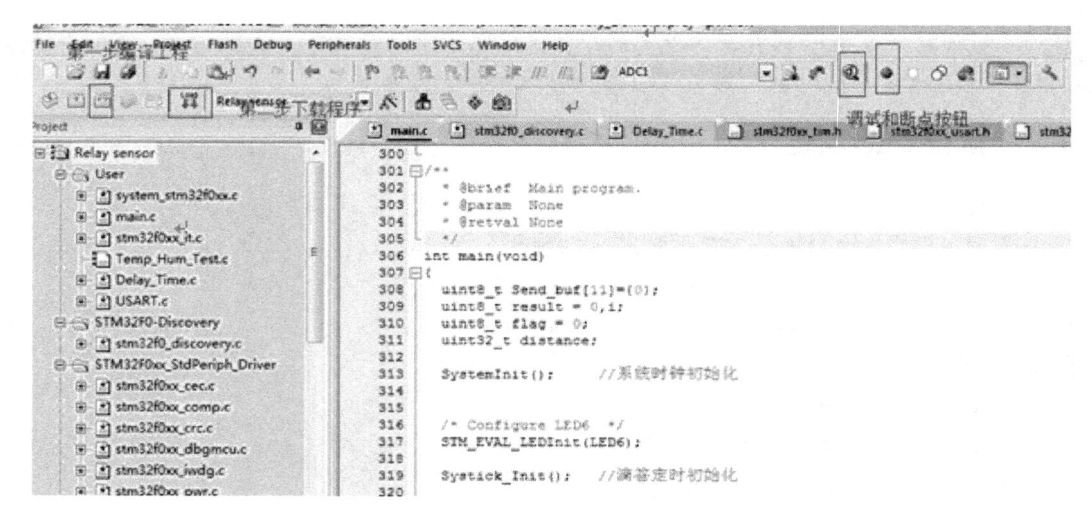

图 5.3.46　程序调试

【实验现象】

可以看到 D4，D5 闪亮，如图 5.3.47 所示。

图 5.3.47　实验现象

5.4　短距离传输之 ZigBee

5.4.1　ZigBee 技术的概述

2000 年 12 月，IEEE 成立了 IEEE 802.15 工作组，该工作组制定了 IEEE 802.15.4 协议。该协议规定的技术是一种经济、高效、低数据速率、短距离、低功耗的无线通信技术，工作在 2.4GHz 和 868/928MHz，用于个人区域网（PAN）和对等网络，适用于工业控制、环境检测、汽车控制、家庭数字控制网络等应用。ZigBee 是依据 IEEE 802.15.4 协议开发的。

ZigBee，也被译为“紫蜂”，这一名称来源于蜜蜂的八字舞，由于蜜蜂（Bee）是靠飞翔和“嗡嗡”（Zig）地抖动翅膀的“舞蹈”来与同伴传递花粉所在方位信息的，也就是说蜜蜂依靠这样的方式构成了群体中的通信网络。

ZigBee 的特点是近距离、低复杂度、自组织、低功耗、低数据速率、低成本，主要适用于传感器、自动控制和远程控制领域等近距离无线连接，可以嵌入各种设备。它依据 IEEE

802.15.4 标准，在数千个微小的传感器之间相互协调实现通信。这些传感器只需要很少的能量，以接力的方式通过无线电波将数据从一个网络节点传到另一个网络节点，所以它们的通信效率非常高。简而言之，ZigBee 就是一种便宜的、低功耗的、近距离无线组网通信技术。

5.4.2 ZigBee 自身技术优势

1．低功耗

这是 ZigBee 的突出优势。ZigBee 节点在不需要通信时，可以进入休眠状态，能耗可能只有正常工作状态下的千分之一，并且休眠时间一般占总运行时间的大部分，有时正常工作的时间还不到 1%，因此，可达到很高的节能效果。在低耗电待机模式下，2 节 5 号电池可支持 1 节点工作 6～24 个月甚至更长。相比较而言，蓝牙能工作数周，WiFi 可工作数小时。

2．低成本

蓝牙技术尽管有许多优点，但其售价一直居高不下，ZigBee 通过大幅简化协议，降低了对通信控制器的要求，按预测分析，以 8051 的 8 位微控制器测算，全功能的主节点需要 32KB 代码，子功能节点至少需要 4KB 代码，而且 ZigBee 免协议专利费。每块芯片的价格大约为 2 美元。

对工业、家庭自动化控制和工业遥控遥测领域而言，蓝牙技术显得太复杂，功耗大，距离短，而工业自动化现场需要无线数据传输必须是高可靠的，并能抵制工业现场的各种电磁干扰。因此，许多蓝牙 SIG 成员也参加了 IEEE 802.15.4 小组，负责制定 ZigBee 的物理层和介质访问控制层。

3．低速率

ZigBee 采用直接序列扩频（DSSS）在工业、科学、医疗频段，2.4GHz（全球）、915MHz（美国）和 868MHz（欧洲），各自信道宽带不同，分别为 5MHz、2MHz 和 0.6MHz，相应有 16 个、10 个和 1 个信道，分别提供 250kbps、40kbps 和 20kbps 的数据吞吐率，满足低速率传输数据的应用需求。调制方式都用了调相技术，单 868 MHz 和 915 MHz 频段采用的是二进制相移键控（BPSK），而 2.4GHz 频段采用的是偏移四相相移键控（OQPSK）。

ZigBee 除信道竞争应答和重传等消耗，能真正被利用的速率可能不足 100kbps，而且还可能被邻近多个节点和同一个节点的多个应用所瓜分。因此不适合做视频传输之类的事情，更适合传感和控制。

4．近距离

ZigBee 传输范围一般介于 10～100m，在增加 RF 发射功率后，亦可增加到 1～3km，这指的是相邻节点之间的距离。如果通过路由和节点间通信的接力，传输距离将更远。

5．短时延

ZigBee 的响应速度较快，一般从睡眠转入工作状态只需 15ms，节点连接进入网络只需 30ms，进一步节省了电能。相比较而言，蓝牙需要 3～10s，WiFi 需要 3s。

6．高容量

ZigBee 可采用星状、片状和网状网络结构，由一个节点管理若干子节点，最多一个主节点可管理 254 个子节点；同时主节点还可由上一层网络节点管理，最多可组成 65000 个节点的大网，有效解决了蓝牙组网规模太小的问题。ZigBee 在路由方面支持可靠性很高的动态网状路由，可以布置范围很广的网络，并支持多播和广播特性，支持更丰富的应用。

7．高安全

ZigBee 提供了三级安全模式，包括完全设定、使用接入控制清单防止非法获取数据以及采用高级加密标准的对称密码，以灵活确定其安全属性。

8．工作可靠

ZigBee 在物理层采用了扩频技术，能够在一定程度上抵抗干扰；MAC 应用层有应答重传部分，提高了可靠性；MAC 层的载波监听多址/冲突避免（CSMA/CA）机制完全握手协议，使节点发送前先监听信道，可以起到避免干扰的作用。当 ZigBee 网络收到外界干扰无法正常工作时，整个网络可以动态地切换到另一个工作信道上。

5.4.3 ZigBee 网络设备类型及拓扑结构

ZigBee 网络层主要支持 3 种类型的拓扑结构，即星形网络结构、网状网络结构和簇树状网络结构。

1．星形网络结构

星形网络结构由一个 ZigBee 协调器和一个或多个 ZigBee 终端节点构成。ZigBee 协调器必须是 FFD，位于网络的中心位置，负责发起建立和维护整个网络。其他的节点一般为 RFD，也可以为 FFD，它们分布在 ZigBee 协调器的覆盖范围内，直接与 ZigBee 协调进行通信。

2．网状网结构

网状网一般是由若干个 FFD 连接在一起组成的骨干网。它们之间是完全的对等通信，每一个节点都可以与它的无线通信范围内的其他节点进行通信，但它们中也有一个会被推荐为 ZigBee 的协调点，如可以把第一个在信道中通信的节点作为 ZigBee 协调点。骨干网中的节点还可以连接 FFD 或 RFD 构成一协调点的子网。但是由于两个节点之间存在许多条路径，使该网络成为一种高效的通信网络。

3．簇树状网结构

簇树状网结构中，节点可以采用 Cluster-Tree 路由来传输数据的控制信息。树干末端的叶子节点一般为 RFD。每一个在它的覆盖范围中充当协调点的 RFD 向与它相连的节点提供同步服务，而这些协调点又受 ZigBee 协调点的控制。ZigBee 协调点比网络中的其他协调点具有更强的处理能力和存储空间。簇树状网的一个显著优点就是它的网络覆盖范围非常大，但随着覆盖范围的不断增大，信息传输的延时会逐步变大，从而使同步变得越来越复杂。

ZigBee 网络层 3 种类型的拓扑结构图如图 5.4.1 所示。

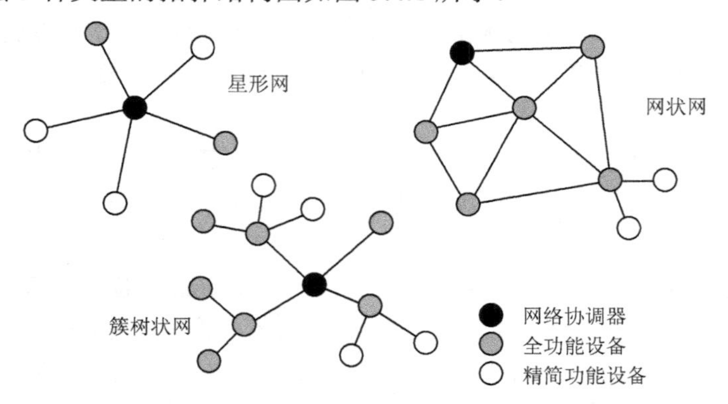

图 5.4.1 ZigBee 网络层 3 种类型的拓扑结构图

5.4.4 ZigBee 2007 协议栈安装

TI 公司的 ZigBee 工具包含 Z-Sensor Monitor 软件和 ZigBee 协议栈。

Z-Sensor Monitor 软件有两种功能，一是配合 ZH-CC2530ZDK 即可组成 ZigBee 无线传感器监控系统，传感器节点采集的温度数据值，经路由器到达汇聚节点，再由汇聚节点通过 UART 转 USB 接口，可在该软件上将网络的拓扑结构及各个传感器节点采集的数据以图形方式形象地显示在 PC 终端上。

ZigBee 协议栈由物理层、介质访问控制层、网络层、安全层和高层应用规范组成。ZigBee 协议栈的网络层、安全层和应用程序接口等由 ZigBee 联盟制定。其中，安全层（Security）主要实现密钥管理、存取等功能，应用程序接口负责向用户提供简单的应用软件接口（API），包括应用子层支持（Application Sublayer Support，APS）、ZigBee 设备对象（ZigBee Device Object，ZDO）等，实现应用层对设备的管理。

ZigBee 2007 协议栈的安装目录为："基于嵌入式系统的物联网实验开发光盘/工具软件/ZigBee 协议栈及驱动/ZigBee 工具和协议栈"，双击"ZStack-CC2530-2.3.0-1.4.0.exe"，如图 5.4.2 所示。

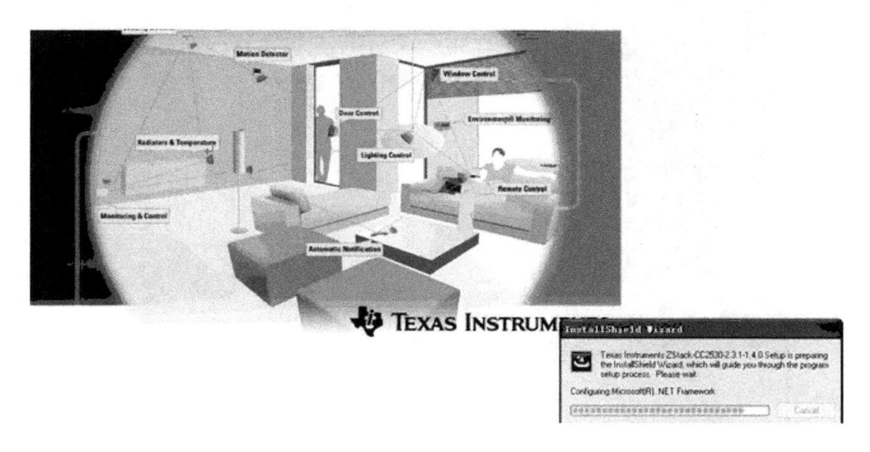

图 5.4.2 安装 ZigBee 2007 协议栈

当进行到.NET Framework 这个步骤时需要花费一些时间，请耐心等候。如果此步骤一直不能进行，那就需要首先安装较高版本的.NET Framework，然后再来安装 ZigBee 2007 协议栈。在安装过程中，杀毒软件都应允许所有操作，如图 5.4.3 所示。

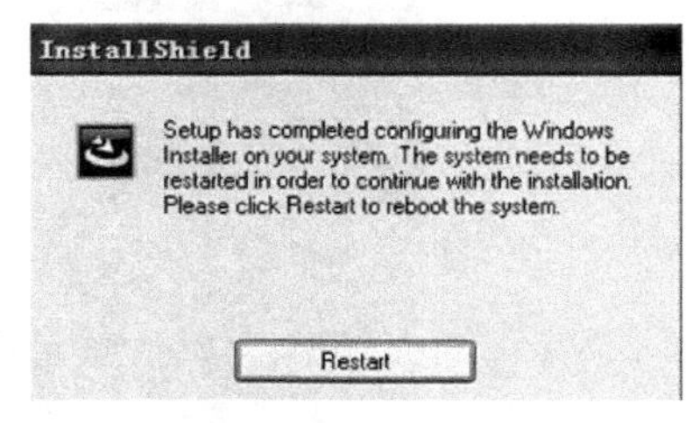

图 5.4.3 安装 ZigBee 2007 协议栈

单击"Restart"按钮，重新启动计算机，重启后继续安装。再次进入基于嵌入式系统的物联网实验开发光盘\工具软件\ZigBee 协议栈及驱动\ZigBee 工具和协议栈，双击"ZStack-CC2530-2.3.1-1.4.0"，如图 5.4.4 所示。

直至出现图 5.4.5 所示，单击"Finish"按钮，完成 ZigBee 2007 协议栈安装，如图 5.4.6 所示。

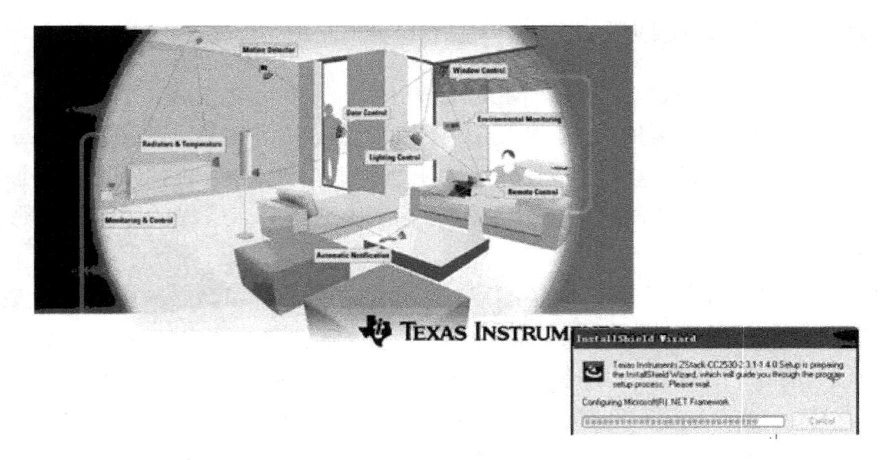

图 5.4.4　安装 ZigBee 2007 协议栈

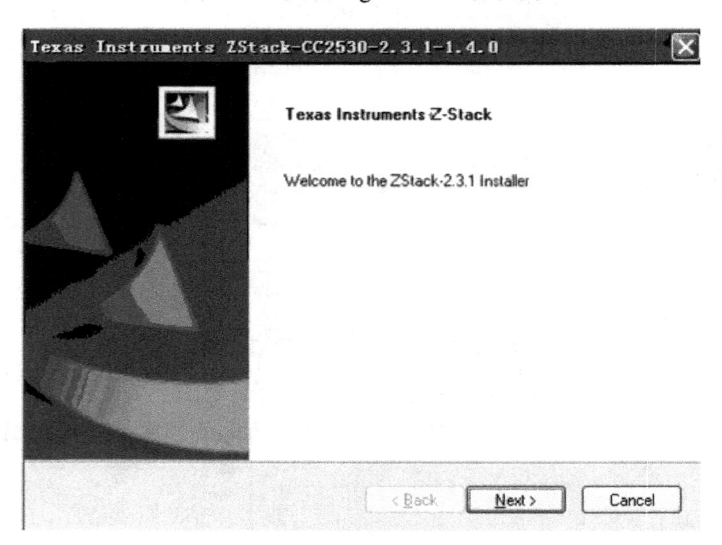

图 5.4.5　安装 ZigBee 2007 协议栈

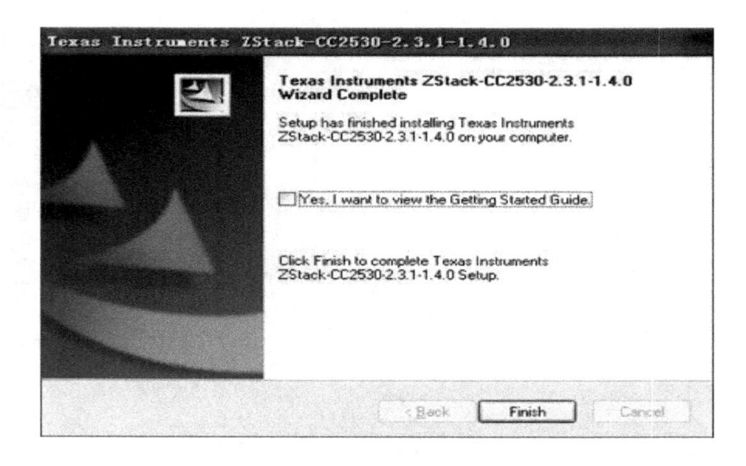

图 5.4.6　安装 ZigBee 2007 协议栈完成

5.4.5 ZigBee 传感器使用

本实验支持串口调试助手实验，还可以在 Android 使用上位机软件实现传感器的数据显示和设备控制。

1．ZigBee 串口实验

使用串口调试助手，观察终端节点上传的数据值。首先各模块下载相应的程序，以风扇控制模块为例。

2．协调器节点设备连接

首先要确保开发环境已经搭建完成，如果还没有搭建，请参考“基于嵌入式系统的物联网实验开发光盘/开发工具与环境搭建手册”连接设备。

说明：由于客户所买设备实验箱不同，有的设备里面含有长条的 M3 网关板(协调器)或电位器（协调器）。

M3 网关板（协调器）如图 5.4.7 所示。

电位器（协调器）如图 5.4.8 所示。

图 5.4.7　M3 网关板（协调器）

图 5.4.8　电位器（协调器）

其中，SmartRF04EB 仿真器的一端为 USB 连接头，通过 USB 线可以连接下载器和 PC，如图 5.4.9 所示。

3．协调节点工程编译和烧写

设备连接完以后，就可以下载程序。注意：打开工程文件时，需要首先启动 IAR 8.10，然后再选择工程文件打开，否则会导致 IAR 版本与工程文件的不匹配而打不开。

打开过程如图 5.4.9 和图 5.4.10 所示。

选择 ZigBee 工程文件（协调器和终端节点串口通信波特率均为 115200bps）。进入工程文件路径：“基于嵌入式系统的物联网实验开发光盘/无线传感模块/ZigBee 部分-CC2530/程序源码/程序源码/ZigBee 协调节点实验/Projects/zstack/Samples/SampleApp/CC2530DB”，如图 5.4.11 所示。

打开 ZigBee 工程文件后，单击工程界面左上方的 Workspace 下拉菜单，选择不同的设备类型。选择采集节点 CoordinatorEB 作为协调器节点，选择传感节点 EndDeviceEB 作为终端节点，选择 RouterEB 作为路由节点，如图 5.4.12 所示。

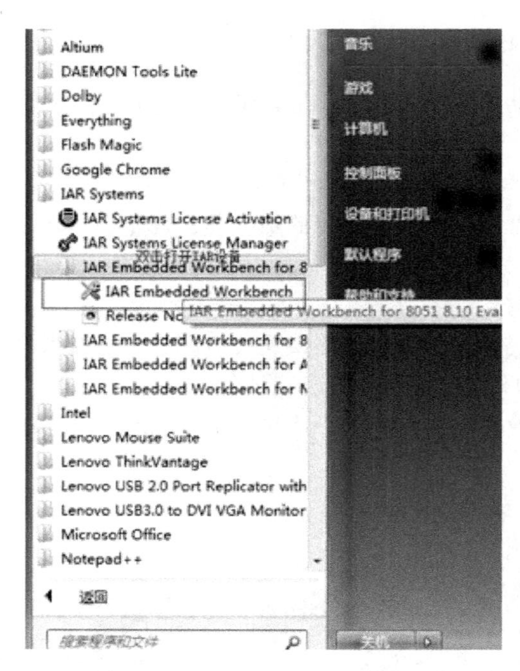

图 5.4.9　打开工程文件

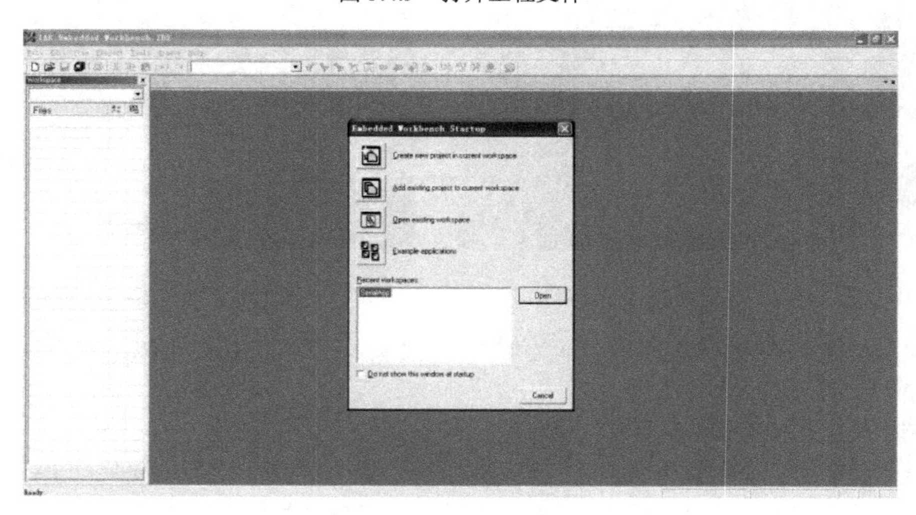

图 5.4.10　打开工程文件

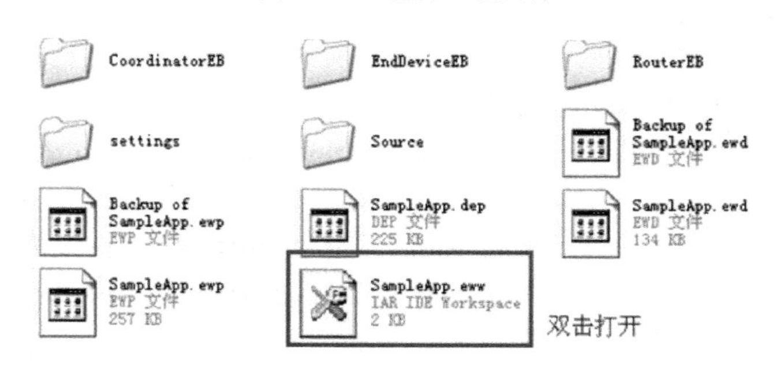

图 5.4.11　打开文件

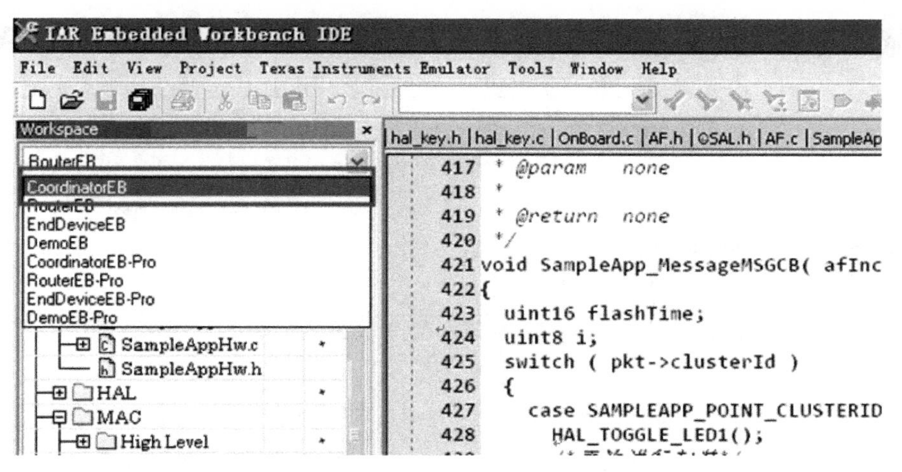

图 5.4.12　选择协调器节点

另外，在首次打开时，会出现一系列的红色“*”，这是因为还没有编译工程。单击编译按钮，如图 5.4.13 所示。

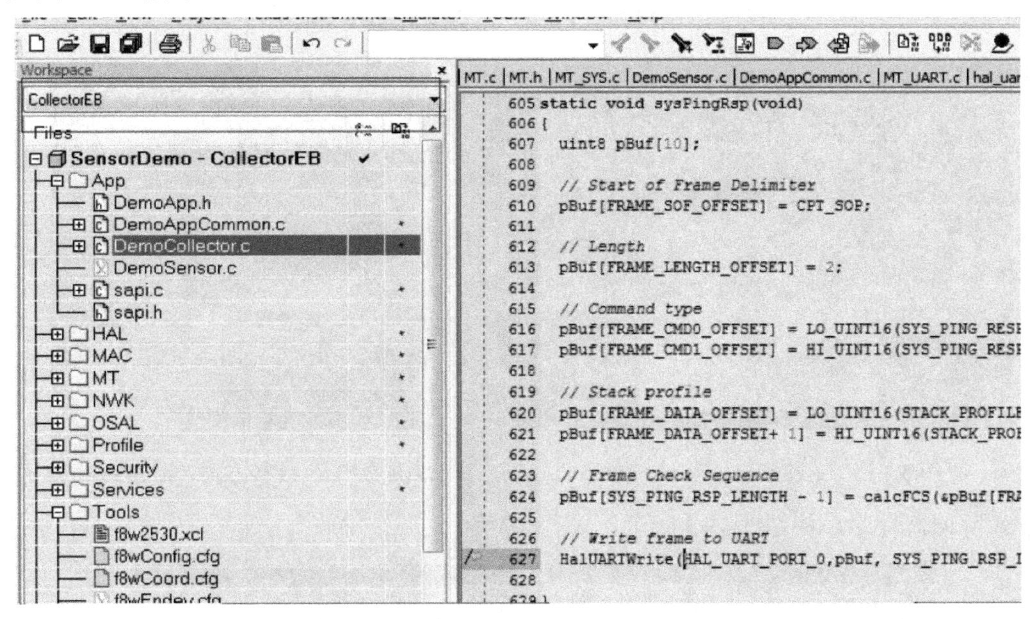

图 5.4.13　编译工程

执行“Project→Rebuild All”命令，编译工程文件，如图 5.4.14 所示。

连接 ZigBee 仿真器与 ZigBee 协调节点模块，将仿真器 USB 接口连接至 PC。若第一次安装，则 PC 会提示安装驱动，用户按照提示进行安装即可。

注意： 协调节点的选择是根据所持实验箱的设备决定的。实验箱里有长条形的 M3 网关，按如图 5.4.15 连接；如果没有长条形 M3 网关（有电位器），按如图 5.4.16 连接。

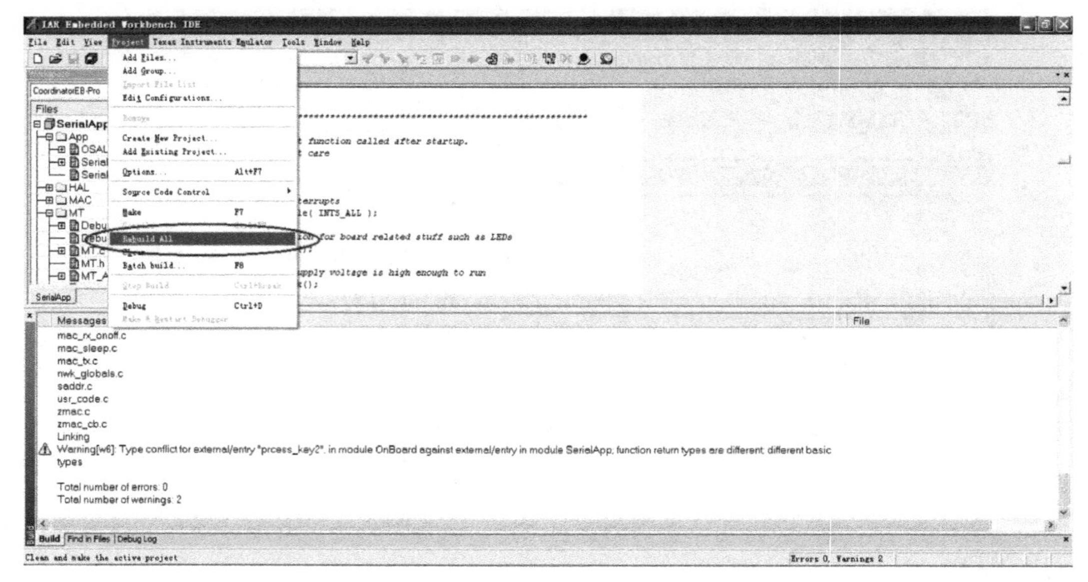

图 5.4.14　编译工程文件

图 5.4.15　连接接口（有 M3 网关）

图 5.4.16　连接方式（无 M3 网关）

下载协调器程序，如图 5.4.17 所示。

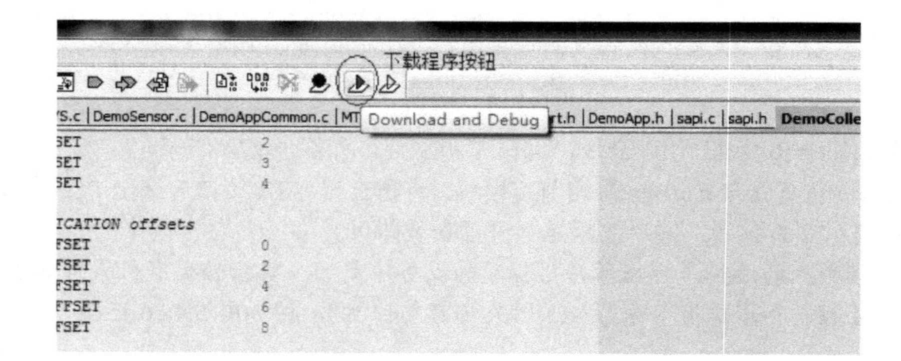

图 5.4.17　下载协调器程序

下载完毕，退出调试窗口，烧写终端节点程序，如图 5.4.18 所示。

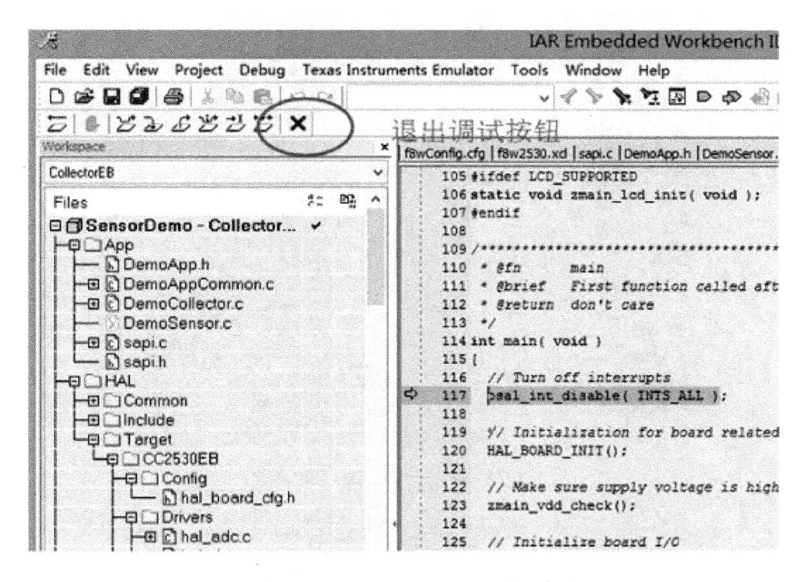

图 5.4.18　退出协调器窗口

4．烧写终端节点

过程和协调节点烧写基本一样：

① 按上一节协调器节点设备连接方式，操作风扇终端节点；

② 打开风扇终端的工程；

③ 编译工程文件并下载程序（过程和协调烧写相同）。

工程路径："基于嵌入式系统的物联网实验开发光盘/无线传感模块/ZigBee 部分-CC2530/程序源码/ZigBee 风扇控制节点实验/Projects/zstack/Samples/SampleApp/CC2530DB"

5．串口实验展示

先按照图 5.4.19 所示连接设备，两个协调模块任选一个。

查看设备端口号，单击"我的电脑→管理→设备管理→端口"命令，如图 5.4.20 所示。

图 5.4.19　连接设备

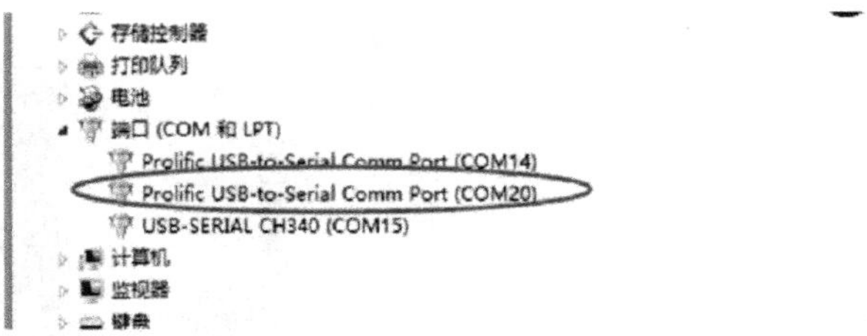

存储控制器
打印队列
电池
端口 (COM 和 LPT)
Prolific USB-to-Serial Comm Port (COM14)
Prolific USB-to-Serial Comm Port (COM20)
USB-SERIAL CH340 (COM15)
计算机
监视器
键盘

图 5.4.20　查看端口号

打开串口调试软件，如图 5.4.21 所示。

选择串口 COM8，波特率 115200，单击"打开"按钮。

烧写完成后，首先打开协调器开关，这时 D7 会闪烁，直到 D7 常亮。ZigBee 协调器初始化成功，如图 5.4.22 所示。

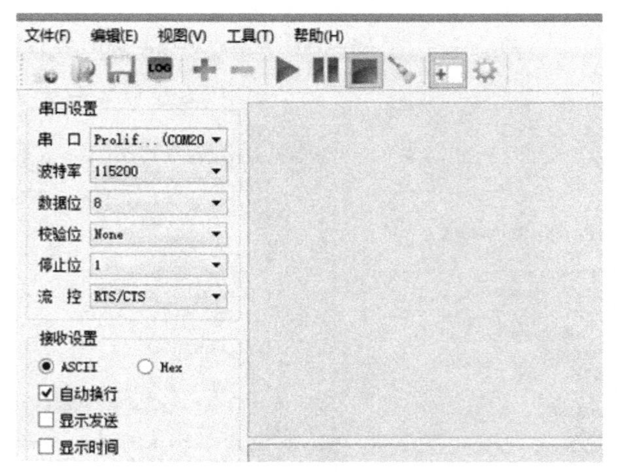

图 5.4.21　打开串口调试软件

图 5.4.22　协调器

随后打开终端节点，下面首先依次介绍 D7，D8，D9 三盏灯的作用。

D8　电量灯：当电量低于 30%的时候，该灯闪烁。

D7　发送灯：当终端节点向 ZigBee 协调器发送数据的时候，该灯闪烁。

D9　连接灯：当加入 ZigBee 协调器建立的网络后，该灯常亮，与网络断开后该灯灭。如图 5.4.23 所示。

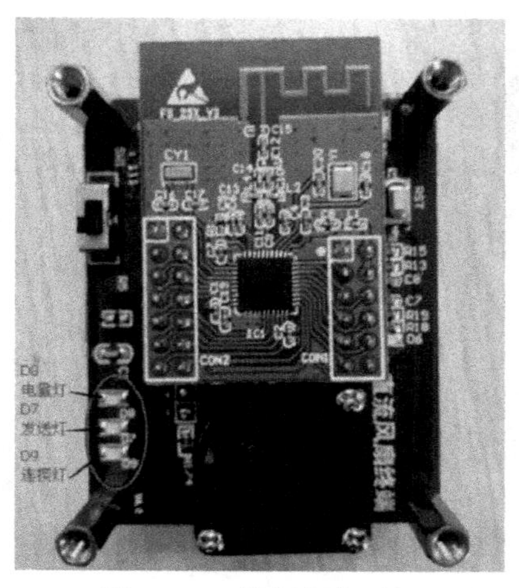

图 5.4.23　协调器指示灯

连接好以后接收区会接收到数据，如图 5.4.24 所示。

21 5A 6F 79 66 00 00 00 00 00 38 12

21 5A：表示"！Z"；

6F 79：表示终端节点地址；

66：表示类型'f'；

00 00 00：表示终端节点当前状态值，为 00 00 01 表示终端节点当前状态值；

00 00：表示父节点地址；

38：表示电池电量；

12：表示校验位。

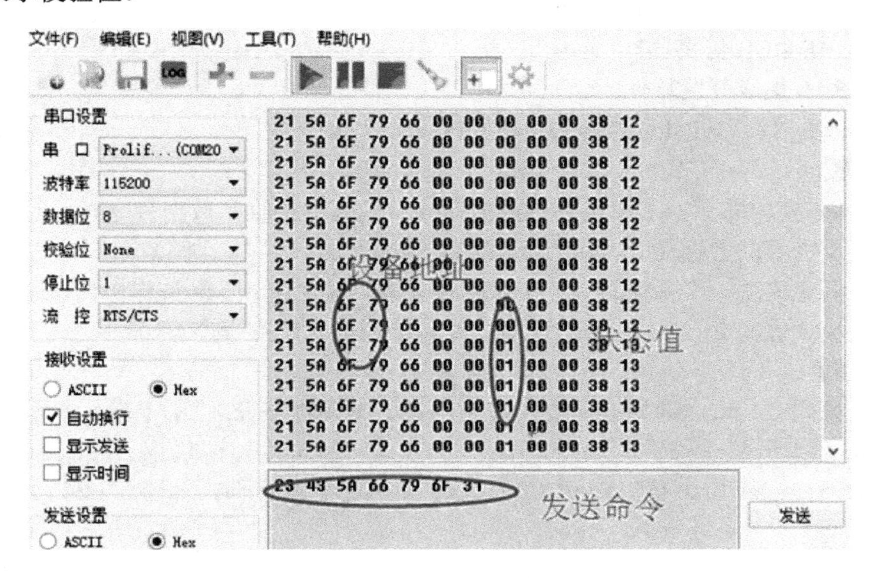

图 5.4.24　接收数据

发送控制命令(以十六进制数发送)，控制风扇转动，如图 5.4.25 所示：在发送区输入 23 43 5A 66 79 6F 31，单击“发送”按钮，观察风扇节点的状态，是否已经转动起来。发送协议：#CZ+设备类型（f）+端点节点地址+控制命令 31/30：开/关

注意：发送的端点节点地址和接收到的端点节点地址高、低 8 位的顺序是反过来的。例如，发送的端点节点地址是 79 6F，则接收的是 6F 79。

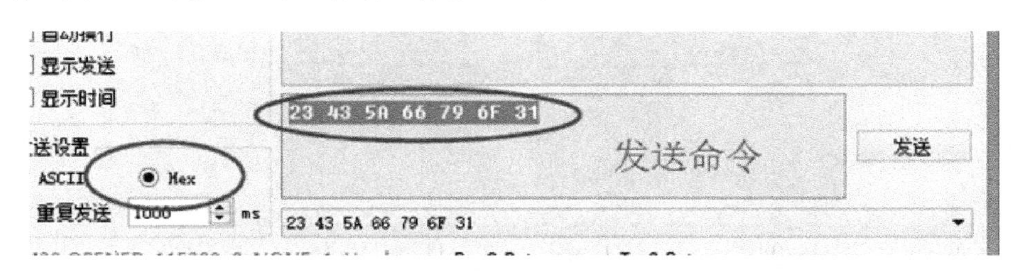

图 5.4.25　发送控制命令

把 31 改为 30 发送命令风扇停止，并观察接收区的数据中的风扇状态的数据已变成 00 00 00。

5.4.6 ZigBee 控制 LED 实验

本实验主要介绍ZigBee的无线传输控制节点LED实验，终端节点模块向协调器发送命令，实现 LED 控制。

【实验目的】

（1）熟悉 IAR 工具软件的使用方式。

（2）通过本实验了解 CC2530 的 GPIO 基本原理。

（3）了解 ZigBee 的通信协议。

【实验环境】

（1）LED 终端节点模块和协调器模块。

（2）SmartRF04EB 仿真器。

（3）IAR 8.10 集成开发软件。

（4）Windows XP、Windows7/8(32/64 位)PC。

【实验原理】

一个 ZigBee 模块向另一个模块发送数据命令，当模块接收到数据命令时，对数据命令进行分析，如果是需要的数据命令，就打开灯或者熄灭灯。

这就需要两个模块一个做协调，一个做终端。本实验使用 M3 网关作协调，风扇节点作终端节点。协调模块烧写 ZigBee 的协调程序，终端节点烧写节点程序。

【实验步骤】

解压程序源码 v1.rar，选择解压到当前文件夹。本例程路径："基于嵌入式系统的物联网实验开发光盘/无线传感模块/ZigBee 部分-CC2530/程序源码/ZigBee LED 实验/Projects/zstack/Samples/first_led_App/CC2530DB"，双击工程文件，如图 5.4.26 所示。

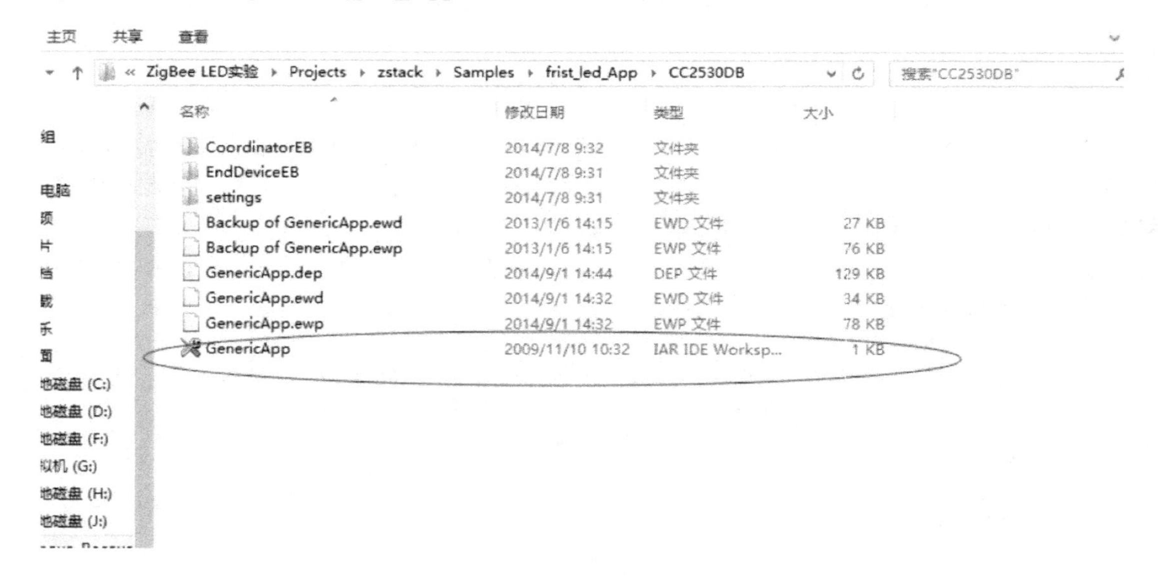

图 5.4.26 工程文件

注意：如果 PC 中安装有多个 IAR 版本，双击工程文件会弹出版本不对的提示。请先在 PC 中找到程序对应的 IAR 版本，此处工程的 IAR 版本是 8.10。先打开 8.10 版本的 IAR，再把工程添加到 IAR 里，或直接单击工程不放拖进 IAR 里。

SmartRF04EB 烧录器与协调模块连接（所有模块烧写相同）如图 5.4.27 所示。

图 5.4.27　连接方式

打开工程，在 Workspace 下拉菜单中选择“CoordinatorEB”，如图 5.4.28 所示。

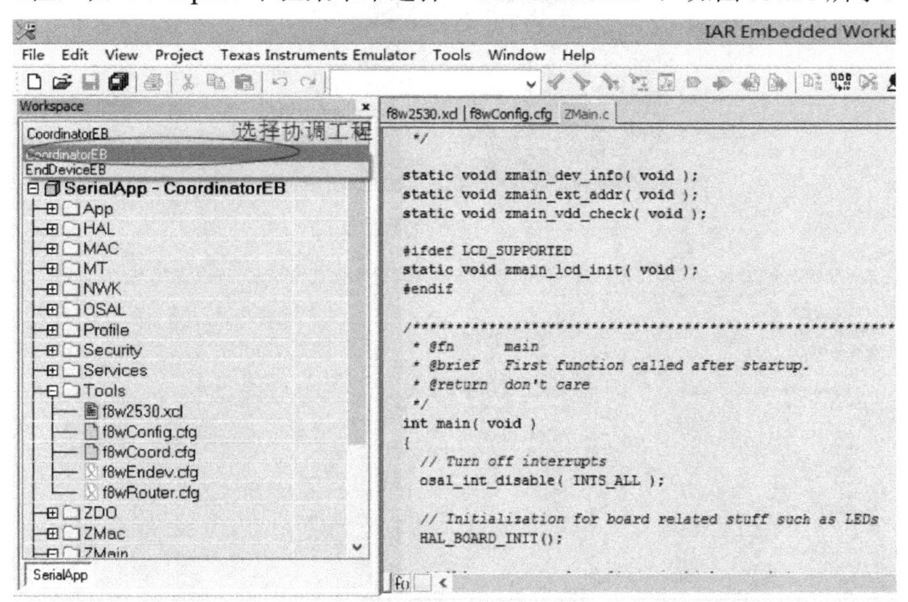

图 5.4.28　协调器烧写

编译烧写程序（先编译后烧写），如图 5.4.29 所示。

烧写完成之后拔出烧写线，复位协调模块。

终端节点烧写连接方式如图 5.4.30 所示。

烧写过程一样，工程选择“EndDeviceEB”，如图 5.4.31 所示。

编译烧写程序（先编译后烧写），如图 5.4.32 所示。

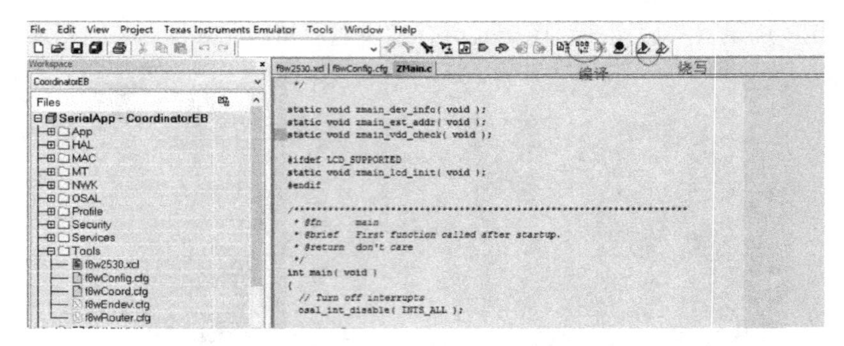

图 5.4.29 编译烧写程序

图 5.4.30 终端节点连接方式

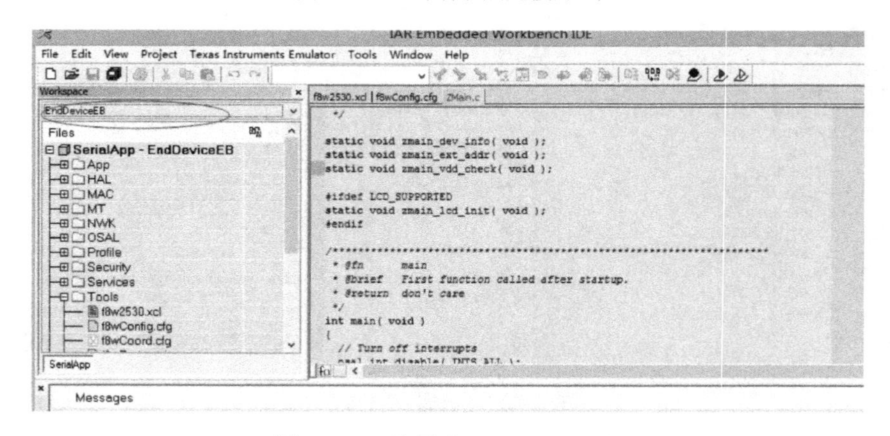

图 5.4.31 选择“EndDeviceEB”

烧写完成之后拔出烧写线，复位协调模块。

本实验的功能步骤：

① 设备上电后自动选择设备类型。第一个启动的设备为协调器，后续启动的为终端节点。

② 终端节点将数据以单播的形式发送到协调器。当协调器接收到来自终端节点的数据包，进行判断是否是想要的数据。

③ 协调分析接收数据命令正确，再做相应的操作（LED 亮灭）。

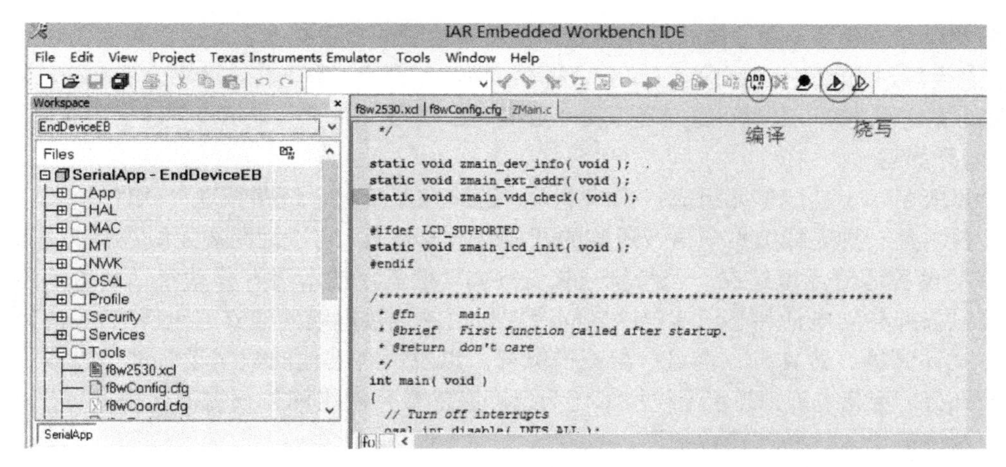

图 5.4.32　编译烧写程序

【实验结果】

下载完程序后，先复位协调节点模块，接着复位终端节点模块。等待连接完成（D9 熄灭），这时会看到协调节点的 D7 LED 灯每隔 5s 闪烁一次。

D7 灭状态如图 5.4.33 所示。

D7 亮状态如图 5.4.34 所示。

图 5.4.33　D7 灯灭状态

图 5.4.34　D7 灯亮状态

5.5　短距离传输之蓝牙（BLE）

5.5.1　蓝牙的概念及原理

1．蓝牙的概念

所谓蓝牙（Bluetooth）技术，实际上是一种低功率、短距离的无线连接技术。

由于采用了向产业无偿转让该项专利的策略，蓝牙技术目前在无线办公、汽车工业、医疗等设备上随处可见，其应用极为广泛。利用“蓝牙”技术，能够有效地简化掌上电脑、笔记本电脑和移动电话、手机等移动通信终端设备之间的通信，也能够成功简化以上这些设备与 Internet 之间的通信，从而使这些现代通信设备与 Internet 之间的数据传输更加迅速有效，为无线通信拓宽道路。蓝牙采用分散式网络结构，以及块跳频的短包技术，支持点对点及点对多通信，工作在全球通用的2.4GHz ISM（工业、科学、医学）频段。数据传输速率为1Mbps，采用时分工传输方案实现全双工传输，通信距离为10m左右。配置功率放大器可以使通信距离增加。

2．蓝牙原理

蓝牙系统由4个功能单元组成：无线单元、链路控制单元、链路管理、软件功能。

蓝牙技术是一种无线数据与语音通信的开放性全球规范，它以近距离无线连接为基础，为固定与移动设备通信环境建立一个特别连接。例如，把蓝牙技术引入移动电话和笔记本电脑中，就可以去掉移动电话和笔记本电脑之间令人讨厌的连接电缆而建立起无线通信。打印机、FDA、台式计算机、传真机、键盘、游戏操纵杆，以及所有其他的数字设备都可以成为蓝牙系统的一部分。除此之外，蓝牙无线技术还为已存在的数字网络和外设提供通用接口，以组建一个固定网络的个人特别连接设备群。

ISM频带是对所有无线电系统都开放的频带，因此使用其中的某个频段可能会遇到不可预测的干扰源。例如，某些家电、无绳电话、汽车开门器、微波炉等，都可能是干扰。为此，蓝牙特别设计了快速确认和跳频方案以确保链路稳定。跳频技术把频带分成若干个跳频信道，在一次连接中，无线电收发按一定的码序列（即一定的规律，技术上称为“伪随机码”，就是“假”的随机码）不断地从一个信道“跳”到另一个信道，只有收发双方是按照这个规律进行通信的，而其他干扰不可能按同样的规律进行干扰；跳频的瞬时带宽是很窄的，但通过拓展频谱技术可使这个窄带宽成百倍地拓展成宽频带，使干扰可能的影响变得很小。

蓝牙技术的整个协议体系结构分3个部分：底层硬件模块、中间协议层和高层应用。蓝牙基带协议是电路交换与分组交换的结合。在被保留的时隙中可以传输同步数据包，每个数据包以不同的频率发送。一个数据包名义上占用一个时隙，但实际上可以被扩展到占用5个时隙。蓝牙不仅可以支持异步数据信道、多达3个同时进行的同步语音信道，还可以用一个信道同时传送异步数据和同步语音。每个语音信道支持64kbps同步语音链路。异步信道可以支持一端最大速率为721kbps、而另一端速率为57.6kbps的不对称连接，也可以支持43.2kbps的对称连接。

5.5.2 蓝牙技术优势

1．全球可用

Bluetooth 无线技术规格供全球的成员公司免费使用。许多行业的制造商都积极地在其产品中实施此技术，以减少使用零乱的电线，实现无缝连接、流传输立体声、传输数据或进行语音通信。Bluetooth 技术在2.4GHz波段运行，该波段是一种无须申请许可证的工业、科技、医学无线电波段。正因如此，使用 Bluetooth 技术不需要支付任何费用。但必须向手机提供商注册使用 GSM 或 CDMA，除了设备费用以外，不需要为使用 Bluetooth 技术再支付任何费用。

2．设备范围

Bluetooth 技术得到了空前广泛的应用，集成该技术的产品从手机、汽车到医疗设备，使用该技术的用户从消费者、工业市场到企业等，不一而足。低功耗、小体积及低成本的芯片解决方案使得 Bluetooth 技术甚至可以应用于极微小的设备中。

3．易于使用

Bluetooth 是一项即时技术，它不要求固定的基础设备，且易于安装和设置，不需要电缆即可实现连接。新用户使用也不费力，只需要拥有 Bluetooth 产品，检查可用的配置文件，将其连接至使用同一配置文件的另一 Bluetooth 设备即可。后续的 PIN 码解锁流程就如同在 ATM

机器上一样简单。外出时，可以随身带上一个个人局域网（PAN），甚至可以与其他网络连接。

4．全球通用的规格

Bluetooth 无线技术是当今市场上支持范围最广泛，功能最丰富且安全的无线标准。全球范围内的资格认证程序可以测试成员的产品是否支持标准。自1999年发布Bluetooth规格以来，总共有超过 4000 家公司成为 Bluetooth 特别兴趣小组成员。同时，市场上 Bluetooth 产品的数量成倍增长。

总之，蓝牙的优势如下：支持语音和数据传输；采用无线电技术，传输范围大，可穿透不同物质及在物质间扩散；采用跳频扩频技术，抗干扰性强，不易窃听；使用在各国都不受限制的频谱，理论上说，不存在干扰问题；低功耗，成本低。蓝牙技术的性能参数：有效传输距离为 10cm～10m，增加发射功率可达 100m，甚至更远。

5.5.3　BLE 4.0 协议栈安装

BLE 协议是一系列的通信标准，通信双方需要共同按照这一标准进行正常的数据发射和接收。协议栈是协议的具体实现形式，通俗来讲就是协议栈是协议和用户之间的一个接口，开发人员通过使用协议栈来使用这个协议，进而实现无线数据收发。

协议栈位置："基于嵌入式系统的物联网实验开发光盘/工具软件/蓝牙 4.0 驱动及协议栈\BLE协议栈/BLE-CC254x-1.3.2.exe"，双击"BLE-CC254x-1.3.2.exe"，安装协议栈，如图 5.5.1 所示。

图 5.5.1　安装协议栈

直至单击"Finish"按钮，安装完成，如图 5.5.2 所示。

5.5.4　BLE 程序烧写

打开一个 BLE 工程：确保 IAR for 8051 的开发工具已安装成功，打开 IAR 8.10 软件，使用串口调试助手，观察终端节点上传的数据值。首先各模块下载相应的程序，以风扇控制模块为例。

1．节点设备连接和驱动安装

仿真器与节点连接方式如图 5.5.3 所示。

下载程序之前，首先要确保软件和驱动已经安装成功，否则将无法进行程序的下载和调试。

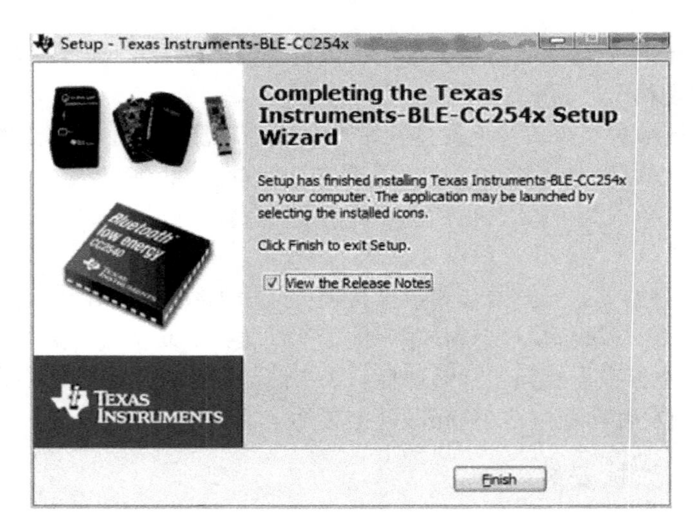

图 5.5.2 协议栈安装完成

2. 节点工程编译和烧写

设备连接完成以后，就可以下载程序。

注意：打开工程文件时，需要首先启动 IAR 8.10，然后再选择工程文件打开，否则会导致 IAR 版本与工程文件的不匹配而打不开。打开过程如图 5.5.4 和图 5.5.5 所示。

图 5.5.3 仿真器和节点连接方式

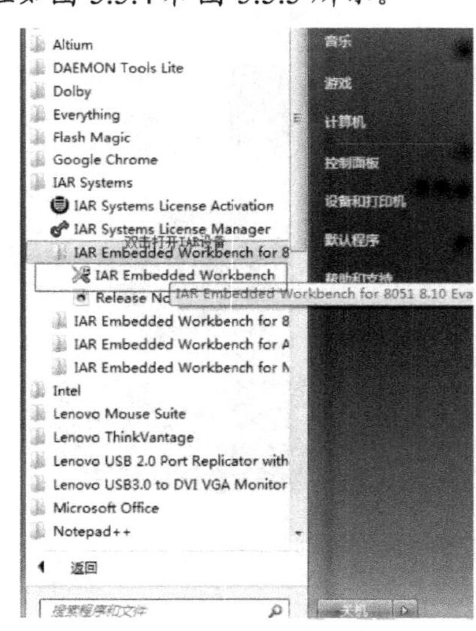

图 5.5.4 打开工程文件

选择 BLE 工程文件（协调器和终端节点串口通信波特率均为 115200bps）。

进入蜂鸣器工程文件路径："基于嵌入式系统的物联网实验开发光盘/无线传感模块/BLE部分-CC2540/程序源码/BLE 4.0 主机源码/Projects/ble/SimpleBLECentral/CC2540"，选择主机节点（SimpleBLECentral），通过使用 Workspace 下拉菜单，选择不同的设备类型。采集节点 SimpleBLECentral 作为主机节点。

进入"SimpleBLECentral/cc2530"目录，双击"SimpleBLECentral"打开工程，如图 5.5.6、图 5.5.7 和图 5.5.8 所示。

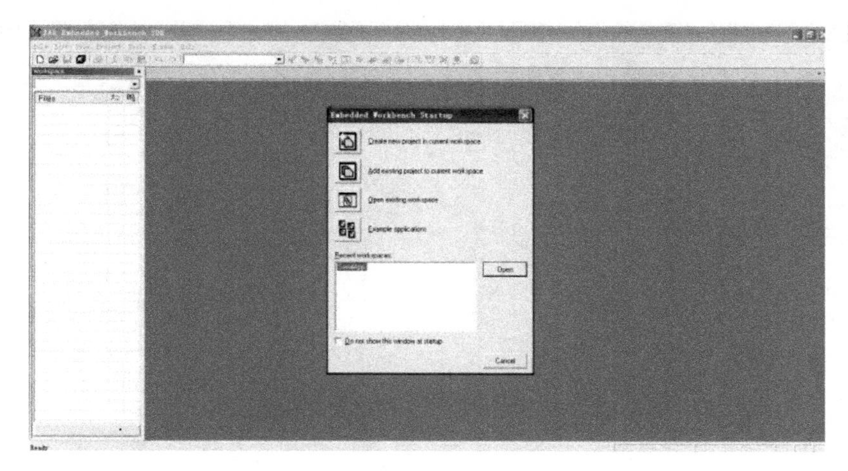

图 5.5.5　打开工程文件

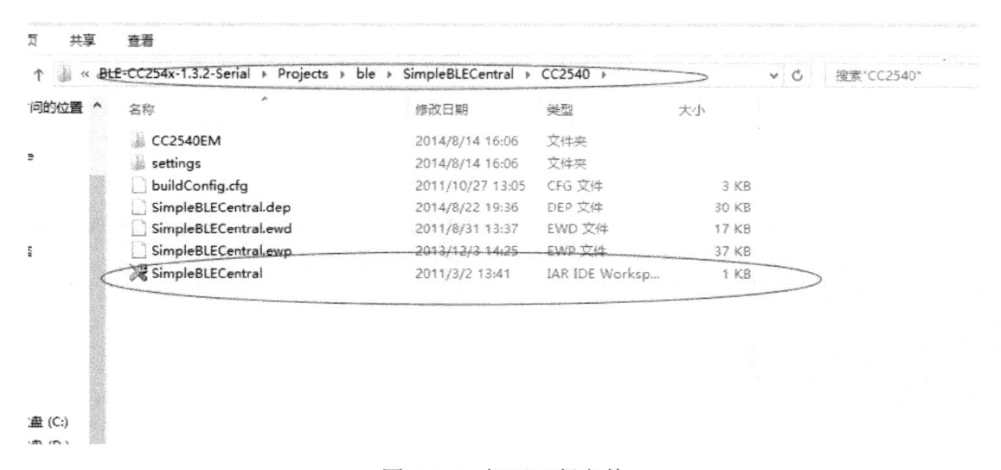

图 5.5.6　打开工程文件

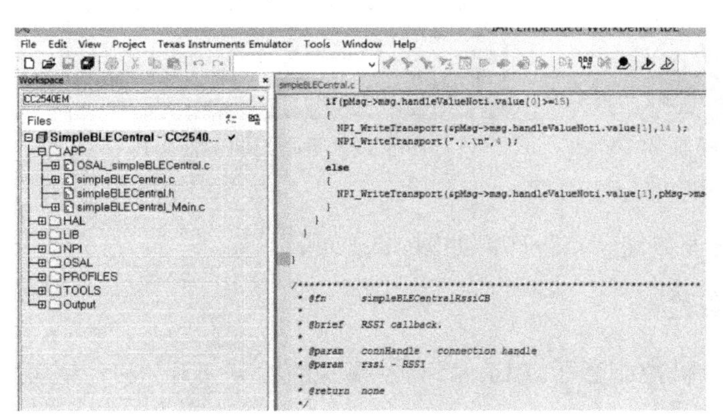

图 5.5.7　工程界面

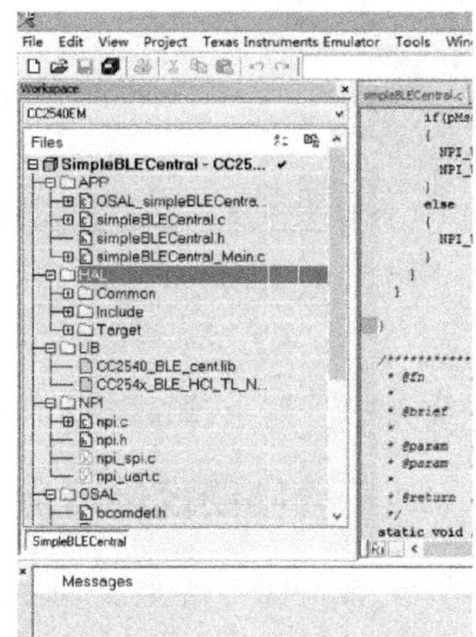

图 5.5.8　工程文件结构图

执行“Project→Rebuild All”命令编译工程文件，如图 5.5.9 所示。

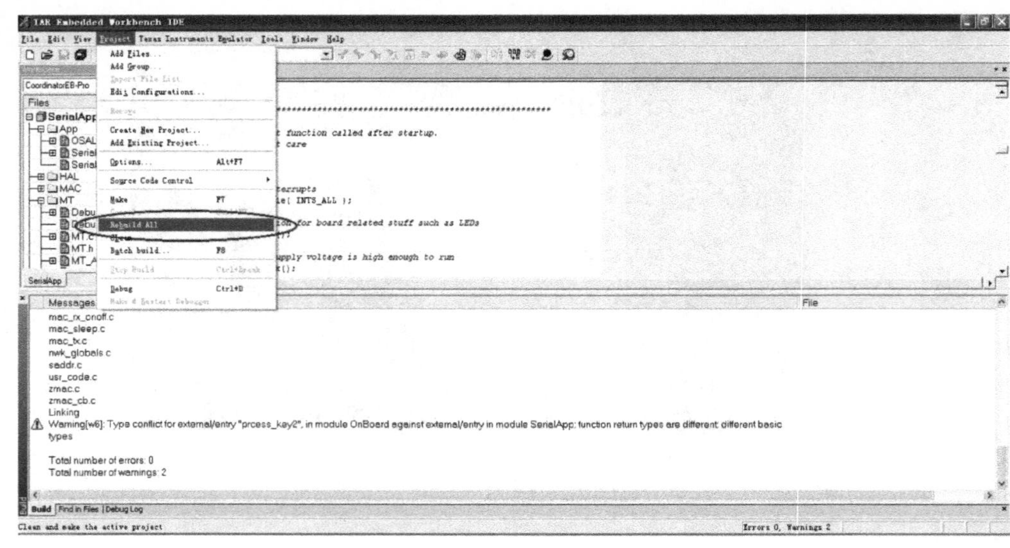

图 5.5.9　编译工程文件

连接 SmartRF04EB 仿真器与 BLE 主机节点模块，将仿真器 USB 接口连接至 PC。第一次 PC 会提示安装驱动，如图 5.5.10 所示。

下载协调器程序，如图 5.5.11 所示。

图 5.5.10　SmartRF04EB 仿真器与 BLE 主机节点模块连接方式

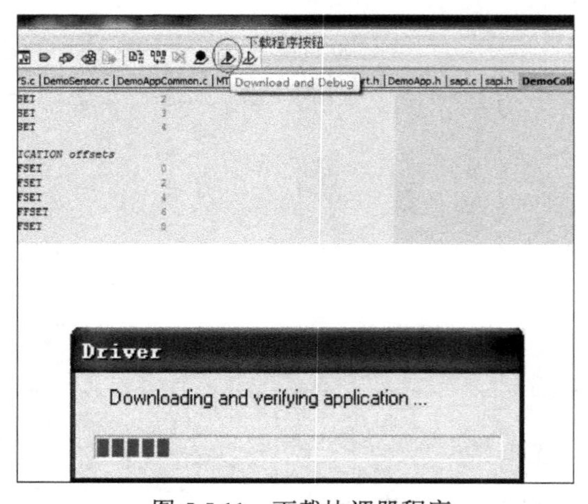

图 5.5.11　下载协调器程序

下载完毕，退出调试窗口，烧写终端节点程序，如图 5.5.12 所示。

5.5.5　BLE 蜂鸣器控制节点实验

本实验的主要内容是实现上位机控制蓝牙 BLE 蜂鸣器模块的状态（开/关），或者通过 Android 软件控制终端设备蜂鸣器模块。

【实验目的】

（1）熟悉 IAR 工具软件的使用方式。

（2）通过本实验利用 CC2540 芯片学习 GPIO 的使用方法。

（3）了解 BLE 的通信协议。

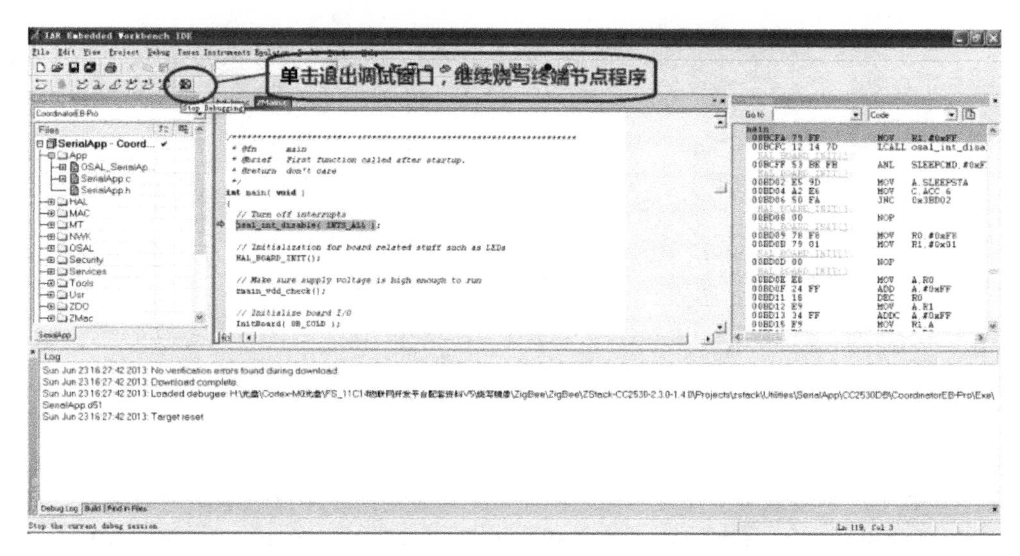

图 5.5.12　退出调试窗口

【实验环境】

（1）蜂鸣器控制模块和主机模块。

（2）SmartRF04EB 仿真器。

（3）IAR 8.10 集成开发软件。

（4）Windows XP、Windows7/8 (32/64 位)PC。

【实验原理】

通过 GPIO 的电平高低来控制蜂鸣器鸣叫状态。

蓝牙蜂鸣器原理图如图 5.5.13 所示。

由原理图可知，蜂鸣器的控制引脚与 CC2540 的 P1_3 引脚相连，只要给 P1_3 引脚高电平，蜂鸣器鸣叫，如图 5.5.14 所示。

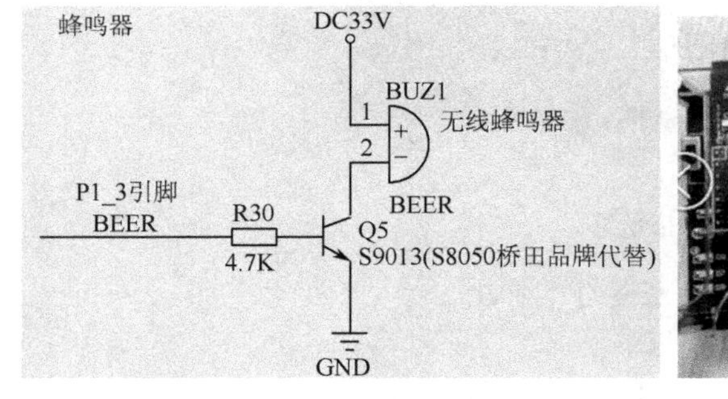

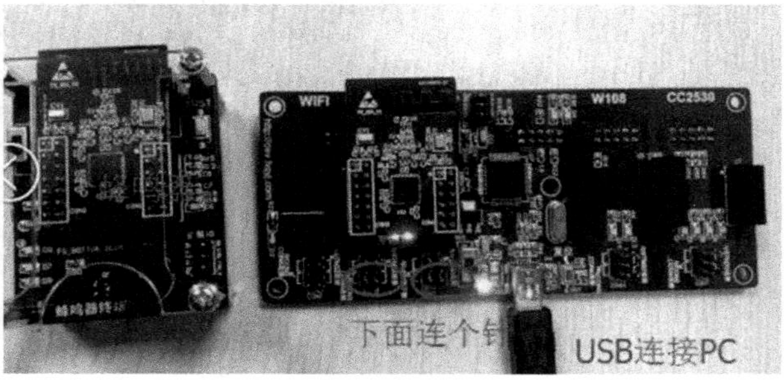

图 5.5.13　蜂鸣器控制节点原理图

图 5.5.14　蜂鸣器模块

注意：这里用 M3 网关模块作协调节点。

【实验步骤】

光盘例程路径：“基于嵌入式系统的物联网实验开发光盘/无线传感模块/BLE 部分-CC2540\程序源码/BLE 4.0 蜂鸣器控制 Ok(1f)/Projects/ble/SimpleBLEPeripheral/CC2540DB”，双击工程文件，如图 5.5.15 所示。

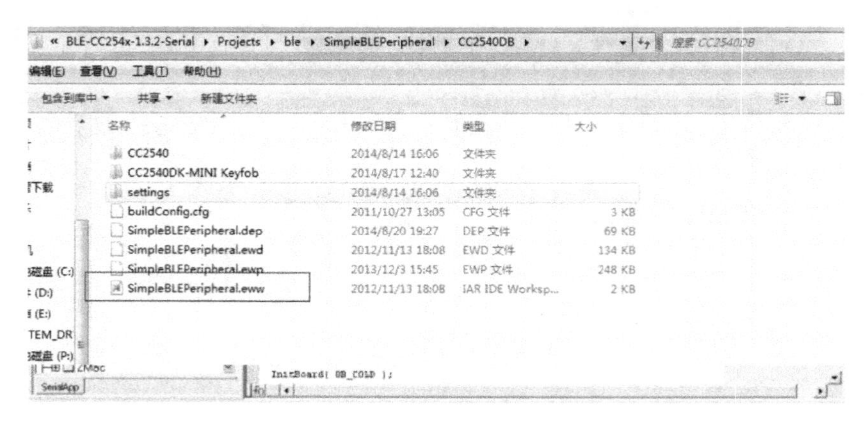

图 5.5.15 打开工程文件

注意：如果 PC 中安装有多个 IAR 版本，双击工程文件会弹出版本不对的提示。请先在 PC 中找到程序对应的 IAR 版本，此处工程的 IAR 版本是 8.10。先打开 8.10 版本的 IAR，再把工程添加到 IAR 里，或直接单击工程不放拖进 IAR 里。

烧写过程请参考 5.5.4 节 BLE 程序烧写的烧写过程（BLE 和 ZigBee 烧写过程相同），烧写完成之后要复位一下模块，模块板上有一个 RST 按钮（复位键）。

【实验结果】

烧写完成后,首先打开协调器开关，D15，D11，D10 三盏灯常亮，如图 5.5.16 所示。

图 5.5.16 协调器指示灯

打开终端节点,下面首先依次介绍 D7，D8，D9 三盏灯的作用。

D8 电量灯：当电量低于 30%的时候，该灯闪烁。

D7 发送灯：当终端节点向蓝牙协调器发送数据的时候,该灯闪烁。

D9 连接灯：当与蓝牙协调器节点建立连接后，该灯常亮，断开连接后该灯灭。

如图 5.5.17 所示。

利用串口调试工具做实验，打开串口调试工具，波特率 115200、串口号（PC 的端口号），单击“打开”按钮，如图 5.5.18 所示。

接收到的数据如图 5.5.19 所示。

设备上电后，首先采集的是蓝牙从机的信号量，是一个 0～100 的数据，值越小，表示从机设备离主机越近，信号越强。

图 5.5.17　蜂鸣器模块指示灯

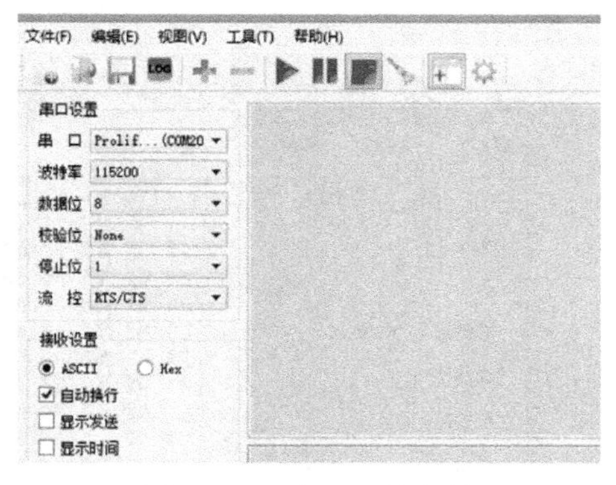

图 5.5.18　串口工具参数

文件(F)　编辑(E)　视图(V)　工具(T)　帮助(H)

串口设置

串　口

波特率 115200

数据位 8

校验位 None

停止位 1

流　控 None

接收设置

ASCII　Hex

自动换行

显示发送

显示时间

发送设置

ASCII　Hex

```
21 42 40 00 62 00 00 30 00 00 01 51
21 42 40 00 62 00 00 33 00 00 01 52
21 42 40 00 62 00 00 30 00 00 01 51
21 42 40 00 62 00 00 29 00 00 01 48
21 42 40 00 62 00 00 27 00 00 01 46
21 42 40 00 62 00 00 28 00 00 01 49
21 42 40 00 62 00 00 29 00 00 01 48
21 42 40 00 62 00 00 30 00 00 01 51
21 42 40 00 62 00 00 31 00 00 01 50
21 42 40 00 62 00 00 31 00 00 01 50
```

校验值

设备地址

设备类型

设备下坐标

RSSI信号值

图 5.5.19　接收到的数据

在发送区发送以下命令，进行连接从机设备：

23 43 42 43 00 00 31

00：表示要连接设备的下坐标；

31：表示连接设备；

其他的字符是确定的（不能改变）。

在发送区发送以下命令，断开从机设备连接：

23 43 42 43 00 00 30

00：表示要连接设备的下坐标；

30：表示断开现连接的设备；

其他的字符是确定的（不能改变）。

注意：设备地址以实际设备的地址为准！

等待连接从机设备，需要一个连接过程。连接成功后，在串口调试助手上显示数据，如图 5.5.20 所示。

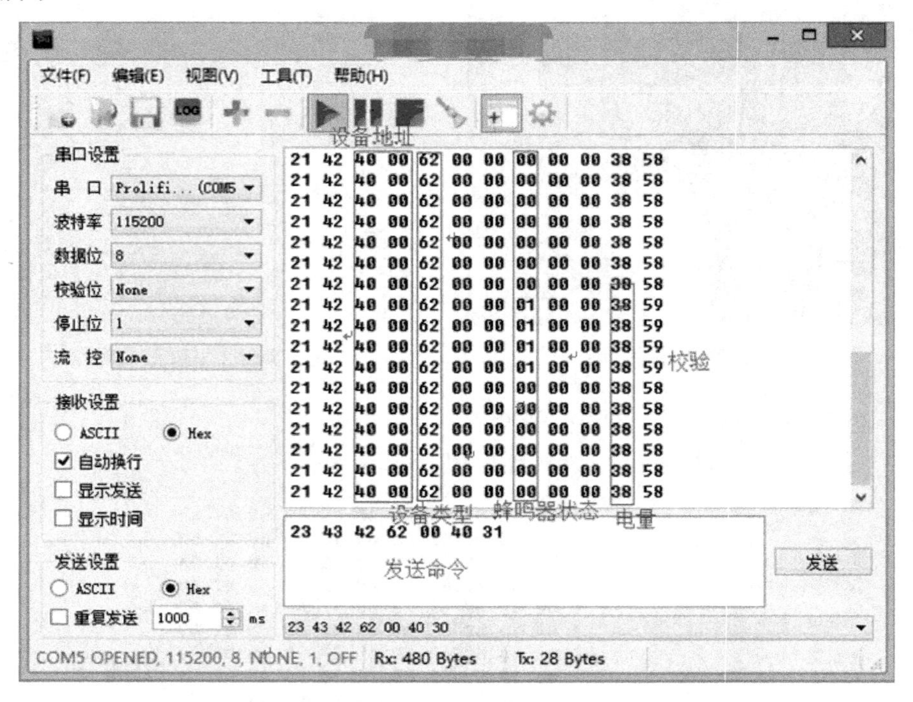

图 5.5.20　连接成功数据

串口接收到的数据和终端发送的数据一样，蜂鸣器发送的协议：

21 42 40 00 62 00 00 01 00 00 5D 6B

21：表示协议头'!'；

42：表示此模块为蓝牙（BLE），字符'B'；

40 00：表示源地址，1F 为低 8 位地址，08 为高 8 位地址；

62：表示类型（Buzzer），字符'f'；

00 00 01：表示模块状态，01 为蜂鸣器开状态、00 为关状态；

00 00：表示父节点地址；

5D：表示模块电量；

6B：表示校验位。

BLE 蜂鸣器控制协议：

C B b 00 40 31

C：表示协议头；

B：BLE，表示要给 BLE 设备发送数据，只有 BLE 设备接收；

00 40：表示控制节点的地址，表示要控制哪一个设备（如蜂鸣器的地址）；

31：表示控制命令（31：开/30：关）；

31/30：表示开关命令。

以十六进制数发送命令：

```
23 43 42 62 00 40 31    //开蜂鸣器
23 43 42 62 00 40 30    //关蜂鸣器
```

在协调节点所连接的串口调试助手上发送以上命令，就可以控制蜂鸣器。

注意：连接过程中需要注意的是，先开启蓝牙的终端节点，紧接着开启蓝牙协调节点（5s之内开启）。由于协调节点是通过指令搜索终端节点的，如果搜索时间超时，则有可能是终端节点没有最先开启，造成协调节点无法搜索得到终端节点，这里需要特别注意。

5.6 短距离传输之 IPv6

5.6.1 IPv6 介绍

1．IPv6 概述

IPv6 是 Internet Protocol Version 6 的缩写，其中 Internet Protocol 译为“互联网协议”。IPv6 是 IETF（互联网工程任务组，Internet Engineering Task Force）设计的用于替代现行版本 IP 协议（IPv4）的下一代 IP 协议。

IPv4 的核心技术属于美国。它的最大问题是网络地址资源有限，从理论上讲，编址 1600 万个网络、40 亿台主机。但采用 A、B、C 三类编址方式后，可用的网络地址和主机地址的数目大打折扣，以至于 IP 地址已于 2011 年 2 月 3 日分配完毕。其中，北美占有 3/4，约 30 亿个，而人口最多的亚洲只有不到 4 亿个。地址不足，严重地制约了中国及其他国家互联网的应用和发展。

一方面是地址资源数量的限制，另一方面是随着电子技术及网络技术的发展，计算机网络进入人们的日常生活，可能身边的每一样东西都需要连入全球因特网。在这样的环境下，IPv6 应运而生。单从数量级上来说，IPv6 所拥有的地址容量是 IPv4 的约 8×10^{28} 倍，达到 2^{128}（算上全零的）个。这不但解决了网络地址资源数量的问题，同时也为除计算机外的设备连入互联网在数量限制上扫清了障碍。

但是与 IPv4 一样，IPv6 一样会造成大量的 IP 地址浪费。准确地说，使用 IPv6 的网络并没有 2^{128} 个能充分利用的地址。首先，要实现 IP 地址的自动配置，局域网所使用的子网的前缀必须等于 64，但是很少有一个局域网能容纳 2^{64} 个网络终端；其次，由于 IPv6 的地址分配必须遵循聚类的原则，地址的浪费在所难免。

但是，如果说 IPv4 实现的只是人机对话，而 IPv6 则扩展到任意事物之间的对话，它不仅可以为人类服务，还将服务于众多硬件设备，如家用电器、传感器、远程照相机、汽车等，它将是无时不在、无处不在地深入社会每个角落的真正的宽带网，而且它所带来的经济效益将非常巨大。

当然，IPv6 并非十全十美、一劳永逸，不可能解决所有问题。IPv6 只能在发展中不断完善，也不可能在一夜之间发生，过渡需要时间和成本，但从长远看，IPv6 有利于互联网的持续和长久发展。

2．IPv6 的特点

① IPv6 地址长度为 128 位，地址空间增加了 $2^{128}-2^{32}$ 个。

② 灵活的 IP 报文头部格式，使用一系列固定格式的扩展头部取代了 IPv4 中可变长度的

项字段。IPv6 中选项部分的出现方式也有所变化，使路由器可以简单路过选项而不做任何处理，加快了报文处理速度。

③ IPv6 简化了报文头部格式，字段只有 8 个，加快报文转发，提高了吞吐量。

④ 提高安全性。身份认证和隐私权是 IPv6 的关键特性。

⑤ 支持更多的服务类型。

⑥ 允许协议继续演变，增加新的功能，使之适应未来技术的发展。

5.6.2 基于 IPv6 蜂鸣器实验

【实验目的】

（1）熟悉 contiki 操作系统。

（2）熟悉 IPv6 的通信协议。

（3）通过本实验掌握 STM32W108 的 GPIO 使用方法。

【实验环境】

（1）IPv6 蜂鸣器控制模块。

（2）VMware 虚拟机。

（3）Windows XP、Windows7/8 PC。

【实验内容】

编写蜂鸣器控制程序，实现 IPv6 服务器端发送命令控制客户端设备（蜂鸣器）开关。

【实验原理】

蜂鸣器电路原理图如图 5.6.1 所示。

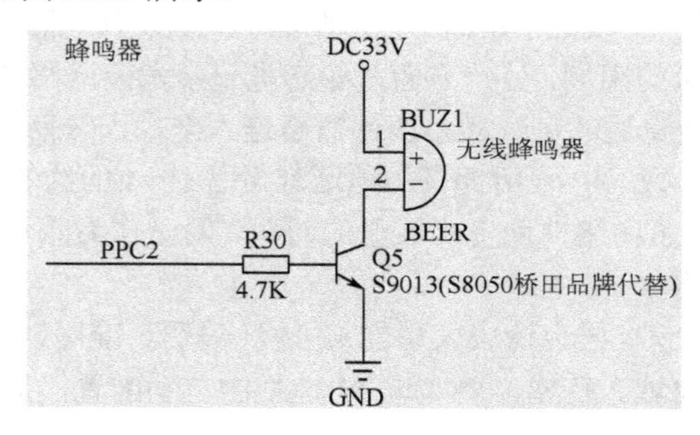

图 5.6.1 蜂鸣器原理图

由原理图可知，蜂鸣器的控制引脚与 STM32W108 的 PPC2 引脚相连，使用三极管控制蜂鸣器的通断，只要给 PPC2 引脚高电平风扇就会转起来。

【实验步骤】

打开 VMware 虚拟软件，打开 Ubuntu 镜像（注意：此处镜像与第 2 章所安装的镜像不是同一个），如图 5.6.2 所示。

用本书第 2 章的方法优化配置虚拟机，如图 5.6.3 所示。

输入密码进入虚拟机，这个虚拟机的密码是“user”，如图 5.6.4 所示。

进入 vi 下的 contiki-2.7-stm 目录文件夹，执行 ls 命令，如图 5.6.5 所示。

打开 contiki 源文件目录，可以看到主要有 apps、core、cpu、doc、examples、platform、tools 等目录。下面将分别对各个目录进行介绍。

图 5.6.2 打开虚拟机

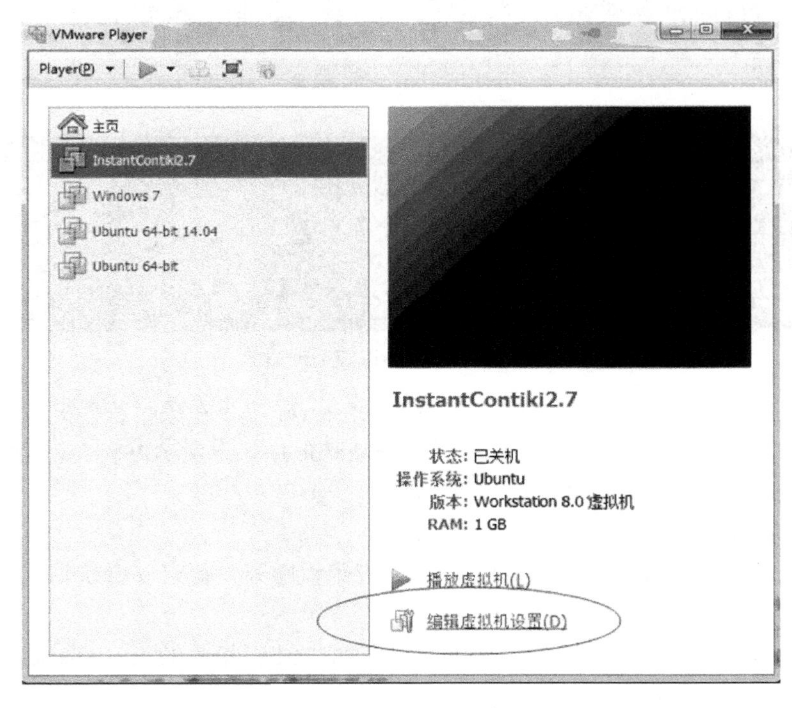

图 5.6.3 配置虚拟机

core 目录下是 contiki 的核心源代码，包括网络（net）、文件系统（cfs）、外部设备（dev）、链接库（lib）等，并且包含时钟、I/O、ELF 装载器、网络驱动等的抽象。

cpu 目录下是 contiki 目前支持的微处理器，如 arm、avr、msp430 等。如果需要支持新的微处理器，可以在这里添加相应的源代码。

platform 目录下是 contiki 支持的硬件平台，如 mx231cc、micaz、sky、win32 等。contiki 的平台移植主要在这个目录下完成。这一部分的代码与相应的硬件平台相关。

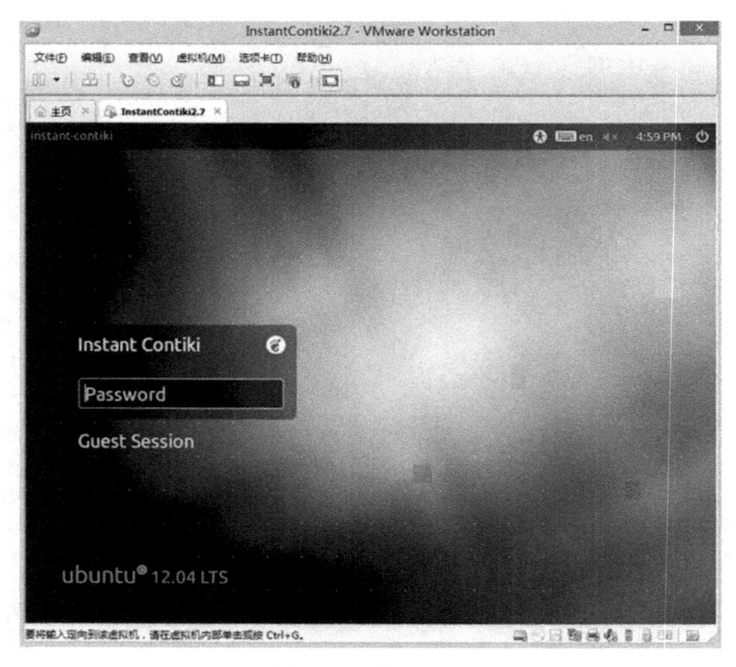

图 5.6.4　输入密码

```
user@instant-contiki:~$ cd songl/contiki-2.7-stm/
user@instant-contiki:~/songl/contiki-2.7-stm$ cd contiki-2.7-stm/
user@instant-contiki:~/songl/contiki-2.7-stm/contiki-2.7-stm$ pwd
/home/user/songl/contiki-2.7-stm/contiki-2.7-stm
user@instant-contiki:~/songl/contiki-2.7-stm/contiki-2.7-stm$ ls
apps  doc       Makefile.include     README-EXAMPLES.md  tags
core  examples  platform             README.md           tools
cpu   LICENSE   README-BUILDING.md   regression-tests
user@instant-contiki:~/songl/contiki-2.7-stm/contiki-2.7-stm$
```

图 5.6.5　进入 contiki-2.7-stm 目录

apps 目录下是一些应用程序，如 ftp、shell、webserver 等，在项目程序开发过程中可以直接使用。使用这些应用程序的方式为：在项目的 makefile 中，定义 APPS=[应用程序名称]。在以后的案例中会具体看到如何使用 apps。

examples 目录下是针对不同平台的案例程序。

doc 目录是 contiki 帮助文档目录，对 contiki 应用程序开发很有参考价值。使用前需要先用 Doxygen 进行编译。

tools 目录下是开发过程中常用的一些工具，例如，CFS 相关的 makefsdata、网络相关的 tunslip、模拟器 cooja 和 mspsim 等。

进入蜂鸣器源码文件，路径如下：/home/user/songl/contiki-2.7-stm/contiki-2.7-stm/ examples/mbxxx/ADC_voltage/rpl-udp-Buzzer，接着只需打开 udp-Buzzer-client.c 和 udp-Buzzer- server.c 两个文件，修改它们之间的通信协议。

编译程序，执行命令：

```
./build.sh
```

会生成 udp-Buzzer-server.bin 和 udp-Buzzer-client.bin 两个 bin 文件。

注意任何模块都可以作为服务端的底板，只需烧写 server 程序即可。这里运用 M3 网关模块作为服务端。

服务端（M3 网关）烧写：udp-Buzzer-server.bin

客户端（蜂鸣器）烧写：udp-Buzzer-client.bin

【实验结果】

利用串口调试工具做实验，打开串口调试工具，设置波特率 115200bps、串口号（PC 的端口号），单击“打开”按钮。接收到的数据如图 5.6.6 所示。

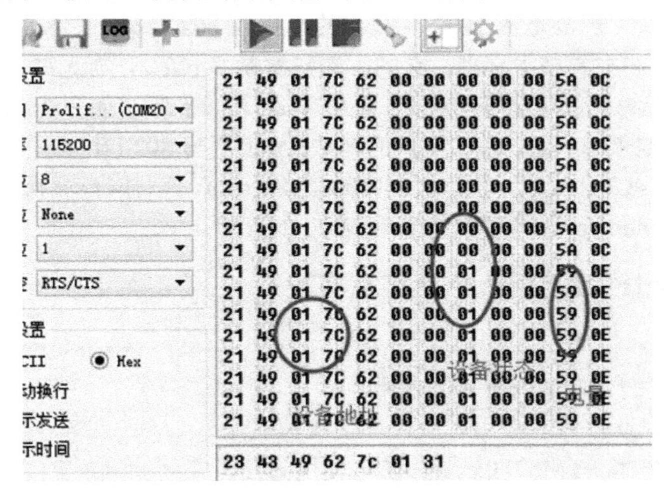

图 5.6.6　串口工具接收到的数据

串口接收：21 49 01 7C 62 00 00 01 00 00 59 0E

21 49：表示字符'！I'；

01 7C：表示设备地址（注意：01 为低 8 位地址，7C 为高 8 位地址）；

62：表示设备类型是蜂鸣器，字符'f'；

00 00 01：表示蜂鸣器的状态值，蜂鸣器鸣叫状态开始为 1，反之为 0；

59：表示当前电量值；

0E：表示校验和。

在发送区，执行控制命令：23 43 49 62 7C 01 31

23 43 49：表示协议头"#CI"；

62：表示终端的设备类型（蜂鸣器）；

7C 01：表示设备的地址（注意：这里的地址和服务器接收的地址高低 8 位的顺序是反过来的，例如，设备的地址是 7C 01，则服务器接收的地址是 01 7C）；

31：字符'1'为开。

执行以上命令，蜂鸣器会发出响声，表示无线通信畅通并成功接收数据控制设备。

蜂鸣器请发送：23 43 49 62 7C 01 30。

5.7　短距离传输之 WiFi

5.7.1　WiFi 技术定义

WiFi（Wireless Fidelity，无线高保真）是一种无线通信协议（IEEE 802.11b），WiFi 的传输速率最高可达 11Mbps，虽然在数据安全性方面比蓝牙技术要差一些，但在无线电波的覆盖范围方面却略胜一筹，可达 100m 左右。

WiFi 是以太网的一种无线扩展，理论上只要用户位于一个接入点四周的一定区域内，就能以最高约 11Mbps 的速率接入互联网。实际上，如果有多个用户同时通过一个点接入，带宽将被多个用户分享，WiFi 的连接速度会降低到只有几百 kbps。另外，WiFi 的信号一般不受墙壁阻隔的影响，但在建筑物内的有效传输距离要小于户外。

最初的 IEEE 802.11 规范是在 1997 年提出的，称为 802.11b，主要目的是提供 WLAN 接入，也是目前 WLAN 的主要技术标准，它的工作频率是 2.4GHz，与无绳电话、蓝牙等许多不需频率使用许可证的无线设备共享同一频段。随着 WiFi 协议新版本如 802.11a 和 802.11g 的先后推出，WiFi 的应用将越来越广泛。速度更快的 802.11g 使用与 802.11b 相同的正交频分多路复用调制技术，也工作在 2.4GHz 频段，速率达 54Mbps。Microsoft 公司的桌面操作系统 Windows XP 和嵌入式操作系统 Windows CE，都包含了对 WiFi 的支持。

5.7.2 基于 WiFi 超声波测距传感器节点实验

【实验目的】

（1）学习 STM32 的 M0 系列芯片的使用。

（2）学习 MDK 开发软件的使用方法，如仿真调试。

（3）通过本实验掌握 STM32F0xx 的 ADC 使用方法。

【实验环境】

（1）WiFi 超声波测距传感器模块。

（2）MDK 开发工具和相应的仿真器。

（3）Windows XP、Windows7/8 PC。

【实验内容】

编写超声波实验程序，实现 STM32F0xx 芯片采集到超声波测距长度的 AD 值，并把 AD 值通过串口 WiFi 模块（STA）传输给服务器端 WiFi 模块（AP），在 PC 上的串口调试助手显示数据。

【实验原理】

声波是一种能在气体、液体和固体中传播的机械波。根据振动频率的不同，可分为次声波、声波、超声波和微波等。

① 次声波：振动频率低于 16Hz 的机械波。

② 声波：振动频率在 16Hz～20kHz 之间的机械波，在这个频率范围内能为人耳所闻。

③ 超声波：高于 20kHz 的机械波。

超声波与一般声波相比，振动频率高，而且波长短，因而具有束射特性，方向性强，可以定向传播，其能量远远大于振幅相同的一般声波，并且具有很高的穿透能力。例如，在钢材中甚至可穿透 10m 以上。超声波在均匀介质中按直线方向传播，但到达界面或者遇到另一种介质时，也像光波一样产生反射和折射，并且服从几何光学的反射、折射定律。超声波在反射、折射过程中，其能量及波形都将发生变化。超声波在界面上的反射能量与透射能量的变化取决于两种介质的声阻抗特性。和其他声波一样，两介质的声阻抗特性差愈大，则反射波的强度愈大。例如，钢与空气的声阻抗特性相差 10 万倍，故超声波几乎不通过空气与钢的界面，全部反射。超声波在介质中传播时，随着传播距离的增加，能量逐渐衰减，能量的衰减决定于波的扩散、散射（或漫射）及吸收。扩散衰减，是超声波随着传播距离的增加，在单位面积内声能的减弱；散射衰减，是由于介质不均匀性产生的能量损失；超声波被介质吸收后，将声能直接转换为热能，这是由于介质的导热性、黏滞性及弹性造成的。

声波传感器的测距原理：超声波发射器向某一方向发射超声波，在发射时刻的同时开始计时，超声波在空气中传播，途中碰到障碍物就立即返回来，超声波接收器收到反射波就立即停止计时。设超声波在空气中的传播速度为 340m/s，根据计时器记录的时间 t，就可以计算出发射点距障碍物的距离 s，即 $s=340t/2$。需要说明的是，超声波传感器发射的波束比较窄（<10°），反射后仍然很窄，如果被测物体被旋转放置，有可能反射波束会偏离接收探头的位置，导致探头接收不到反射波信号，测距将失败，如图 5.7.1 所示。

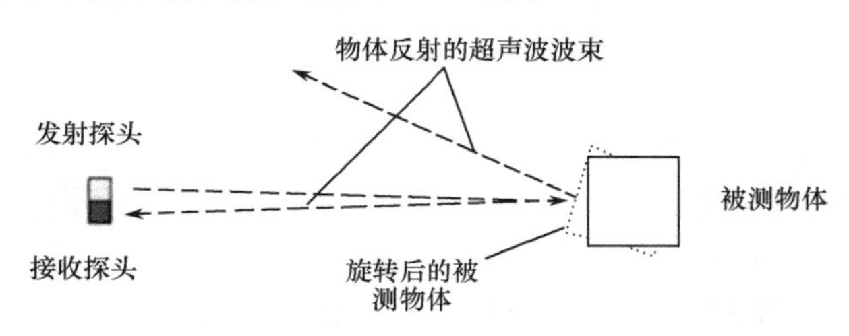

图 5.7.1　超声波传感器测量物体距离原理示意图

超声波测距传感器包括发射超声波和接收超声波的两部分装置，习惯上称为超声波换能器或超声波探头。常用的超声波传感器有两种，即压电式超声波传感器和磁致式超声波传感器。本实验采用的是压电式超声波传感器，主要由超声波发射器（或称发射探头）和超声波接收器（或称接收探头）两部分组成，它们都是利用压电材料（如石英、压电陶瓷等）的压电效应进行工作的。利用逆压电效应将高频电振动转换成高频机械振动，产生超声波，以此作为超声波的发射器。而利用正压电效应将接收的超声振动波转换成电信号，以此作为超声波的接收器。

HC-SR04 超声波测距模块可提供 2～400cm 的非接触式距离感测功能，测距精度可高达 3mm；模块包括超声波发射器、接收器与控制电路。

HC-SR04 的时序图如图 5.7.2 所示。

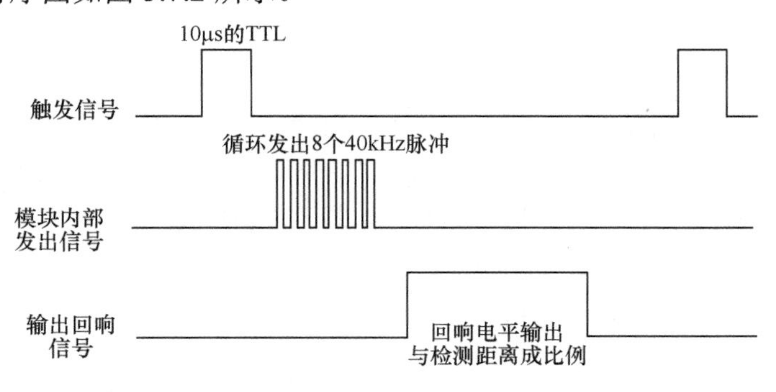

图 5.7.2　HC-SR04 的时序图

以上时序图表明，只需要提供一个10μs以上的脉冲触发信号，该模块内部将发出 8 个 40kHz 周期电平并检测回波。一旦检测到有回波信号，则输出回响信号。回响信号的脉冲宽度与所测的距离成正比，由此通过发射信号到收到的回响信号时间间隔可以计算得到距离。公式为：距离=高电平时间×声速(340m/s)/2。同时，为了提高测量值的精度，建议测量周期为 60ms 以上，以防止发射信号对回响信号的影响。

基本工作原理如下：

（1）采用 I/O 口 TRIG 触发测距，给最少 10μs 的高电平信号；

（2）模块自动发送 8 个 40kHz 的方波，自动检测是否有信号返回；

（3）有信号返回，通过 I/O 口 ECHO 输出一个高电平，高电平持续的时间就是超声波从发射到返回的时间，测试距离=高电平时间×声速(340m/s) /2。

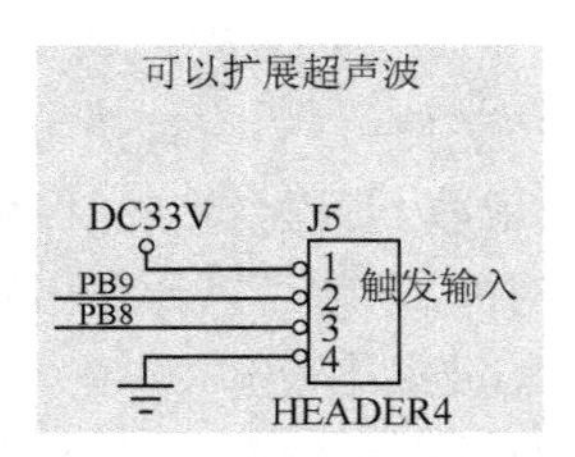

图 5.7.3　超声波原理图

由原理图 5.7.3 可知，超声波的触发引脚和 PB9 相连，回响信号与引脚 PB8 相连。回响信号时间间隔是超声波发出波与接收到回波的时间间隔。

【实验步骤】

完成 MDK 集成开发环境的安装，并将 M3 网关板烧写对应的镜像即可，具体步骤参照 4.6.2 节。然后就可以做传感器实验了，首先打开光盘中的传感器工程文件。工程文件源码路径："基于嵌入式系统的物联网实验开发光盘/无线传感模块/低功耗 WiFi 部分-STM32F051/程序源码/STM23F051 超声波测距传感器(OK)/MDK-ARM"，如图 5.7.4 所示。

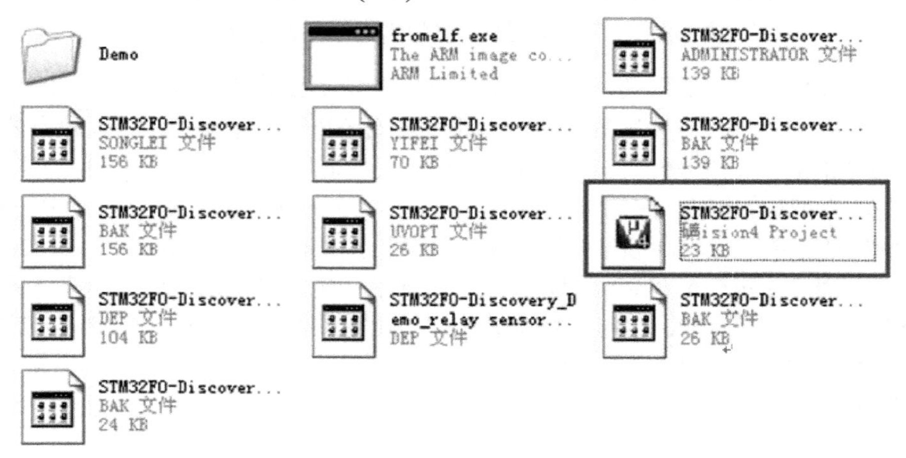

图 5.7.4　打开工程文件

编译并下载超声波程序。如果需要对程序进行调试的话，可在程序下载成功后，单击开发环境界面右上方的调试按钮进入调试界面，如图 5.7.5 所示。

超声波模块连接 M3 网关板与超声波模块，如图 5.7.6 所示。

图 5.7.6 连接说明，AP 模式的 WiFi 是通过串口直接和 PC 相连接的。串口 WiFi 接收到数据，以串口的形式输出到 PC 的串口调试助手上显示。

【实验结果】

利用串口调试工具做实验，打开串口调试工具，设置波特率 115200bps、串口号(PC 的端口号)，单击"打开"按钮。接收到的数据如图 5.7.7 所示。

21 51：表示字符'！W'；

04 00：表示设备地址（注意：04 为低 8 位地址，00 为高 8 位地址）；

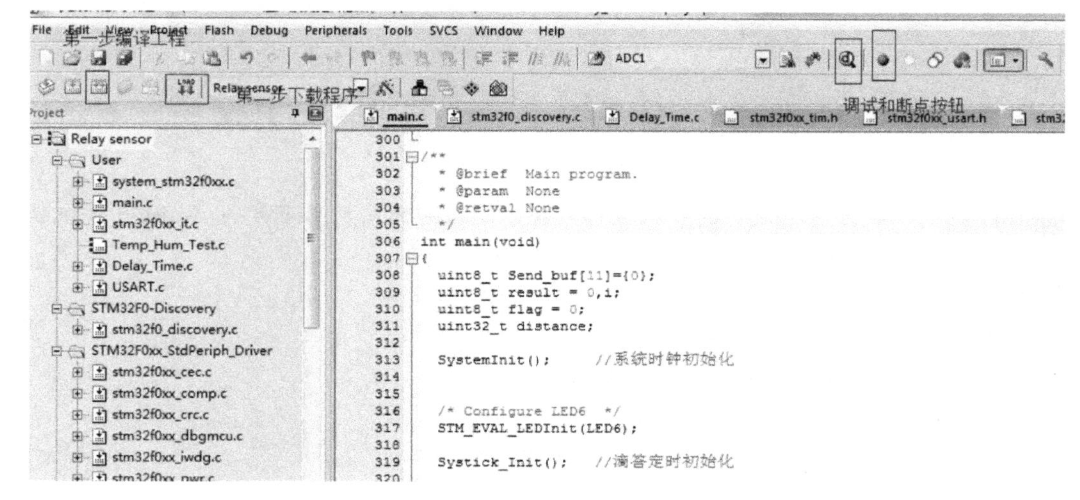

图 5.7.5　下载程序

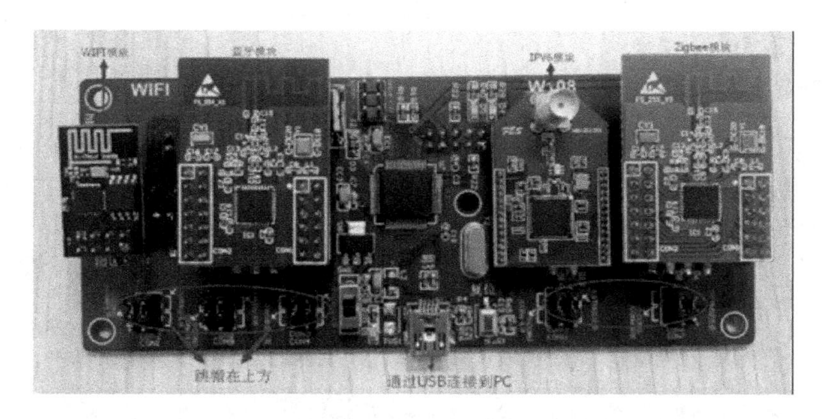

图 5.7.6　M3 网关板与超声波模块连接方式

53：表示设备类型'S'，是超声波传感器；

00 02 C0：表示采集到的超声波与障碍之间的距离（单位：mm），02 为高 8 位，C0 为低 8 位，转成十进制为 704 mm。

38：表示当前电池电量；

FA：表示校验和。

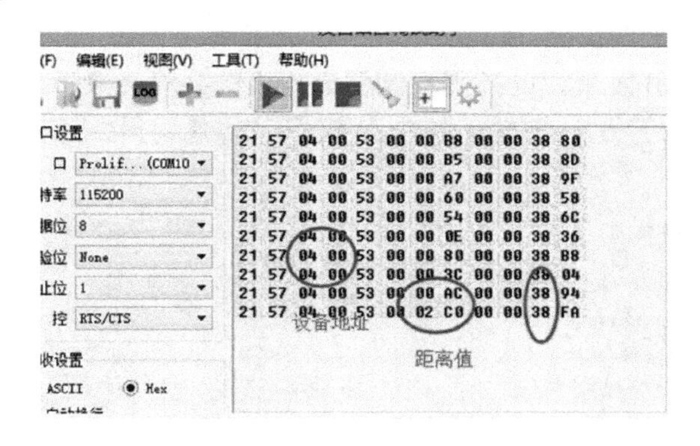

图 5.7.7　串口接收到的数据

第 6 章　Android 底层及应用开发

Android 系统已成为时下流行的手机操作系统，物联网的应用离不开与 Android 手机的交互。本章将简单介绍 Android 系统的底层开发及应用开发。

本章学习目标：

- 掌握底层 Android 源码的编译；
- 掌握底层 Android LED 灯操作代码编写；
- 掌握 Android 应用开发环境的搭建；
- 掌握 Android 应用 APK 的创建。

6.1　底 层 部 分

6.1.1　Android 源码编译实验

本章编译源码所使用的环境为第 2 章所述的华清远见开发环境，推荐用户使用此环境作为此开发板的开发环境。用户也可以使用非虚拟机的方式，或者使用其他发行版本的 Linux 操作系统。

建议用户首先在虚拟机的工作目录下建立自己的工作目录，此处就以“/home/Linux/workdir/farsight”为例，在此目录下新建一个“fs-wsn4412”目录，作为此开发板的工作目录。关于 FS-WSN4412 开发平台的所有代码就在此目录下完成，如图 6.1.1 所示。

```
$ mkdir   /home/Linux/workdir/farsight/fs-wsn4412
```

图 6.1.1　创建工作目录

从图 6.1.1 可以看到工作目录下的相关平台的目录结构，椭圆圈内的 fs-wsn4412 目录即为此开发平台的工作目录。

首先将 FS-WSN4412 开发平台的源码复制到虚拟机的共享目录下。将源码（源码位置：“基于嵌入式系统的物联网实验开发光盘/安卓资料/程序源码”）复制到如图 6.1.2 所示的目录下。

组织　新建　打开　选择

这台电脑 ▸ Data (D:) ▸ share　　搜索"share"

名称	日期	类型	大小	标记
android4.0-wsn4412_v4.tar.xz	2014/9/24 周三 14:01	xz Archive	1,372,161...	
linux-3.0-wsn4412_v6.tar.xz	2014/11/26 周三 9:14	xz Archive	72,791 KB	
u-boot-2010.03-wsn4412_v4.tar.xz	2014/11/26 周三 9:12	xz Archive	8,530 KB	

图 6.1.2　工程源码

此时，就可以在虚拟机中查看到复制的源码了，如图 6.1.3 所示。

```
$ ls -al /mnt/hgfs/share/
```

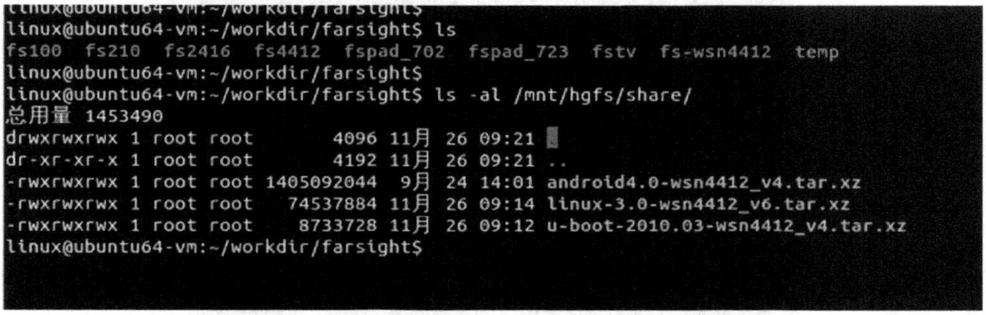

```
linux@ubuntu64-vm:~/workdir/farsight$
linux@ubuntu64-vm:~/workdir/farsight$ ls
fs100  fs210  fs2416  fs4412  fspad_702  fspad_723  fstv  fs-wsn4412  temp
linux@ubuntu64-vm:~/workdir/farsight$
linux@ubuntu64-vm:~/workdir/farsight$ ls -al /mnt/hgfs/share/
总用量 1453490
drwxrwxrwx 1 root root       4096 11月 26 09:21 .
dr-xr-xr-x 1 root root       4192 11月 26 09:21 ..
-rwxrwxrwx 1 root root 1405092044  9月 24 14:01 android4.0-wsn4412_v4.tar.xz
-rwxrwxrwx 1 root root   74537884 11月 26 09:14 linux-3.0-wsn4412_v6.tar.xz
-rwxrwxrwx 1 root root    8733728 11月 26 09:12 u-boot-2010.03-wsn4412_v4.tar.xz
linux@ubuntu64-vm:~/workdir/farsight$
```

图 6.1.3　查看源码

1. 编译 Bootloader 源码

（1）复制源码到开发环境的工作目录

首先在 FS-WSN4412 开发平台的工作目录下建立 bootloader 目录，作为 bootloader 开发目录，然后将共享目录下的 bootloader 源码复制至此，如图 6.1.4 所示。

```
$ mkdir   /home/Linux/workdir/farsight/fs-wsn4412/bootloader
$ cd   /home/Linux/workdir/farsight/fs-wsn4412/bootloader
$ cp   /mnt/hgfs/share/u-boot-2010.03-wsn4412_vX.tar.xz   ./
                    // X 代表版本号，随着版本升级会有区别
```

```
-rwxrwxrwx 1 root root    8733728 11月 26 09:12 u-boot-2010.03-wsn4412_v4.tar.xz
linux@ubuntu64-vm:~/workdir/farsight$ mkdir /home/linux/workdir/farsight/fs-wsn4412/bootloader
linux@ubuntu64-vm:~/workdir/farsight$ cd /home/linux/workdir/farsight/fs-wsn4412/bootloader/
linux@ubuntu64-vm:~/workdir/farsight/fs-wsn4412/bootloader$ cp /mnt/hgfs/share/u-boot-2010.03-wsn44
12_v4.tar.xz ./
linux@ubuntu64-vm:~/workdir/farsight/fs-wsn4412/bootloader$ ls
u-boot-2010.03-wsn4412_v4.tar.xz
linux@ubuntu64-vm:~/workdir/farsight/fs-wsn4412/bootloader$
```

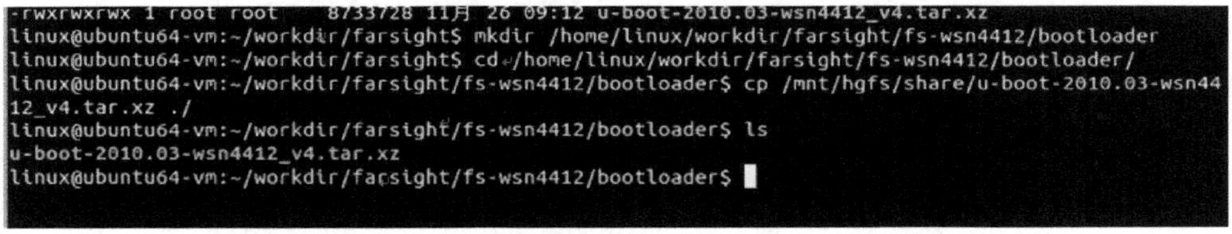

图 6.1.4　复制源码到开发环境的工作目录

（2）解压源码

如图 6.1.5 所示。

```
$ tar   xvf   u-boot-2010.03-wsn4412_vX.tar.xz
                    // X 代表版本号，随着版本升级会有区别
```

```
linux@ubuntu64-vm:~/workdir/farsight/fs-wsn4412/bootloader$ ls
u-boot-2010.03-wsn4412_v4.tar.xz
linux@ubuntu64-vm:~/workdir/farsight/fs-wsn4412/bootloader$ tar xvf u-boot-2010.03-wsn4412_v4.tar.xz
```

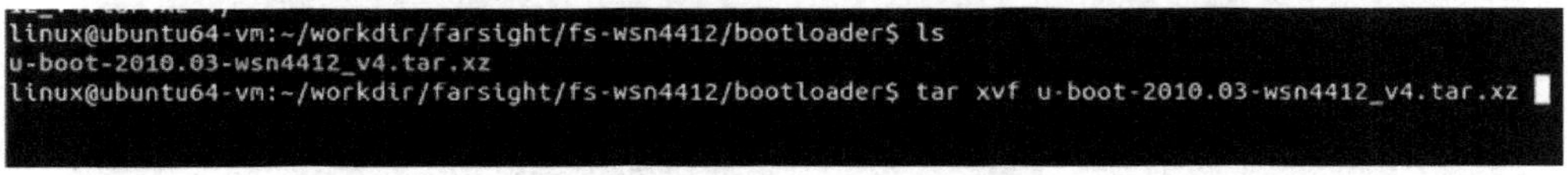

图 6.1.5　解压源码

解压成功后，如图 6.1.6 所示。

（3）配置源码

对于 U-Boot 来说，一般对其配置主要修改的是相关平台的配置文件；对于 FS-WSN4412 开发平台，配置文件的位置为“include/configs/fs4412.h”，如图 6.1.7 所示。

```
u-boot-2010.03-FS4412/lib_generic/bzlib_huffman.c
u-boot-2010.03-FS4412/lib_generic/ctype.c
u-boot-2010.03-FS4412/lib_generic/net_utils.c
u-boot-2010.03-FS4412/lib_generic/vsprintf.c
u-boot-2010.03-FS4412/lib_generic/time.c
u-boot-2010.03-FS4412/lib_generic/bzlib.c
u-boot-2010.03-FS4412/lib_generic/lzo/
u-boot-2010.03-FS4412/lib_generic/lzo/lzodefs.h
u-boot-2010.03-FS4412/lib_generic/lzo/Makefile
u-boot-2010.03-FS4412/lib_generic/lzo/lzo1x_decompress.c
u-boot-2010.03-FS4412/lib_generic/display_options.c
u-boot-2010.03-FS4412/lib_generic/sha256.c
u-boot-2010.03-FS4412/lib_generic/addr_map.c
u-boot-2010.03-FS4412/lib_generic/crc32.c
u-boot-2010.03-FS4412/lib_generic/gunzip.c
u-boot-2010.03-FS4412/lib_generic/strmhz.c
u-boot-2010.03-FS4412/lib_generic/bzlib_crctable.c
u-boot-2010.03-FS4412/lib_generic/bzlib_private.h
u-boot-2010.03-FS4412/lib_generic/string.c
u-boot-2010.03-FS4412/lib_generic/div64.c
u-boot-2010.03-FS4412/lib_generic/zlib.c
linux@ubuntu64-vm:~/workdir/farsight/fs-wsn4412/bootloader$ ls
u-boot-2010.03-FS4412  u-boot-2010.03-wsn4412_v4.tar.xz
linux@ubuntu64-vm:~/workdir/farsight/fs-wsn4412/bootloader$
```

图 6.1.6　解压源码成功提示

```
linux@ubuntu64-vm:~/workdir/fs4412/bootloader/uboot-fs4412_v2$ cd u-boot-2010.03/
linux@ubuntu64-vm:~/workdir/fs4412/bootloader/uboot-fs4412_v2/u-boot-2010.03$
linux@ubuntu64-vm:~/workdir/fs4412/bootloader/uboot-fs4412_v2/u-boot-2010.03$ ls
api                        COPYING    include       lib_microblaze  MAKEALL       README
board                      cpu        lib_arm       lib_mips        Makefile      readme.fs4412
build_uboot.sh             CREDITS    lib_avr32     lib_nios        mkconfig      rules.mk
CHANGELOG                  disk       lib_blackfin  lib_nios2       mkuboot.sh    sdfuse
CHANGELOG-before-U-Boot-1.1.5  doc    libfdt        lib_ppc         nand_spl      sdfuse_q
CodeSign4SecureBoot        drivers    lib_generic   lib_sh          net           tc4_cmm.cmm
common                     examples   lib_i386      lib_sparc       onenand_ipl   tools
config.mk                  fs         lib_m68k      MAINTAINERS     post
linux@ubuntu64-vm:~/workdir/fs4412/bootloader/uboot-fs4412_v2/u-boot-2010.03$ ls include/configs/ -al
总用量 36
drwxrwxr-x  2 linux linux  4096  6月  11 16:04 .
drwxrwxr-x 26 linux linux 12288  6月  11 17:04 ..
-rw-rw-r--  1 linux linux 18440  6月  11 16:04 fs4412.h
linux@ubuntu64-vm:~/workdir/fs4412/bootloader/uboot-fs4412_v2/u-boot-2010.03$
```

图 6.1.7　配置源码

查看配置文件，如图 6.1.8 所示。

```
config.mk                  fs         lib_m68k      MAINTAINERS     post          tools
linux@ubuntu64-vm:~/workdir/farsight/fs-wsn4412/bootloader/u-boot-2010.03-FS4412$ vim include/configs/fs4412.h
```

图 6.1.8　查看配置文件

修改配置文件，如图 6.1.9 所示。

```
190 #define BOOT_MMCSD      0x3
191 #define BOOT_NOR        0x4
192 #define BOOT_SEC_DEV    0x5
193 #define BOOT_EMMC43     0x6
194 #define BOOT_EMMC441    0x7
195
196
197 #define CONFIG_BOOTM_LINUX      1
198
199 /* skip to load BL2 */
200 #define FAST_BOOT       1
201
202 #define CONFIG_SYS_NO_FLASH
203 #define MEMORY_BASE_ADDRESS 0x40000000
204
205 /* input clock of PLL */
206 #define CONFIG_SYS_CLK_FREQ 24000000    /* the SMDKC210 has 24MHz input clock */
207
208 /* MMU Setting  */
209 #define CONFIG_ENABLE_MMU
210
211 #ifdef CONFIG_ENABLE_MMU
212 #define virt_to_phys(x) virt_to_phy_smdkc210(x)
213 #else
214 #define virt_to_phys(x) (x)
215 #endif
216
217 #define CONFIG_MEMORY_UPPER_CODE
include/configs/fs4412.h                                  203,1          30%
```

图 6.1.9　修改配置文件

（4）编译源码

进入 U-Boot 的源码路径下，执行编译脚本即可编译 U-Boot 源码。

```
$ cd   /home/Linux/workdir/farsight/fs-wsn4412/bootloader/u-boot-2010.03-FS4412/
```

修改交叉工具链的路径（在打包源码之前都会默认使用开发环境中交叉工具链的路径，一般不用修改，如有必要输入下面的指令对 makefile 进行更改）。

```
$ vim   makefile
```

修改 162 行代码，如图 6.1.10 所示。

```
162   CROSS_COMPILE = /usr/local/toolchain/toolchain-4.5.1/bin/arm-none-Linux-gnueabi-
```

```
160 ifeq ($(ARCH),arm)
161 #CROSS_COMPILE = arm-linux-
162 CROSS_COMPILE = /usr/local/toolchain/toolchain-4.5.1/bin/arm-none-linux-gnueabi-
163 endif
```

图 6.1.10　修改代码

执行编译脚本编译 U-Boot，如图 6.1.11 所示。

```
linux@ubuntu64-vm:~/workdir/farsight/fs-wsn4412/bootloader/u-boot-2010.03-FS4412$ ls
api                             common     doc       lib_avr32    lib_microblaze  lib_sparc    nand_spl        rules.mk
board                           config.mk  drivers   lib_blackfin lib_mips        MAINTAINERS  net             sdfuse
build_uboot.sh                  COPYING    examples  libfdt       lib_nios        MAKEALL      onenand_ipl     sdfuse_q
CHANGELOG                       cpu        fs        lib_generic  lib_nios2       Makefile     post            tags
CHANGELOG-before-U-Boot-1.1.5   CREDITS    include   lib_i386     lib_ppc         mkconfig     README          tc4_cmm.cmm
CodeSign4SecureBoot             disk       lib_arm   lib_m68k     lib_sh          mkuboot.sh   readme.fs4412   tools
linux@ubuntu64-vm:~/workdir/farsight/fs-wsn4412/bootloader/u-boot-2010.03-FS4412$
```

图 6.1.11　执行编译脚本编译 U-Boot

执行/build_uboot.sh，如图 6.1.12 所示。

```
linux@ubuntu64-vm:~/workdir/farsight/fs-wsn4412/bootloader/u-boot-2010.03-FS4412$ ./build_uboot.sh
Configuring for fs4412 board...
Generating include/autoconf.mk
Generating include/autoconf.mk.dep
for dir in  cpu/arm_cortexa9 /home/linux/lvm_driver/home/leesheen/workdir/farsight/fs-wsn4412/bootloader/u-boot-2010.03-FS4412/cpu/arm_cortexa
9/ ; do \
                make -C $dir _depend ; done
make[1]: 正在进入目录 `/home/linux/lvm_driver/home/leesheen/workdir/farsight/fs-wsn4412/bootloader/u-boot-2010.03-FS4412/cpu/arm_cortexa9'
make[1]:正在离开目录 `/home/linux/lvm_driver/home/leesheen/workdir/farsight/fs-wsn4412/bootloader/u-boot-2010.03-FS4412/cpu/arm_cortexa9'
```

图 6.1.12　执行/build_uboot.sh

如图 6.1.13 所示即为编译成功。

图 6.1.13　编译成功信息

如图 6.1.14 所示，“u-boot-fs4412.bin”即为编译生成的 U-Boot 二进制文件。

```
linux@ubuntu64-vm:~/workdir/farsight/fs-wsn4412/bootloader/u-boot-2010.03-FS4412$ ls
api                            config.mk  examples      lib_generic     lib_ppc      mkuboot.sh     rules.mk      u-boot
board                          COPYING    fs            lib_i386        lib_sh       nand_spl       sdfuse        u-boot.bin
build_uboot.sh                 cpu        include       lib_m68k        lib_sparc    net            sdfuse_q      u-boot-fs4412.bin
CHANGELOG                      CREDITS    lib_arm       lib_microblaze  MAINTAINERS  onenand_ipl    System.map    u-boot.lds
CHANGELOG-before-U-Boot-1.1.5  disk       lib_avr32     lib_mips        MAKEALL      post           tags          u-boot.map
CodeSign4SecureBoot            doc        lib_blackfin  lib_nios        Makefile     README         tc4_cmm.cmm   u-boot.srec
common                         drivers    libfdt        lib_nios2       mkconfig     readme.fs4412  tools
```

图 6.1.14　编译生成的 U-Boot 二进制文件

2. 编译 Linux 内核源码

（1）复制源码到开发环境的工作目录

首先在 FS-WSN4412 开发平台的工作目录下建立 kernel 目录，作为内核的开发目录，然后将共享目录下的 Linux 源码复制至此，如图 6.1.15 所示。

```
$ mkdir   /home/Linux/workdir/farsight/fs-wsn4412/kernel
$ cd   /home/Linux/workdir/farsight/fs-wsn4412/kernel
$ cp /mnt/hgfs/share/Linux-3.0-wsn4412_vX.tar.xz ./
                        // X 代表版本号，随着版本升级会有区别
```

```
linux@ubuntu64-vm:~$ mkdir  /home/linux/workdir/farsight/fs-wsn4412/kernel
linux@ubuntu64-vm:~$  cd  /home/linux/workdir/farsight/fs-wsn4412/kernel
linux@ubuntu64-vm:~/workdir/farsight/fs-wsn4412/kernel$ cp /mnt/hgfs/share/linux-3.0-wsn4412_v6.tar.xz ./
linux@ubuntu64-vm:~/workdir/farsight/fs-wsn4412/kernel$ ls
linux-3.0-wsn4412_v6.tar.xz
linux@ubuntu64-vm:~/workdir/farsight/fs-wsn4412/kernel$
```

图 6.1.15　复制源码到开发环境的工作目录

（2）解压源码

如图 6.1.16 所示。

```
tar   xvf   Linux-3.0-wsn4412_vX.tar.xz
                        // X 代表版本号，随着版本升级会有区别
```

```
linux@ubuntu64-vm:~/workdir/farsight/fs-wsn4412/kernel$ ls
linux-3.0-wsn4412_v6.tar.xz
linux@ubuntu64-vm:~/workdir/farsight/fs-wsn4412/kernel$ tar xvf linux-3.0-wsn4412_v6.tar.xz
```

图 6.1.16　解压源码

解压成功后如图 6.1.17 所示。

（3）配置源码

进入内核的源码路径下：

```
$ cd   /home/Linux/workdir/farsight/fs-wsn4412/kernel/Linux-3.0-wsn4412_v6/
```

修改交叉工具链的路径（在打包源码之前，都会默认使用开发环境中交叉工具链的路径，一般不用修改，若有必要输入下面的指令对 makefile 进行更改）。

```
$ vim makefile
```

修改 198 行代码，如图 6.1.18 所示。

```
198   CROSS_COMPILE = /home/Linux/toolchain/toolchain-4.5.1/bin/arm-none-Linux-gnueabi-
```

Linux 内核通常使用 menuconfig 图形界面配置内核编译选项，配置更改的内容会保存在内核源码目录下的“.config”文件中。首先复制 FS-WSN4412 开发平台的标准配置文件为“.config”，如图 6.1.19 所示。

```
linux@ubuntu64-vm:~/workdir/fs4412/bootloader/uboot-fs4412_v2$ cd u-boot-2010.03/
linux@ubuntu64-vm:~/workdir/fs4412/bootloader/uboot-fs4412_v2/u-boot-2010.03$
linux@ubuntu64-vm:~/workdir/fs4412/bootloader/uboot-fs4412_v2/u-boot-2010.03$ ls
api                          COPYING    include       lib_microblaze  MAKEALL      README
board                        cpu        lib_arm       lib_mips        Makefile     readme.fs4412
build_uboot.sh               CREDITS    lib_avr32     lib_nios        mkconfig     rules.mk
CHANGELOG                    disk       lib_blackfin  lib_nios2       mkuboot.sh   sdfuse
CHANGELOG-before-U-Boot-1.1.5 doc       libfdt        lib_ppc         nand_spl     sdfuse_q
CodeSign4SecureBoot          drivers    lib_generic   lib_sh          net          tc4_cmm.cmm
common                       examples   lib_i386      lib_sparc       onenand_ipl  tools
config.mk                    fs         lib_m68k      MAINTAINERS     post
linux@ubuntu64-vm:~/workdir/fs4412/bootloader/uboot-fs4412_v2/u-boot-2010.03$ ls include/configs/ -al
总用量 36
drwxrwxr-x  2 linux linux  4096  6月 11 16:04 .
drwxrwxr-x 26 linux linux 12288  6月 11 17:04 ..
-rw-rw-r--  1 linux linux 18440  6月 11 16:04 fs4412.h
linux@ubuntu64-vm:~/workdir/fs4412/bootloader/uboot-fs4412_v2/u-boot-2010.03$
```

图 6.1.17　解压成功信息

```
194 export KBUILD_BUILDHOST := $(SUBARCH)
195 ARCH          ?= arm
196 #CROSS_COMPILE    ?= arm-none-linux-gnueabi-
197 #CROSS_COMPILE  ?= $(CONFIG_CROSS_COMPILE:"%"=%)
198 CROSS_COMPILE    ?= /usr/local/toolchain/toolchain-4.5.1/bin/arm-none-linux-gnueabi-
199
```

图 6.1.18　修改代码

```
$ cp arch/arm/configs/fs4412_vX_deconfig .config
                          // X 为版本号，请复制最新版本的配置文件
```

```
linux@ubuntu64-vm:~/workdir/farsight/fs-wsn4412/kernel/linux-3.0-wsn4412_v6$ cp arch/arm/configs/fs4412_v
fs4412_v1_deconfig  fs4412_v3_deconfig  fs4412_v6_deconfig
linux@ubuntu64-vm:~/workdir/farsight/fs-wsn4412/kernel/linux-3.0-wsn4412_v6$ cp arch/arm/configs/fs4412_v6_deconfig .config
```

图 6.1.19　配置文件

在终端下输入下列命令可以进入 Linux 内核配置图形界面，如图 6.1.20 所示。

```
$ make menuconfig
```

```
linux@ubuntu64-vm:~/workdir/farsight/fs-wsn4412/kernel/linux-3.0-wsn4412_v6$ cp arch/arm/configs/f
linux@ubuntu64-vm:~/workdir/farsight/fs-wsn4412/kernel/linux-3.0-wsn4412_v6$ make menuconfig
```

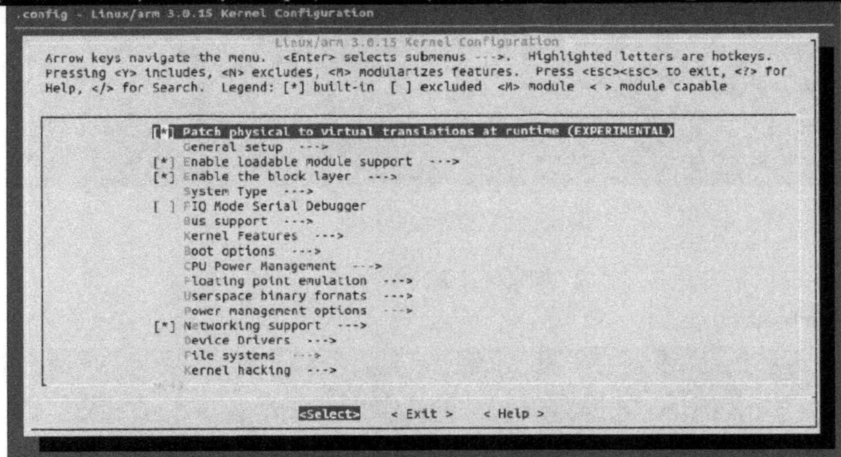

图 6.1.20　内核配置图形界面

menuconfig 菜单使用“Enter”键进入下级菜单；使用“Space”键选中或者清除选项；使用“？”查看此菜单的帮助文件；使用连按“Esc”键两次后退至上级菜单。

（4）编译源码

如图 6.1.21 所示。

```
$ make zImage  －jX
// X 为编译时使用的 CPU 线程数，建议此数与环境搭建中 CPU 个数一致
```

```
linux@ubuntu64-vm:~/workdir/farsight/fs-wsn4412/kernel/linux-3.0-wsn4412_v6$ make zImage -j4
```

图 6.1.21　编译源码

编译内核源码大概需要几分钟的时间，此时 CPU 会高负荷运转，PC 性能可能会有所下降，此为正常现象，此时应避免其他 CPU 高负荷工作。

如图 6.1.22 所示，内核源码编译成功。

```
  LD      drivers/built-in.o
  LD      vmlinux.o
  MODPOST vmlinux.o
WARNING: modpost: Found 1 section mismatch(es).
To see full details build your kernel with:
'make CONFIG_DEBUG_SECTION_MISMATCH=y'
  GEN     .version
  CHK     include/generated/compile.h
  UPD     include/generated/compile.h
  CC      init/version.o
  LD      init/built-in.o
  LD      .tmp_vmlinux1
  KSYM    .tmp_kallsyms1.S
  AS      .tmp_kallsyms1.o
  LD      .tmp_vmlinux2
  KSYM    .tmp_kallsyms2.S
  AS      .tmp_kallsyms2.o
  LD      vmlinux
  SYSMAP  System.map
  SYSMAP  .tmp_System.map
  OBJCOPY arch/arm/boot/Image
  Kernel: arch/arm/boot/Image is ready
  AS      arch/arm/boot/compressed/head.o
  GZIP    arch/arm/boot/compressed/piggy.gzip
  CC      arch/arm/boot/compressed/misc.o
  CC      arch/arm/boot/compressed/decompress.o
  SHIPPED arch/arm/boot/compressed/lib1funcs.S
  AS      arch/arm/boot/compressed/lib1funcs.o
  AS      arch/arm/boot/compressed/piggy.gzip.o
  LD      arch/arm/boot/compressed/vmlinux
  OBJCOPY arch/arm/boot/zImage
  Kernel: arch/arm/boot/zImage is ready
linux@ubuntu64-vm:~/workdir/farsight/fs-wsn4412/kernel/linux-3.0-wsn4412_v6$
```

图 6.1.22　编译成功信息

查看编译生成的内核二进制文件，如图 6.1.23 所示。

```
$ ls arch/arm/boot/zImage -al
```

```
config_wsn4412_android_v5  Documentation          init    lib    net    security
linux@ubuntu64-vm:~/workdir/farsight/fs-wsn4412/kernel/linux-3.0-wsn4412_v6$ ls arch/arm/boot/zImage -al
-rwxrwxr-x 1 linux linux 3851572 11月 26 10:10 arch/arm/boot/zImage
linux@ubuntu64-vm:~/workdir/farsight/fs-wsn4412/kernel/linux-3.0-wsn4412_v6$
```

图 6.1.23　查看编译生成的内核二进制文件

3．编译 Android 源码

（1）复制源码到开发环境的工作目录

先在 FS-WSN4412 开发平台的工作目录下建立 Android 目录，作为内核的开发目录，然后将共享目录下的 Android 源码复制至此，如图 6.1.24 所示。

```
$ mkdir /home/Linux/workdir/farsight/fs-wsn4412/Android
$ cd /home/Linux/workdir/farsight/fs-wsn4412/Android/
$ cp /mnt/hgfs/share/Android4.0-wsn4412_vX.tar.xz ./
                    // X 代表版本号，随着版本升级会有区别
```

```
linux@ubuntu64-vm:~/workdir/farsight/fs-wsn4412/android$ cp /mnt/hgfs/s
linux@ubuntu64-vm:~/workdir/farsight/fs-wsn4412/android$ ^C
linux@ubuntu64-vm:~/workdir/farsight/fs-wsn4412/android$ ls
android4.0-wsn4412_v4.tar.xz
linux@ubuntu64-vm:~/workdir/farsight/fs-wsn4412/android$
```

图 6.1.24　复制源码到开发环境的工作目录

（2）解压源码

如图 6.1.25 所示。

```
$ tar xvf Android4.0-wsn4412_vX.tar.xz
                    // X 代表版本号，随着版本升级会有区别
```

```
^C
linux@ubuntu64-vm:~/workdir/farsight/fs-wsn4412/android$ tar xvf android4.0-wsn4412_v4.tar.xz
```

图 6.1.25　解压源码

（3）配置源码

进入 Android 的源码路径下，执行编译脚本即可编译 Android 源码，如图 6.1.26 所示。

```
$ cd /home/Linux/workdir/farsight/fs-wsn4412/Android/
```

```
linux@ubuntu64-vm:~/workdir/farsight/fs-wsn4412/android$ cd android4.0-wsn4412/
linux@ubuntu64-vm:~/workdir/farsight/fs-wsn4412/android/android4.0-wsn4412$ ls
abi     bootable  cts     development  docs      frameworks      hardware  Makefile  packages  sdk     system          v8.log
bionic  build     dalvik  device       external  fs4412_build.sh libcore   ndk       prebuilt  setenv  tags.filename   vendor
```

图 6.1.26　配置源码

编译“fs4412_build.sh”文件，修改编译 Android 所使用的线程数。（建议配置一般的 PC 线程数为虚拟机的 CPU 线程的数量，配置较高的 PC 可以选择在[CPU 数量+1，CPU 数量×2]的区间内，盲目过多的编译出现错误可尝试把线程数改为 1。）

```
$ vim fs4412_build.sh
```

在第 4 行修改编译 Android 使用的线程数，如图 6.1.27 所示。

```
1 #!/bin/bash
2
3 CPU_JOB_NUM=$(grep processor /proc/cpuinfo | awk '{field=$NF};END{print field+1}')
4 CPU_JOB_NUM=(4)
5 CLIENT=$(whoami)
6
```

图 6.1.27　修改线程数

如果不确定怎么设置编译 Android 使用的线程数，请用“#”注释第 4 行的内容，编译脚本会依照规则计算线程数，如图 6.1.28 所示。

```
1 #!/bin/bash
2
3 CPU_JOB_NUM=$(grep processor /proc/cpuinfo | awk '{field=$NF};END{print field+1}')
4 #CPU_JOB_NUM=(4)
5 CLIENT=$(whoami)
6
```

图 6.1.28　配置线程数

（4）编译源码

执行“fs4412_build.sh”编译 Android 源码。

Android 代码非常庞大，使用虚拟机编译 Android 源码所需要的时间会相当长，期间有可能出现机器卡死或者假死的情况，在编译的过程中不要轻易操作虚拟机，如图 6.1.29 所示。

```
linux@ubuntu64-vm:~/workdir/fs4412/android/fs4412$ ./fs4412_build.sh

                Build Android for FS4412


[[[[[[[ Build android platform ]]]]]]]

make -j4 PRODUCT-full_smdk4x12-eng

============================================
PLATFORM_VERSION_CODENAME=REL
PLATFORM_VERSION=4.0.3
TARGET_PRODUCT=full_smdk4x12
TARGET_BUILD_VARIANT=eng
TARGET_BUILD_TYPE=release
TARGET_BUILD_APPS=
TARGET_ARCH=arm
TARGET_ARCH_VARIANT=armv7-a-neon
HOST_ARCH=x86
HOST_OS=linux
HOST_BUILD_TYPE=release
BUILD_ID=IML74K
============================================
Checking build tools versions...
```

图 6.1.29　编译源码

如图 6.1.30 所示即为编译 Android 成功。

```
Add resources to package (out/target/product/smdk4x12/obj/APPS/android.core.tests.libcore.package.libcore_interm
# javalib.jar should only contain .dex files, but the harmony tests also include
# some .class files, so get rid of them
Total compile time is 12991 seconds

[[[[[[[ Make ramdisk image for u-boot ]]]]]]]

Image Name:   ramdisk
Created:      Tue Jul  1 04:24:39 2014
Image Type:   ARM Linux RAMDisk Image (uncompressed)
Data Size:    921076 Bytes = 899.49 kB = 0.88 MB
Load Address: 40800000
Entry Point:  40800000


[[[[[[[ Make additional images for fastboot ]]]]]]]

No zImage is found at /home/linux/workdir/fs4412/android/fs4412/../../kernel/linux-3.0-fs4412_V2//arch/arm/boot
  Please set KERNEL_DIR if you want to make additional images
  Ex.) export KERNEL_DIR=~ID/android_kernel_smdk4x12

ok success !!!
```

图 6.1.30　编译成功信息

6.1.2　Android 镜像烧写实验

1．连接开发板

按照如图 6.1.31 所示连接开发板。

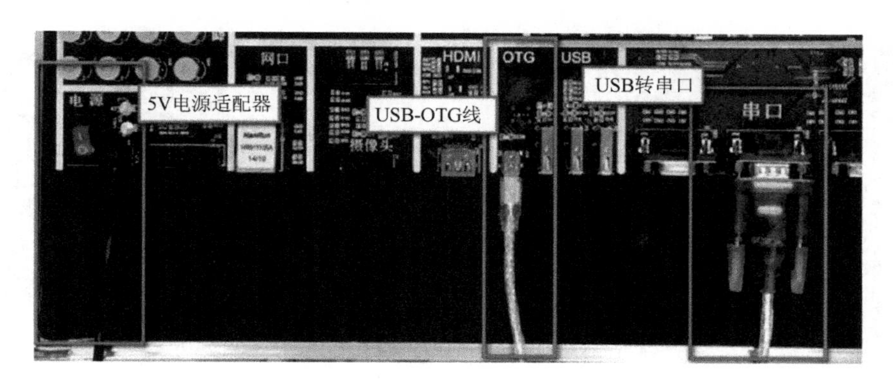

图 6.1.31　开发板连接方式

拨动拨码开关至“0110”，如图 6.1.32 所示，系统开机即从 eMMC 启动。

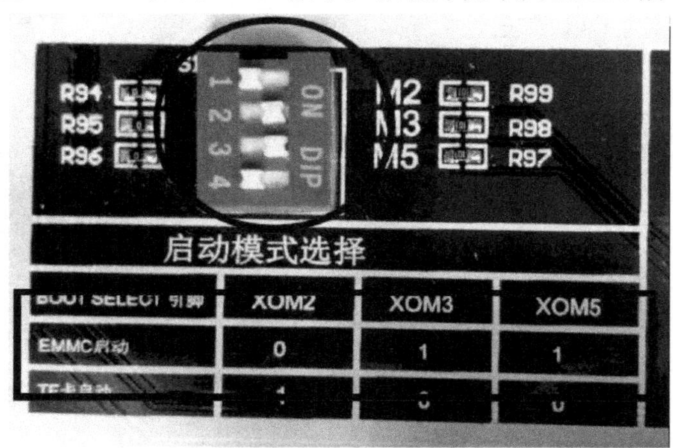

图 6.1.32　拨码开关选择

2．设置串口调试工具

打开“基于嵌入式系统的物联网实验开发光盘/安卓资料/工具软件/Windows/串口调试工具/putty.exe”文件，如图 6.1.33 所示。

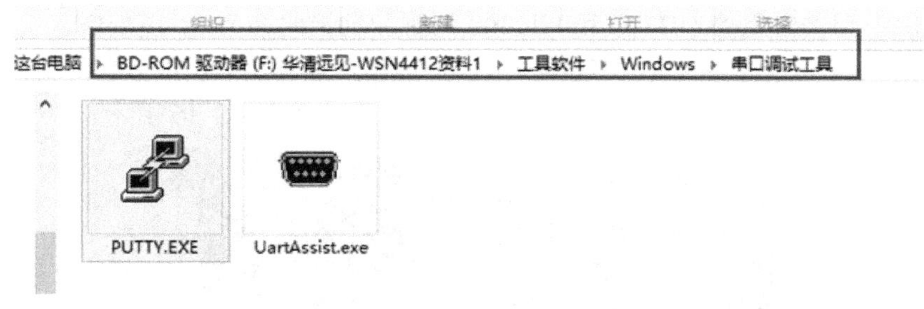

图 6.1.33　串口调试工具

选择串口（Serial）连接方式，如图 6.1.34 所示。

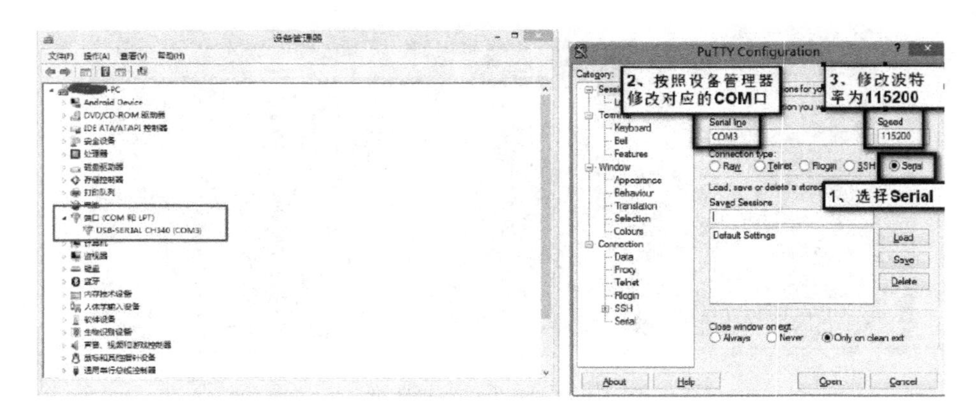

图 6.1.34　串口连接方式选择

串口参数配置如图 6.1.35 所示。

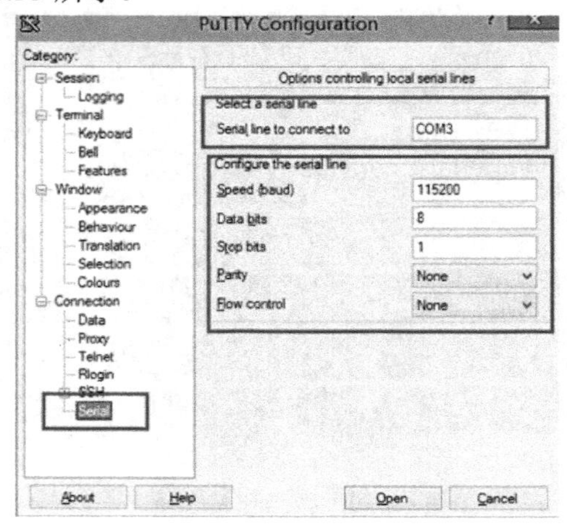

图 6.1.35　串口参数配置

选中图 6.1.34 中的“Serial”项，再单击图 6.1.35 中的“Serial”，进入串口设置的对话框（注意：这里如果使用台式 PC，物理串口一般为 COM1；使用 USB 转串口线，需要提前安装驱动程序，文件中提供常用的 CH340 和 PL2303 两种驱动，路径为：“基于嵌入式系统的物联网实验开发光盘/安卓资料/工具软件\Windows\USB 转串口驱动”。如果使用其他 USB 转串口线，请自行安装驱动程序）。单击“Open”按钮打开串口，如图 6.1.36 所示。

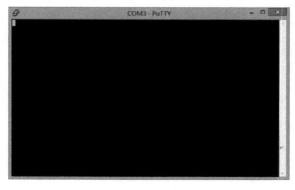

图 6.1.36　打开串口

3. 制作 SD 卡启动盘

如果启动开发板，U-Boot 显示的内容与如图 6.1.37 中方框所示内容相同，则可以省略此步骤。

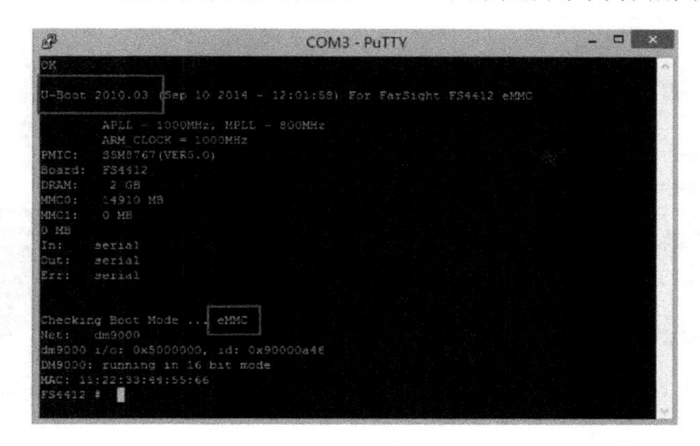

图 6.1.37　启动开发板

SD 启动盘制作：

```
$ cd  ~
```

将“基于嵌入式系统的物联网实验开发光盘/安卓资料/烧写镜像/SD 卡启动制作工具”目录下的“sdfuse_q”复制到虚拟机 Ubuntu 的共享目录下，如图 6.1.38 所示。

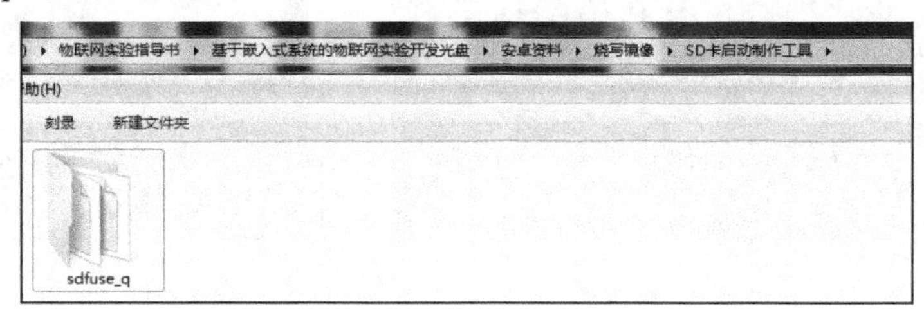

图 6.1.38　SD 卡启动制作工具

进入 sd_fusing 目录，执行编译命令，如图 6.1.39 所示。

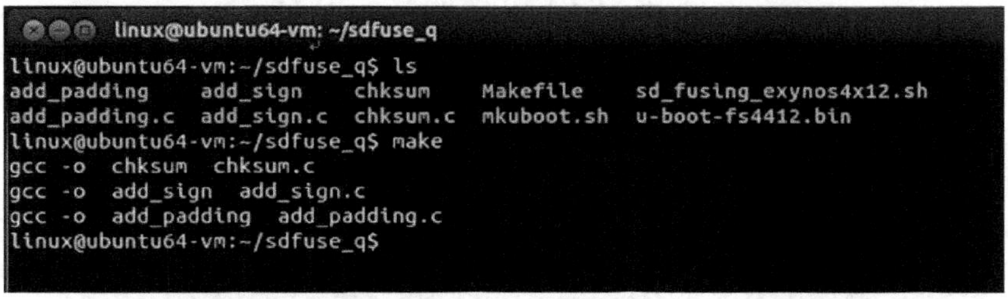

```
linux@ubuntu64-vm: ~/sdfuse_q
linux@ubuntu64-vm:~/sdfuse_q$ ls
add_padding     add_sign     chksum     Makefile     sd_fusing_exynos4x12.sh
add_padding.c   add_sign.c   chksum.c   mkuboot.sh   u-boot-fs4412.bin
linux@ubuntu64-vm:~/sdfuse_q$ make
gcc -o  chksum  chksum.c
gcc -o  add_sign  add_sign.c
gcc -o  add_padding  add_padding.c
linux@ubuntu64-vm:~/sdfuse_q$
```

图 6.1.39　执行编译命令

用读卡器将 SD 卡插入 PC，虚拟机识别到 SD 读卡器，如图 6.1.40 所示。

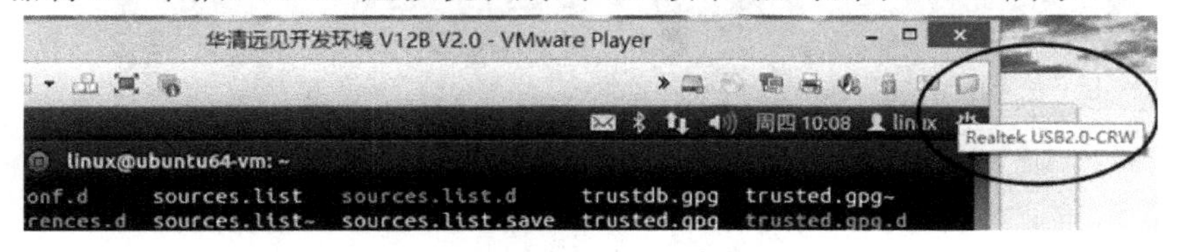

图 6.1.40　识别 SD 读卡器

右键单击图标，选择“连接”选项，如图 6.1.41 所示。

查看系统自动生成的设备节点，本书介绍的 SD 卡在 Ubuntu 系统中的设备节点是 /dev/sdb*，如图 6.1.42 所示。

图 6.1.41　SD 卡连接主机

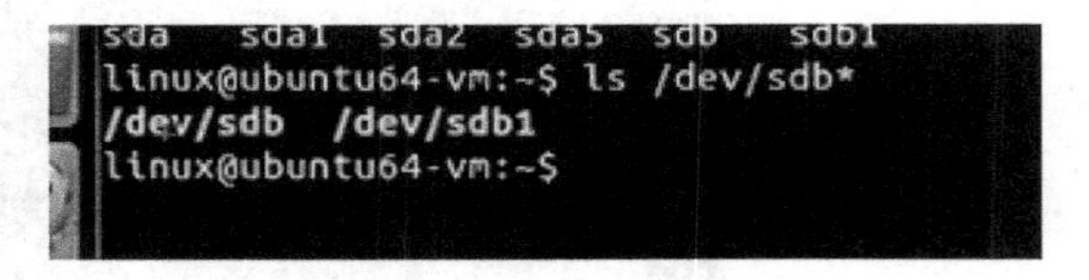

图 6.1.42　生成设备节点

将 U-Boot 烧写到 SD 卡中，如图 6.1.43 所示。

```
$ sudo  ./mkuboot.sh  /dev/sdb  //将 uboot 烧写到 sd 卡中
```

将 SD 卡插入开发板 SD 卡槽内，拨码拨至“1000”，如图 6.1.44 所示。

```
linux@ubuntu64-vm:~/sdfuse_q$ sudo ./mkuboot.sh /dev/sdc
[sudo] password for linux:
Fuse FS4412 trustzone uboot file into SD card
/dev/sdc reader is identified.
u-boot-fs4412.bin fusing...
记录了1029+1 的读入
记录了1029+1 的写出
527104字节(527 kB)已复制，6.31942 秒，83.4 kB/秒
u-boot-fs4412.bin image has been fused successfully.
Eject SD card
linux@ubuntu64-vm:~/sdfuse_q$
```

图 6.1.43　将 U-Boot 烧写到 SD 卡中

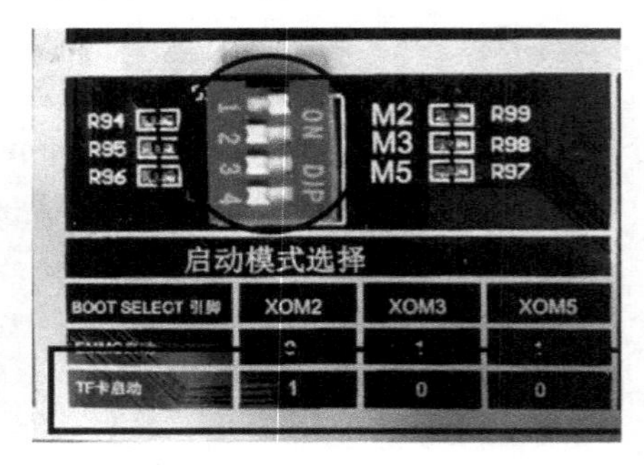

图 6.1.44　拨码开关选择

启动开发板，在倒计时结束前，按任意键停止在 U-Boot 处，串口终端显示如图 6.1.45 所示。

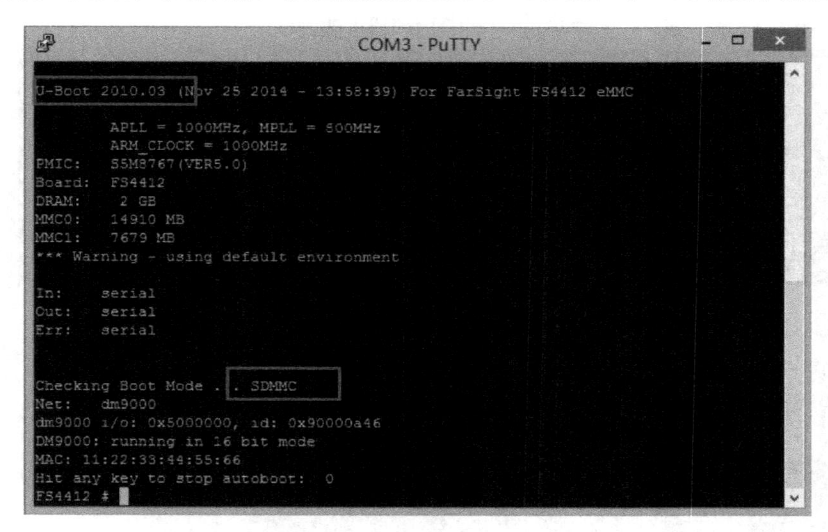

图 6.1.45　串口终端显示

4．环境配置

在安卓手机中，Fastboot 是一种比 Recovery 更底层的刷机模式。Fastboot 是一种线刷，就是使用 USB 数据线连接手机的一种刷机模式。相对于某些系统卡刷来说，线刷更可靠、安全。

Fastboot 工具在“基于嵌入式系统的物联网实验开发光盘/工具软件/Windows/Fastboot/Fastboot”下，为了方便使用，将它解压到 D 盘，如图 6.1.46 所示。

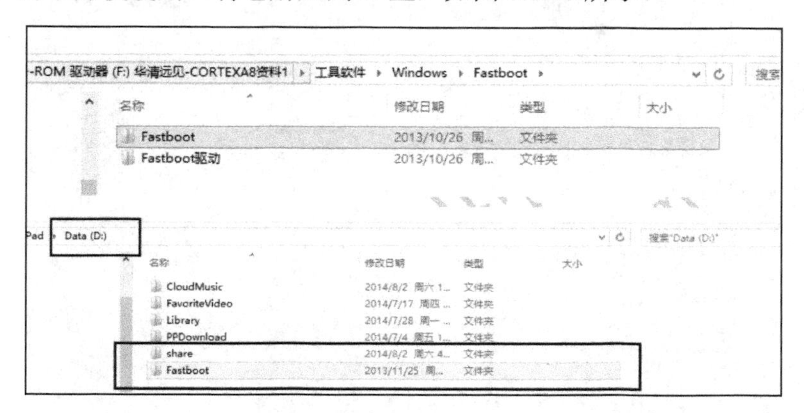

图 6.1.46　Fastboot 文件

打开“计算机属性→系统属性→高级→环境变量”选项，如图 6.1.47 所示。

编辑“系统变量”的“Path”项，如图 6.1.48 所示。

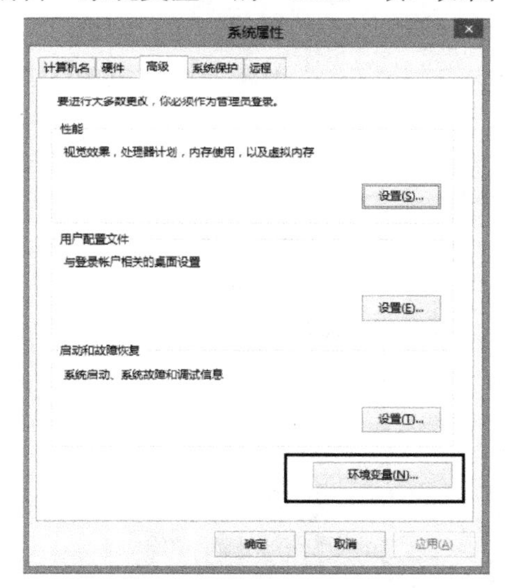

图 6.1.47　环境变量设置

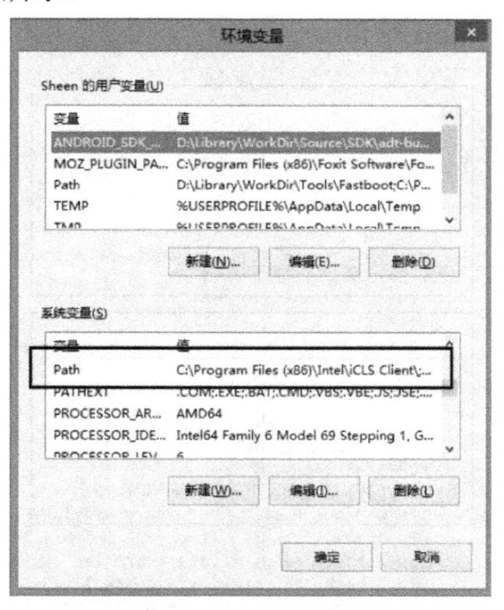

图 6.1.48　编辑系统变量的“Path”项

在“变量值”最后添加“;D:\Fastboot\”(注意开始的分号)，如图 6.1.49 所示。

图 6.1.49　编辑系统变量

单击“确定”按钮，打开“cmd”，输入“fastboot”测试环境变量是否添加成功，如图 6.1.50 所示。

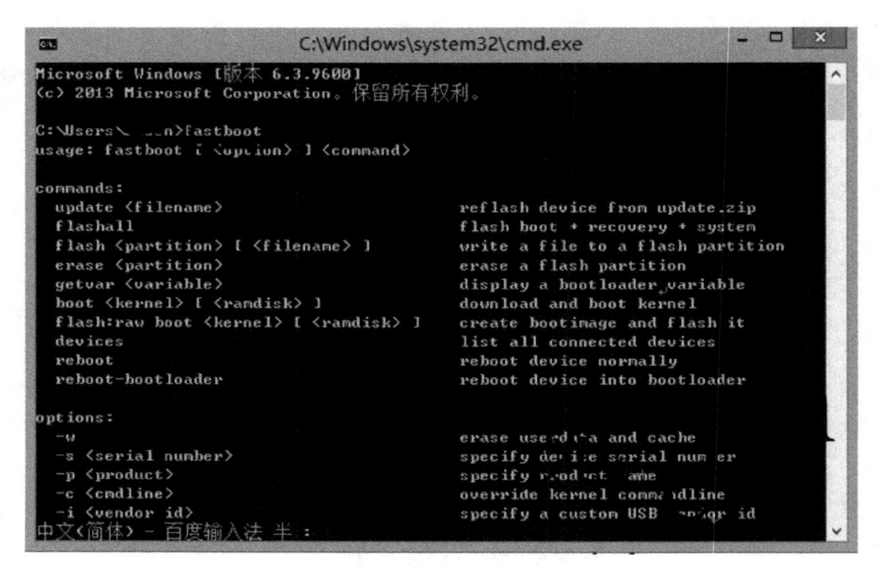

图 6.1.50　测试环境变量是否添加成功

5. 烧写系统

（1）Flash 分区

打开开发板，保证开发板 U-Boot 版本为 2010.03，终端输入“fdisk　- c 0”对 SD 卡分区，然后输入“fastboot”，如图 6.1.51 所示。

```
# fdisk   -c   0      // 对 eMMC 分区
# fastboot
```

```
Hit any key to stop autoboot:  0
FS4412 # fdisk -c 0
.fdisk is completed

partion #    size(MB)     block start #    block count    partition_Id
   1          13260          3358720         27156480         0x0C
   2            300            32768           614400         0x83
   3           1024           647168          2097152         0x83
   4            300          2744320           614400         0x83
FS4412 # fastboot
[Partition table on MoviNAND]
ptn 0 name='bootloader' start=0x0 len=N/A (use hard-coded info. (cmd: movi))
ptn 1 name='kernel' start=N/A len=N/A (use hard-coded info. (cmd: movi))
ptn 2 name='ramdisk' start=N/A len=0x300000(~3072KB) (use hard-coded info. (cmd: movi))
ptn 3 name='Recovery' start=N/A len=0x600000(~6144KB) (use hard-coded info. (cmd: movi))
ptn 4 name='system' start=0x1000000 len=0x12C00000(~307200KB)
ptn 5 name='userdata' start=0x13C00000 len=0x40000000(~1048576KB)
ptn 6 name='cache' start=0x53C00000 len=0x12C00000(~307200KB)
ptn 7 name='fat' start=0x66800000 len=0x3CC00000(~995328KB)
Insert a OTG cable into the connector!
```

图 6.1.51　Flash 分区

（2）安装 Fastboot 驱动

第一次使用 Fastboot 需要安装驱动（开发板在插上 USB 线后并不会提示安装驱动，使用 Fastboot 才会提示安装），驱动位置在“基于嵌入式系统的物联网实验开发光盘/工具软件/Windows/Fastboot/Fastboot 驱动”下，并正确连接开发板串口和 USB 口。

此时，如果系统安装了驱动，在设备管理器中应该如图 6.1.52 所示。

Chris-PC
Android Phone
Android ADB Interface
Bluetooth 无线电收发器

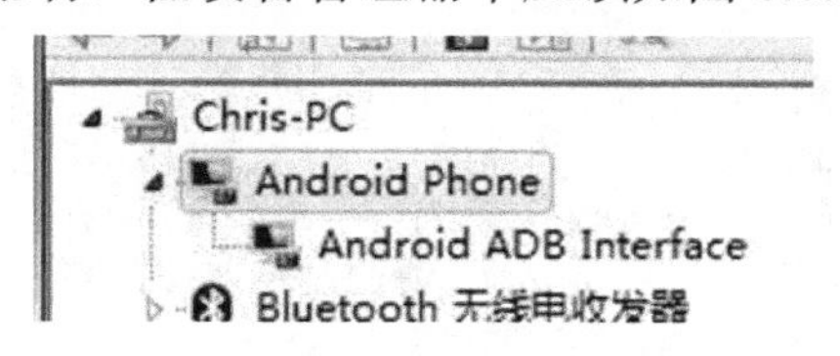

图 6.1.52　Fastboot 驱动

（3）执行脚本烧写系统

打开“基于嵌入式系统的物联网实验开发光盘/安卓资料/烧写镜像”目录，如图 6.1.53 所示。

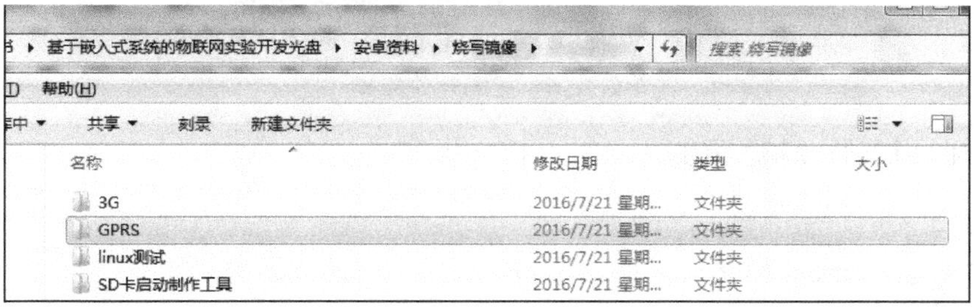

基于嵌入式系统的物联网实验开发光盘 ▸ 安卓资料 ▸ 烧写镜像 ▸
搜索 烧写镜像
帮助(H)
共享 ▾
刻录
新建文件夹
名称
修改日期
类型
大小
3G
2016/7/21 星期...
文件夹
GPRS
2016/7/21 星期...
文件夹
linux测试
2016/7/21 星期...
文件夹
SD卡启动制作工具
2016/7/21 星期...
文件夹

图 6.1.53　GPRS 文件

选择需要使用的镜像，如 GPRS 的，打开目录，如图 6.1.54 所示。

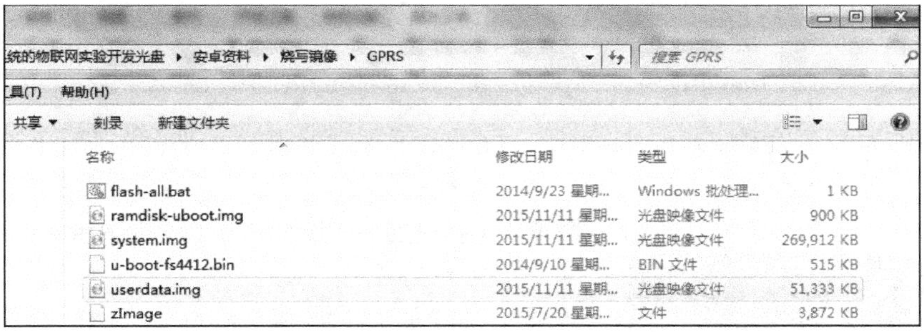

统的物联网实验开发光盘 ▸ 安卓资料 ▸ 烧写镜像 ▸ GPRS
搜索 GPRS
工具(T)
帮助(H)
共享 ▾
刻录
新建文件夹
名称
修改日期
类型
大小
flash-all.bat
2014/9/23 星期...
Windows 批处理...
1 KB
ramdisk-uboot.img
2015/11/11 星期...
光盘映像文件
900 KB
system.img
2015/11/11 星期...
光盘映像文件
269,912 KB
u-boot-fs4412.bin
2014/9/10 星期...
BIN 文件
515 KB
userdata.img
2015/11/11 星期...
光盘映像文件
51,333 KB
zImage
2015/7/20 星期...
文件
3,872 KB

图 6.1.54　打开 GPRS 目录

双击执行脚本文件，出现 CMD 命令行，如图 6.1.55 所示，烧写成功此窗口会自动关闭。

C:\Windows\system32\cmd.exe
sending 'bootloader' (514 KB)... OKAY
writing 'bootloader'... OKAY
sending 'kernel' (3751 KB)... OKAY
writing 'kernel'... OKAY
sending 'ramdisk' (899 KB)... OKAY
writing 'ramdisk'... OKAY
sending 'system' (231263 KB)...

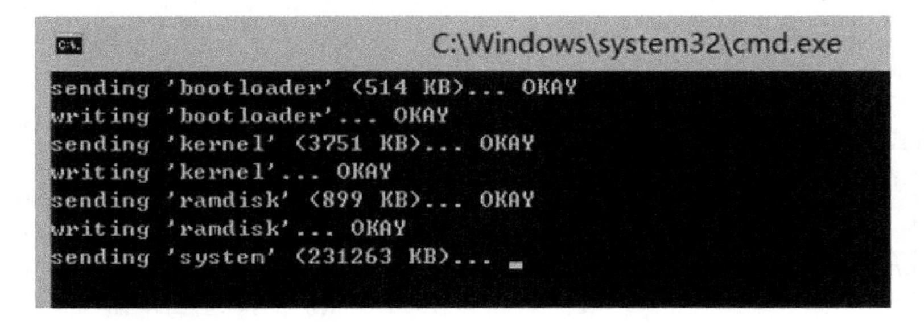

图 6.1.55　执行脚本文件

烧写完毕开发板自动重启，成功进入 Android 即烧写成功。

把拨动拨码开关至“0110”，如图 6.1.56 所示，以后系统开机即从 eMMC 启动，自动进入 Android 系统。

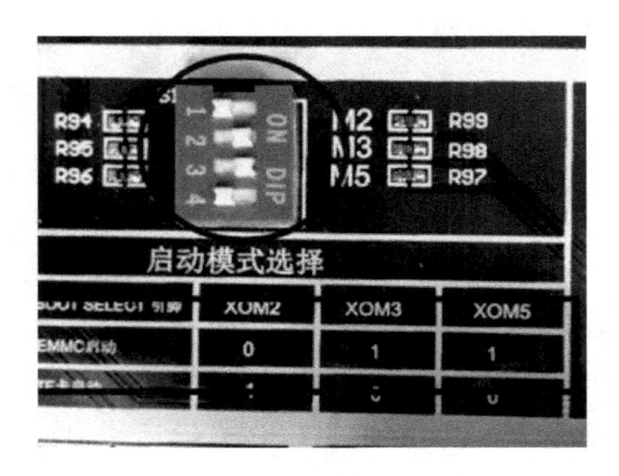
R94
R95
R96
ON DIP
1 2 3 4
M2 R99
M3 R98
M5 R97
启动模式选择
XOM2
XOM3
XOM5
0
1
1

图 6.1.56　拨码开关选择

6.1.3　Android LED 点灯实验

【实验目的】

通过实验熟悉 Android APP 层、JNI 层、HAL 层之间的调用关系。

【实验平台】

（1）WSN4412 实验箱平台。

（2）Android4.0 系统环境。

（3）Android Eclipse 开发环境。

【实验原理】

Android 实现了很好的分层机制，从而使得开发者开发更加专注，但是 Android 的应用层和框架层使用的开发语言为 Java。Java 是一种平台无关性的语言，平台对于上层的 Java 代码来说是透明的，而 Android 是基于 Linux 的一个操作系统，Linux 只给开发者提供了 C/C++或者是汇编的接口，因此，为了使得 Android 系统运行正常，必须想办法把 Java 语言与 C/C++连接起来，这个连接工具就是 JNI 技术。Android HAL（硬件抽象层）是一个 Linux 底层驱动与 Java Application Framework（应用层框架）的中间层，它可以将硬件的操作逻辑封装起来，实现 Java 类的本地接口，交由 Android 应用框架统一管理。

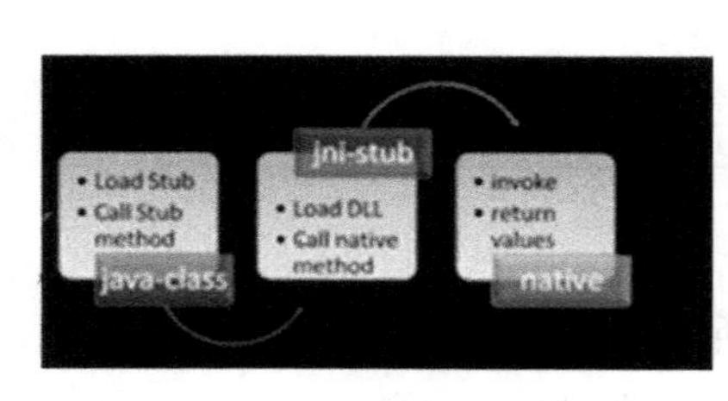
• Load Stub
• Call Stub method
java-class
jni-stub
• Load DLL
• Call native method
• invoke
• return values
native

图 6.1.57　JNI 的调用结构

JNI 的调用结构如图 6.1.57 所示。

JNI 的使用步骤如图 6.1.58 所示。

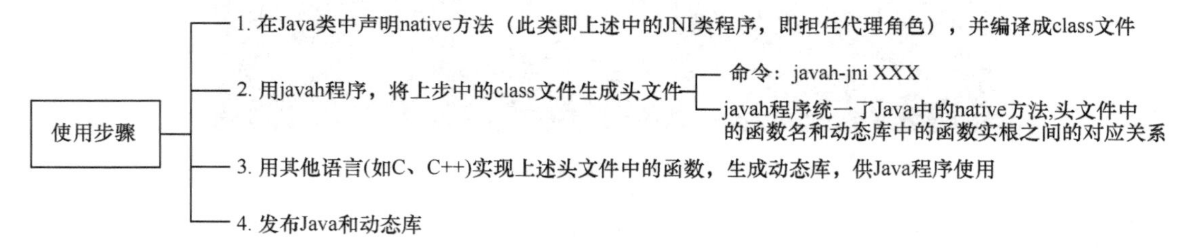
使用步骤
1. 在Java类中声明native方法（此类即上述中的JNI类程序，即担任代理角色），并编译成class文件
2. 用javah程序，将上步中的class文件生成头文件
命令：javah-jni XXX
javah程序统一了Java中的native方法,头文件中的函数名和动态库中的函数实根之间的对应关系
3. 用其他语言(如C、C++)实现上述头文件中的函数，生成动态库，供Java程序使用
4. 发布Java和动态库

图 6.1.58　JNI 的使用步骤

由上述介绍可知，Java 程序与 JNI 编译成的共享库之间联系如下：

① Java 类加载共享库用 loadlibrary 方法，名称与 JNI 共享库名称对应。

② Java 调用 JNI 中的类需要声明本地方法，其中本地方法的类型需要与 JNI 中 JNINativeMethod 中提供的方法声明、署名(signature)一致。

③ JNI 类中需要在 JNI helper 函数声明调用 Java 类，这样才能实现 Java 虚拟机与本地方法的联系。

④ Java 服务类的全称需与 JNI 的文件名有一定的对应关系，如 Java 服务类名为 com.farsight.Service.LedService，对应 JNI 的 Service 应用名为 com_farsight_service_LedService. cpp。

HAL Stub 是一种代理人（Proxy）的概念，Stub 虽然仍是以*.so 的形式存在的，但 HAL 已经将*.so 隐藏起来了。Stub 作为直接调用 Linux 驱动的上层，实现了简单的 I/O 操作，Stub 向 HAL 提供操作函数（Operations），而 Runtime 则向 HAL 取得特定模块（Stub）的 Operations，再回调这些操作函数。这种以间接函数调用（Indirect Function Call）的架构，让 HAL Stub 变成一种包含关系，即 HAL 中包含许多 Stub（代理人）。Runtime 只要说明类型，即 module ID，就可以取得操作函数。对于目前的 HAL，可以认为 Android 定义了 HAL 层结构框架，通过几个接口访问硬件，从而统一了调用方式，如图 6.1.59 所示。

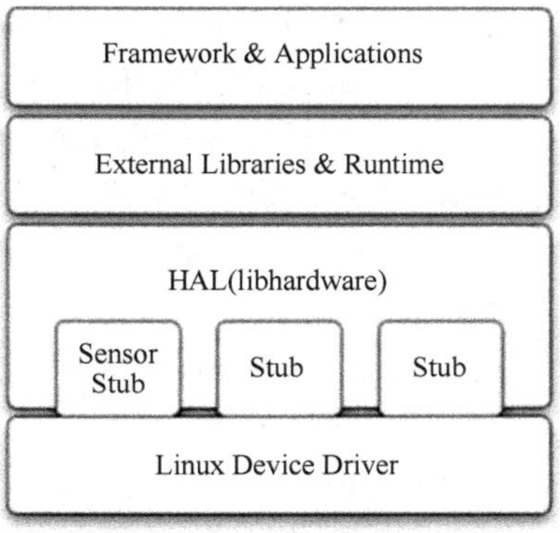

Framework & Applications
External Libraries & Runtime
HAL(libhardware)
Sensor Stub
Stub
Stub
Linux Device Driver

图 6.1.59　接口访问硬件方式

【实验步骤】

（1）编译 JNI 层代码

注意：在此实验之前，需要完成对 Android 系统的一次编译（需要的时间可能很长，根据机器性能决定）。打开虚拟机 Ubuntu 系统，进入终端 Android 源码目录。执行：

```
$ cd    /home/Linux/workdir/fs4412/Android/fs4412
```

将“基于嵌入式系统的物联网实验开发光盘/实验代码/3、Android 底层及应用开发/Android 底层部分/ Android LED 点灯实验/实验源码”目录下的“led.tar.xz”复制到该目录下。

执行命令：

```
$ tar    xvf    led.tar.xz    //解压 jni 层代码
$ cd    /home/Linux/workdir/fs4412/Android/fs4412/
$ source    build/envsetup.sh         //导出 mm 编译命令
$ lunch 6
$ cd    /home/Linux/workdir/fs4412/Android/fs4412/led/LedService/jni/
```

执行命令：

```
$ mm              //执行编译 LED 点灯实验的 jni 层代码
```

编译完成后的 HAL 层共享库的目录位置在：home/Linux/workdir/fs4412/Android/fs4412/out/target/product/smdk4x12/system/lib/，目录下名称为：libled_jni.so，将其复制到 Windows 和虚拟机的共享目录中，后面要用 adb 命令将其放到 WSN4412 的 Android 文件系统中。

（2）编译 HAL 层代码

```
$ cd    /home/Linux/workdir/fs4412/Android/fs4412
```

```
$ source   build/envsetup.sh        //导出 mm 编译命令
$ lunch 6
```

执行命令：

```
$ cd   /home/Linux/workdir/fs4412/Android/fs4412/led/led_stub/module
$ mm                //编译 hal 代码
```

编译完成后的 JNI 层共享库的目录位置在：/home/Linux/workdir/fs4412/Android/fs4412/out/target/product/smdk4x12/system/lib//hw 下，名称为：ledtest.default.so，将其复制到 Windows 和虚拟机的共享目录中，后面要用 adb 命令将其放到 WSN4412 的 Android 文件系统中。

将“基于嵌入式系统的物联网实验开发光盘/工具软件/Windows”中的 Fastboot 复制到 E 盘，里面有 adb 调试应用程序，把上述编译好的 HAL 层和 JNI 层的共享库以及“基于嵌入式系统的物联网实验开发光盘/实验代码/3、Android 底层及应用开发/Android 底层部分/Android LED 点灯实验/实验源码”中的“Farsight_ Test.apk”放至该目录下的 Fastboot 目录。

（3）用 adb 调试命令推送 HAL 层和 JNI 层共享库和应用程序

打开 Windows 系统的“开始”→“运行”命令，在对话框中输入“cmd”，单击“确定”按钮，进入 DOS 命令行模式，执行命令：

```
> E:
> cd Fastboot   //以 nandflash 的启动方式，开启 WSN4412 实验箱平台，Android 系统启动之后，用 USB 线把 WSN4412 和 PC 建立连接
> adb devices   //检查开发平台和 PC 有没有建立连接，若连接成功，会显示设备号
> adb push ledtest.default.so   /system/lib/hw   //把 HAL 层的共享库推送到 Android 文件系统中
> adb push libled_jni.so   /system/lib   //把 JNI 层的共享库推动到 Android 文件系统中
> adb push farsight_Test.apk   /system/app   //把 LED 实验的应用程序推送到 Android 文件系统中
```

将交叉串口线的一端和 PC 的 COM1 口连接起来，另一端和 USB 转串口线的串口段连接起来，USB 接口端和 WSN4412 的 usb host 连接起来。

【实验现象】

打开 WSN4412 上的 Android 应用程序 led，如图 6.1.60 所示。

图 6.1.60　打开 WSN4412 上的 Android 应用程序 led

应用程序打开后如图 6.1.61 所示。

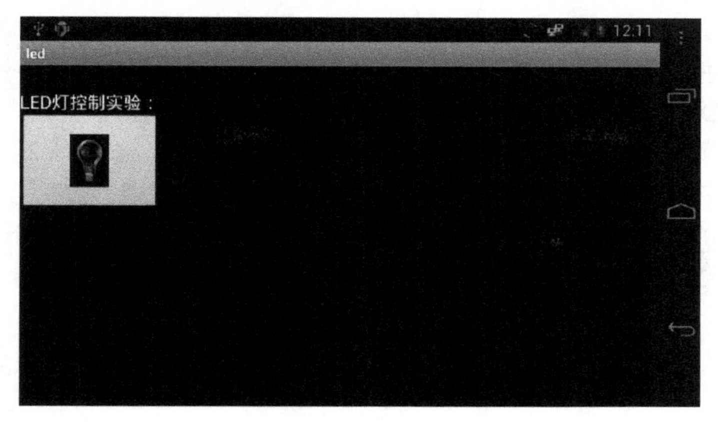

图 6.1.61　LED 灯灭

单击图标，会看到 WSN4412 开发板上的 LED 灯亮起来，如图 6.1.62 所示。

图 6.1.62　LED 灯亮

6.2　应 用 部 分

6.2.1　华清远见开发环境

本节主要介绍在 Windows 环境下，Android 开发环境的搭建步骤及注意事项，包括 JDK 和 Java 开发环境的安装和配置、Eclipse 的安装、Android SDK 和 ADT 的安装和配置等；同时介绍了 Android 开发的基本步骤。

1．Android 开发环境的安装与配置

Android 应用软件开发需要的开发环境在路径“基于嵌入式系统的物联网实验开发光盘/安卓资料/Android 应用开发环境”下。

JDK：JDK\JDK8\jdk-8u5-Windows-i586.exe（32bit）或 jdk-8u5-Windows-x64.exe（64bit）（从 JDK 8.0 开始不支持 Windows XP 操作系统，使用 Windows XP 的用户可以使用 JDK7 目录下的内容）

ADT：adt-bundle-Windows-x86.7z（32bit）或 adt-bundle-Windows-x86_64.7z（64bit）

以下主要介绍在 Windows 环境下搭建 Android 开发环境的步骤和注意事项。

（1）安装 JDK 和配置 Java 开发环境

双击"JDK/JDK8/jdk-8u5-Windows-i586.exe"（32 位操作系统）或 jdk-8u5-Windows-x64.exe（64 位操作系统）进行安装（从 JDK 8.0 开始不支持 Windows XP 操作系统，使用 Windows XP 的用户可以使用 JDK7 目录下的内容选择代替 JDK8 目录下的内容）。接受许可证，选择需要安装的组件和安装路径后，单击"下一步"按钮，完成安装过程，如图 6.2.1 所示。

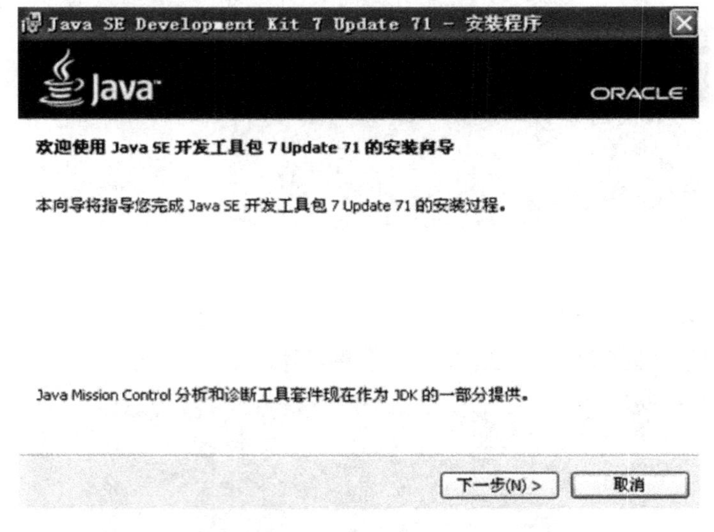

图 6.2.1　安装 JDK 和配置 Java 开发环境

安装完成后，利用以下步骤检查安装是否成功：打开 Windows CMD 窗口，在 CMD 窗口中输入 Java-ersion 命令，如果屏幕出现图 6.2.2 和图 6.2.3 所示的代码信息，说明 JDK 安装成功。

Windows XP 下安装 JDK7 如图 6.2.2 所示。

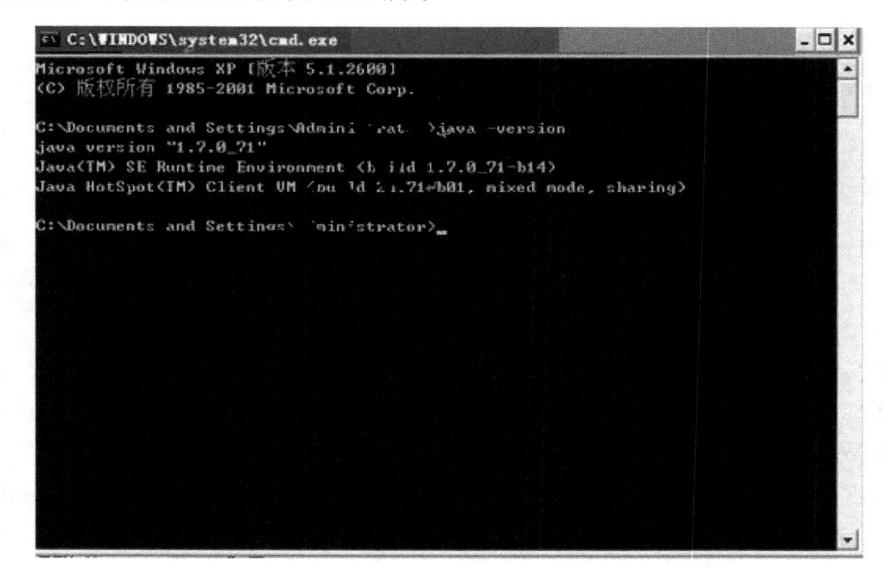

图 6.2.2　Windows XP 下安装 JDK7

非 Windows XP 下安装 JDK8 如图 6.2.3 所示。

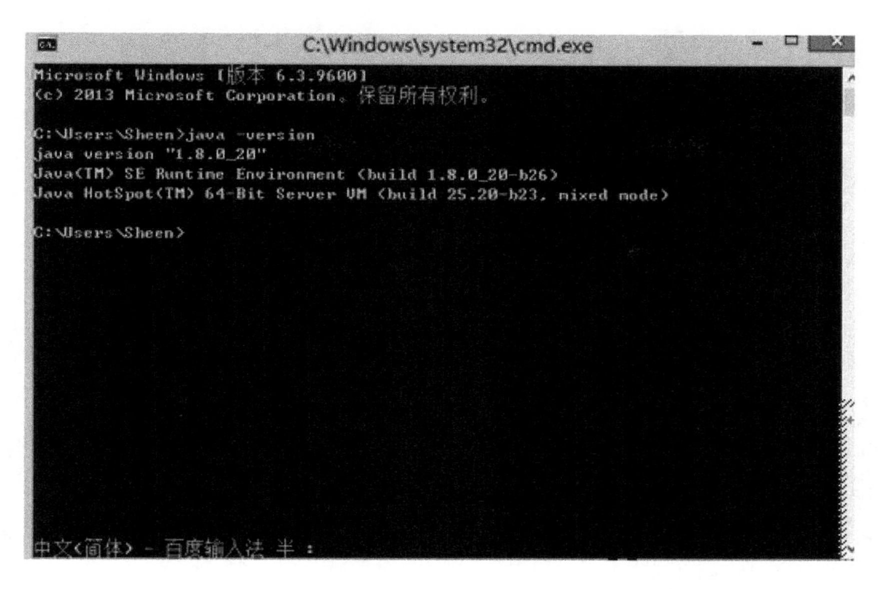

图 6.2.3　非 Windows XP 下安装 JDK8

（2）安装 7Zip 压缩软件

双击“7zip/7z920-x86.exe”（32 位操作系统）或 7z920-x64.msi（64 位操作系统）进行安装，如图 6.2.4 所示。

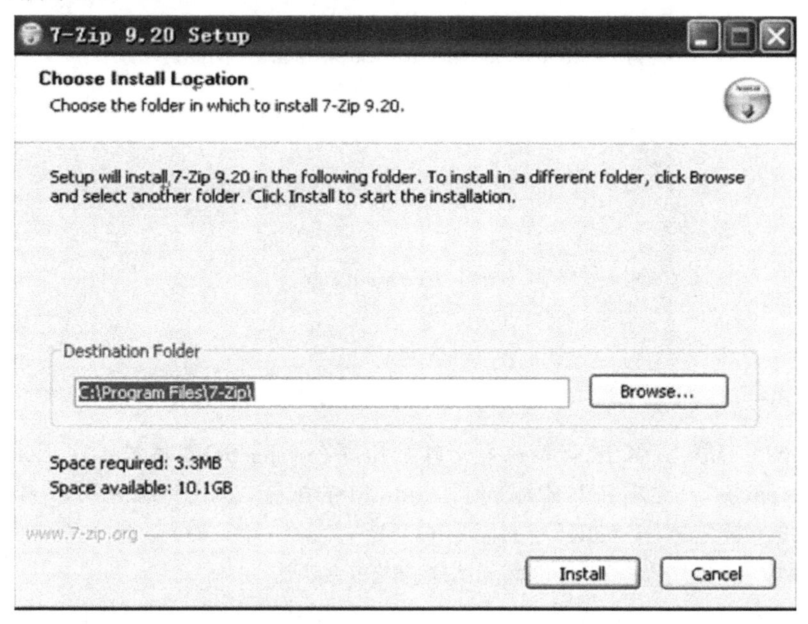

图 6.2.4　安装 7Zip 压缩软件

（3）解压 adt-bundle-Windows

JDK 安装成功后，使用 7Zip 软件解压 ADT 目录下的 adt-bundle-Windows-x86.7z（32 位）或 adt-bundle-Windows-x86_64.7z（64 位），如图 6.2.5 所示。

注意：①必须使用“基于嵌入式系统的物联网实验开发光盘/7Zip”软件解压本镜像，否则解压可能会出错；②解压路径不包含中文。

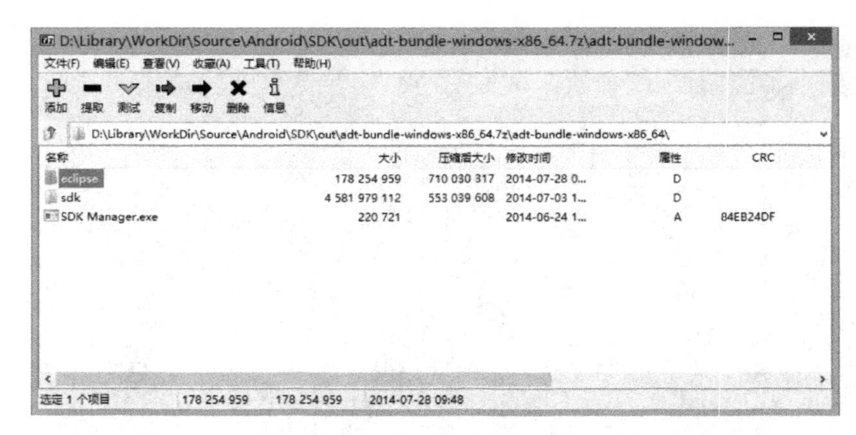

图 6.2.5　解压 adt-bundle-Windows

（4）运行 Eclipse

解压完毕后，直接执行其中的“eclipse/eclipse.exe”文件，Eclipse 可以自动找到用户前期安装的 JDK 路径，如图 6.2.6 所示。

（5）配置 SDK

运行解压目录下的“eclipse/eclipse.exe”，为自己选择一个工作目录 Workspace，不要有中文路径，不选择默认也可以，如图 6.2.7 所示。

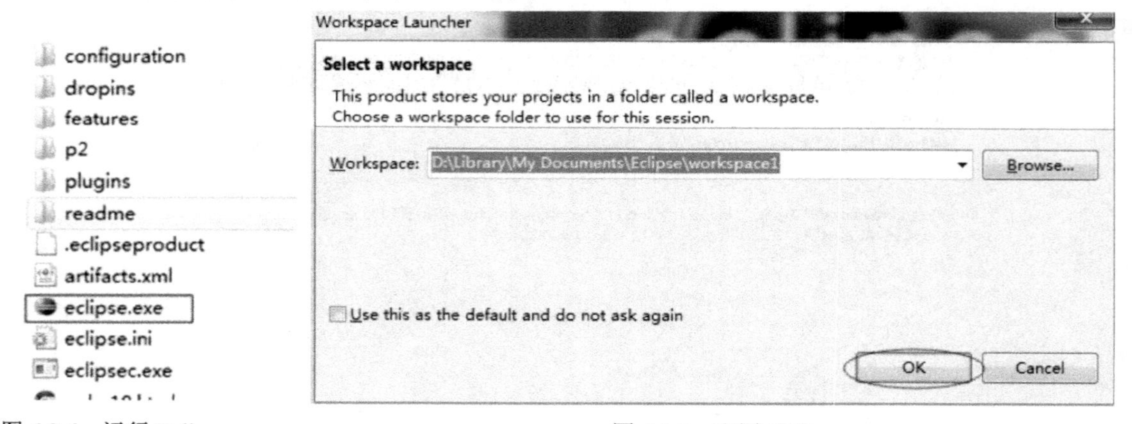

图 6.2.6　运行 Eclipse　　　　图 6.2.7　配置 SDK

需要为 Eclipse 关联 SDK 的安装路径，即解压路径下的 SDK 目录。在 Eclipse 中，单击“Window→Preferences”，会看到其中添加了 Android 的配置，如图 6.2.8 所示的操作，然后单击“Apply”按钮，最后单击“OK”按钮即可。

完成以上步骤后，设置 Eclipse 环境，如图 6.2.9 所示。

勾选 Android 相关的工具，单击“OK”按钮（如果已经勾选，则不用理会），如图 6.2.10 所示。

（6）配置 ADT

ADT（Android Development Tools）是 Android 为 Eclipse 定制的一个插件，为用户提供了一个强大的用户开发 Android 应用程序的综合环境。ADT 扩展了 Eclipse 的功能，可以让用户快速地建立 Android 项目，创建应用程序界面，在基于 Android 框架 API 的基础上添加组件，以及用 SDK 工具集调试应用程序，甚至导出签名（或未签名）的 APKs 以便发行应用程序。

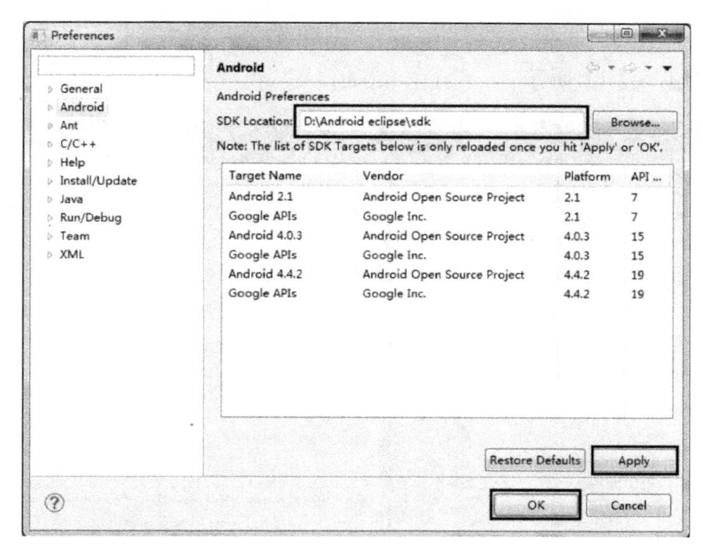

图 6.2.8　为 Eclipse 关联 SDK 的安装路径

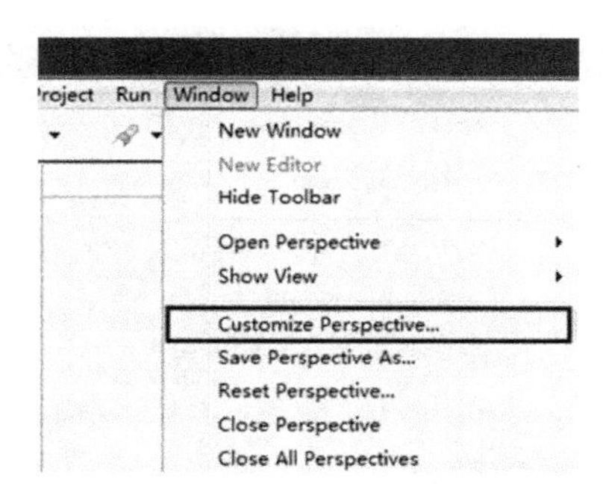

图 6.2.9　设置 Eclipse 环境

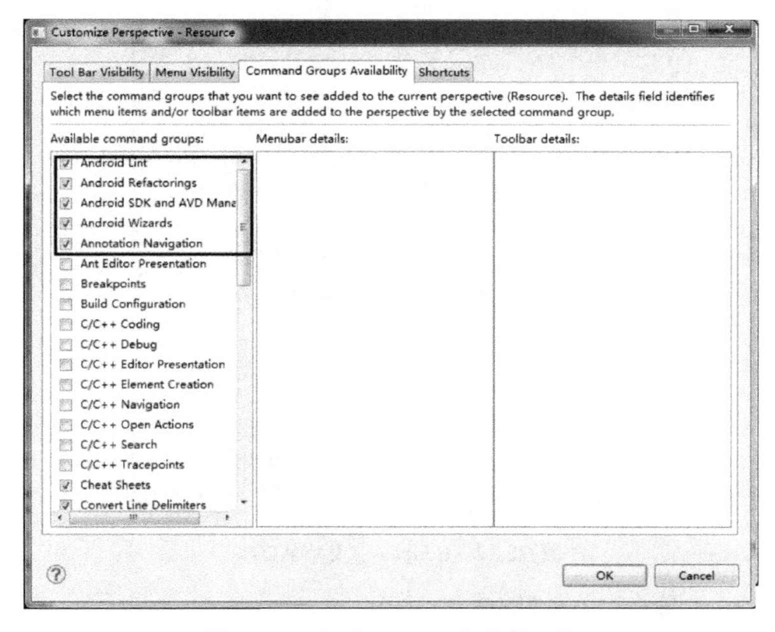

图 6.2.10　勾选 Android 相关的工具

在 Eclipse 中安装 ADT，首先启动 Eclipse，单击“Android Virtual Device（AVD） Manager”图标，如图 6.2.11 和图 6.2.12 所示。

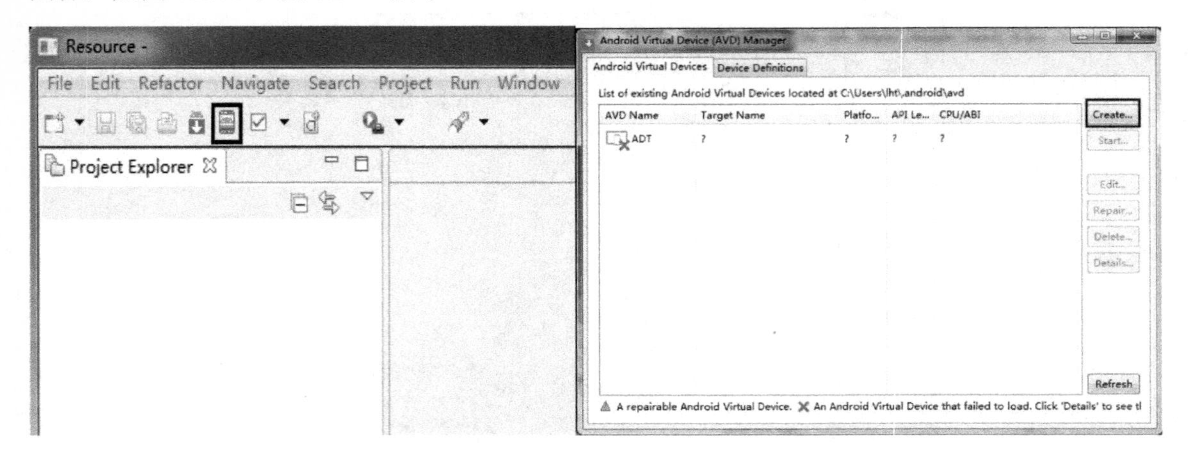

图 6.2.11　Eclipse 中安装 ADT

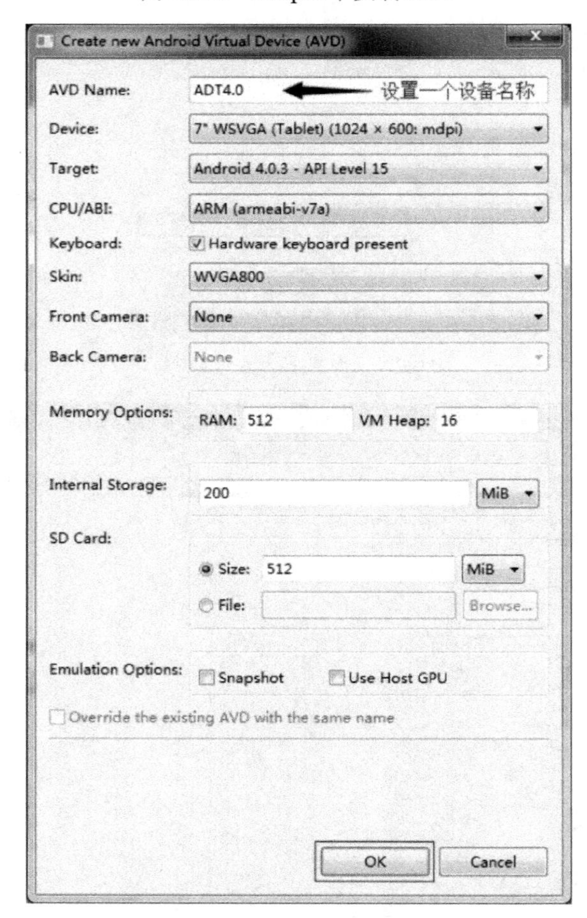

图 6.2.12　Eclipse 中安装 ADT

测试运行 AVD，如图 6.2.13 和图 6.2.14 所示。

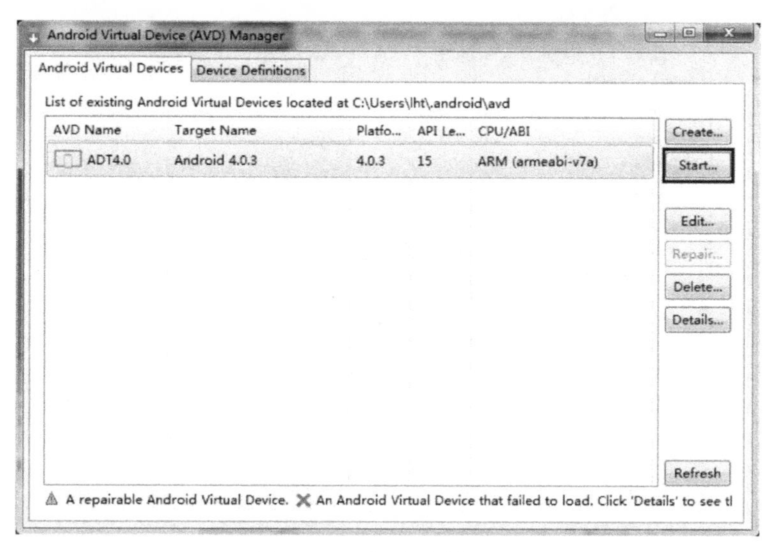

图 6.2.13　测试运行 AVD

虚拟设备启动完成后，如图 6.2.15 所示。

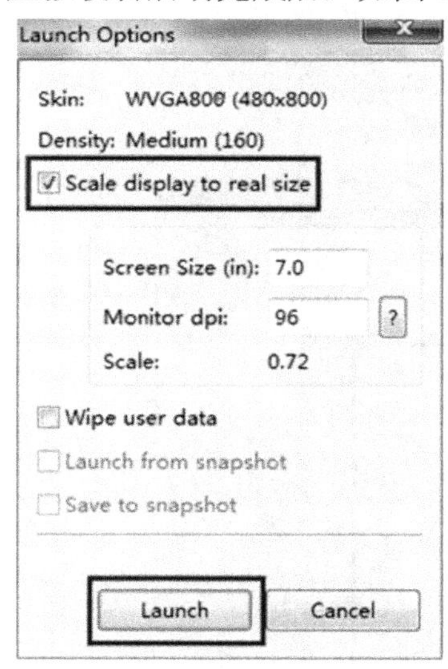

图 6.2.14　测试运行 AVD

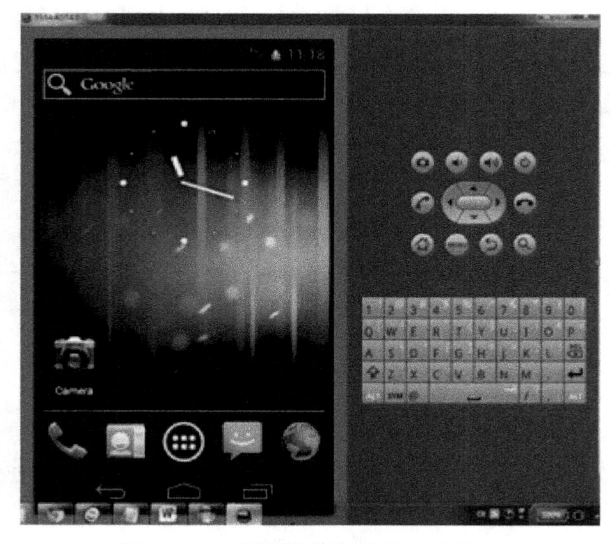

图 6.2.15　虚拟设备启动完成界面

注意：虚拟机启动速度较慢，如果用虚拟机调试程序，可以保持虚拟机打开状态。

6.2.2　创建第一个 Android 应用

1. 工程建立

Android 的 SDK 环境安装完成后，就可以在 SDK 中建立工程并进行调试了。建立 Android 工程的步骤如下：

① 执行"File→New→Project"命令。

② 执行"Android→Android Application Project"命令，单击"Next"按钮，如图 6.2.16 所示。

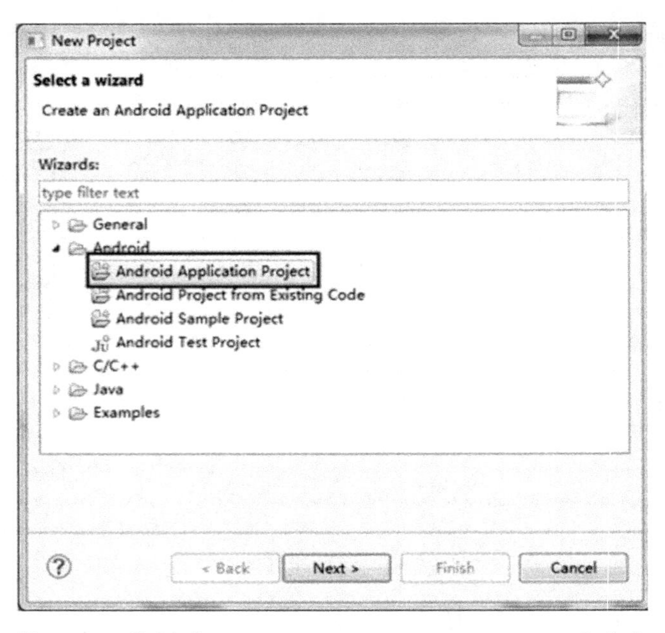

图 6.2.16　执行“Android→Android Application Project”命令

③ 在“New Android Application”对话框中，输入项目名称等信息，最后单击“Next”按钮，如图 6.2.17、图 6.2.18、图 6.2.19、图 6.2.20 和图 6.2.21 所示。

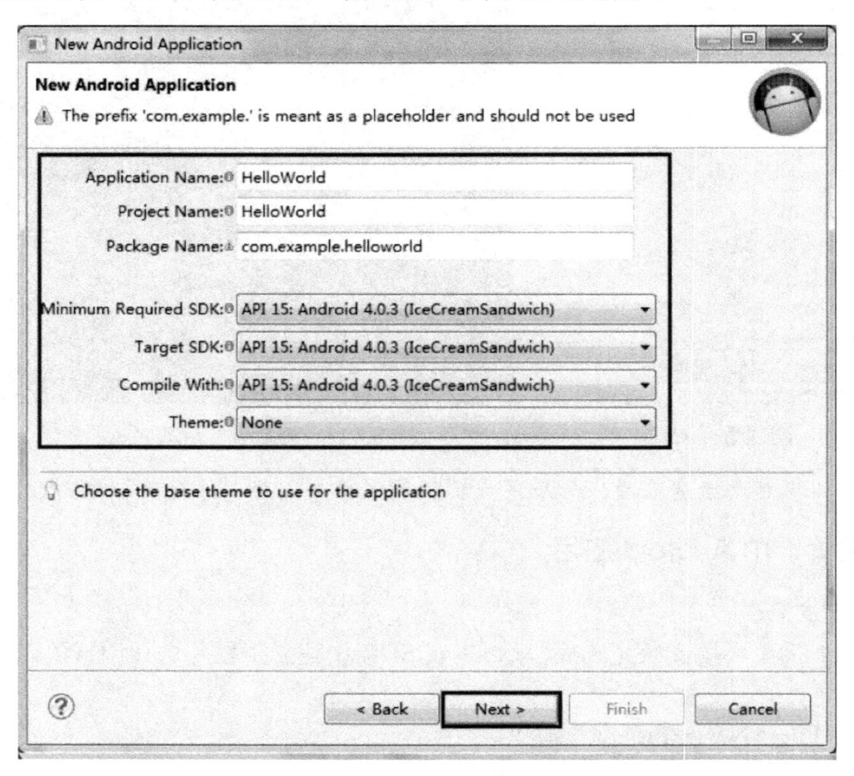

图 6.2.17　工程建立步骤 1

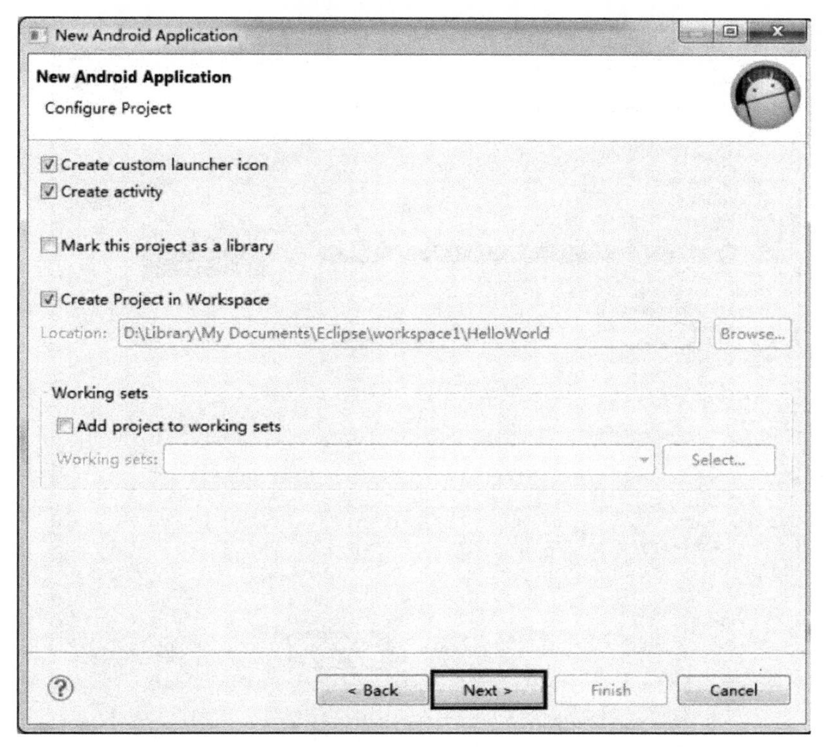

图 6.2.18　工程建立步骤 2

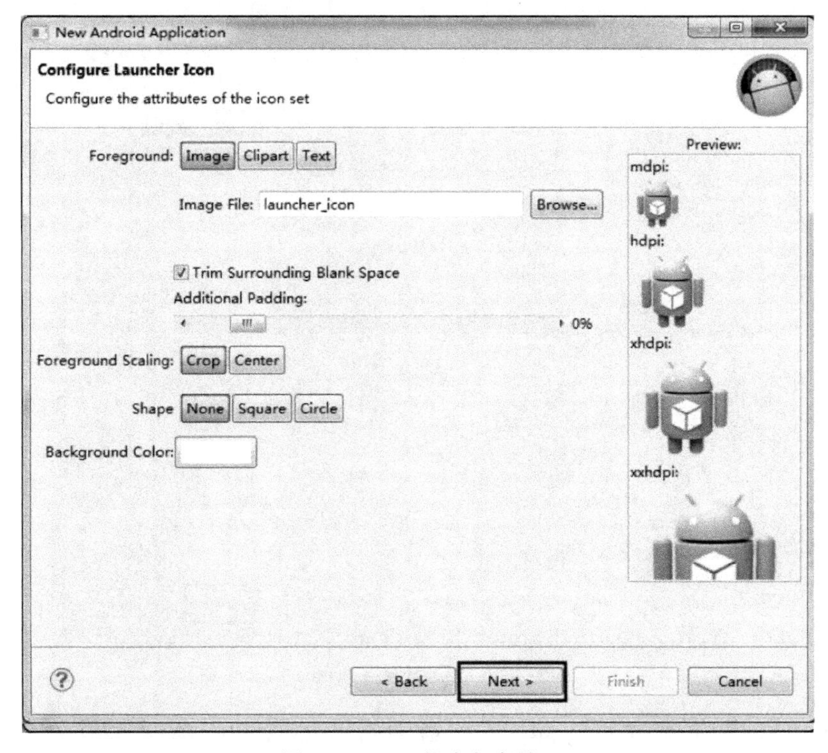

图 6.2.19　工程建立步骤 3

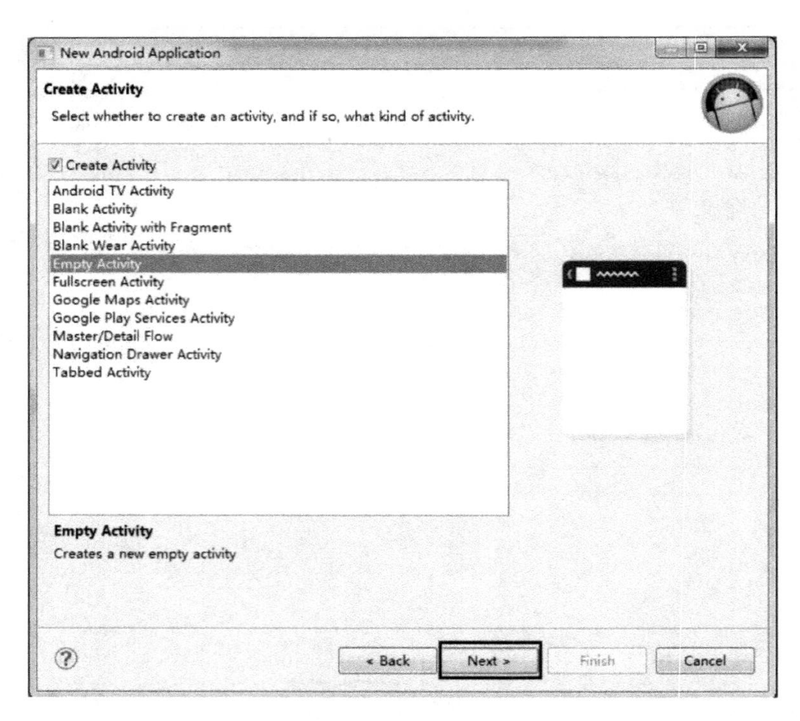

图 6.2.20　工程建立步骤 4

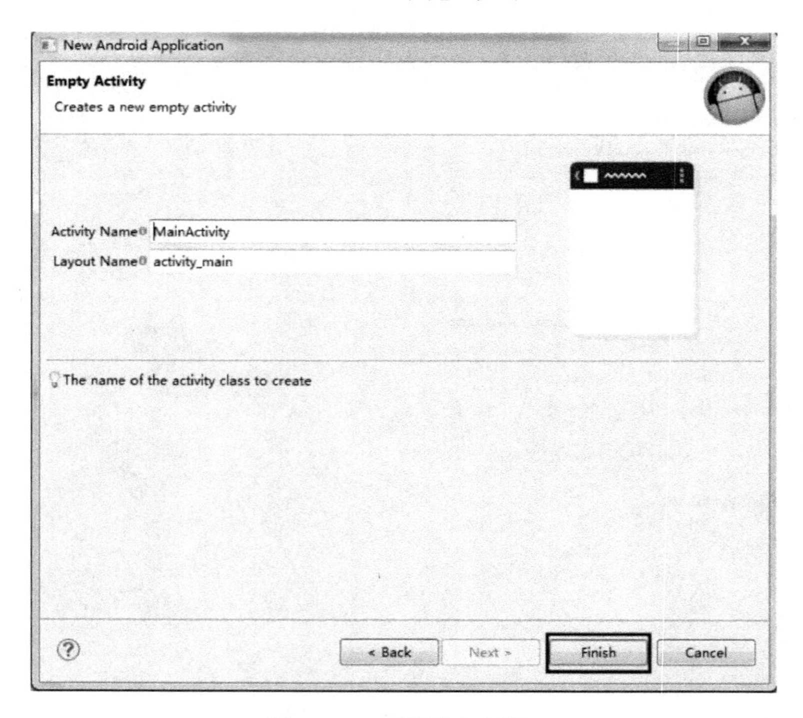

图 6.2.21　工程建立步骤 5

④ 工程建立后，可以通过 Eclipse 环境查看 Android 应用程序中的各个文件，如 AndroidManifest.xml 文件、布局文件、代码等。如图 6.2.22 所示为布局文件的编辑界面，可以直观地查看程序的 UI 布局。

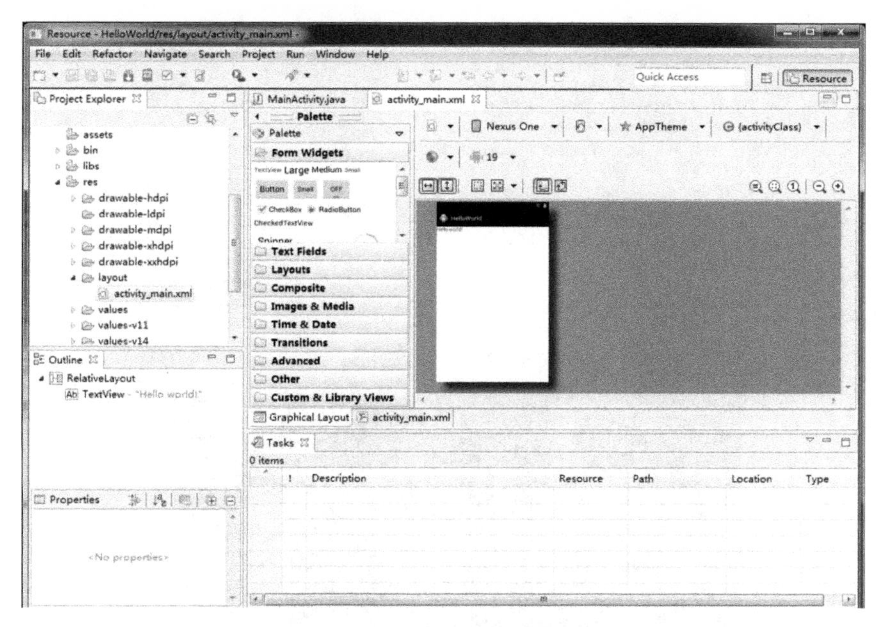

图 6.2.22　布局文件的编辑界面

2. 在模拟器上运行程序

右键单击 HelloWorld 工程，然后选择“Run As”项，最后选择“Android Application”项，如图 6.2.23 所示。

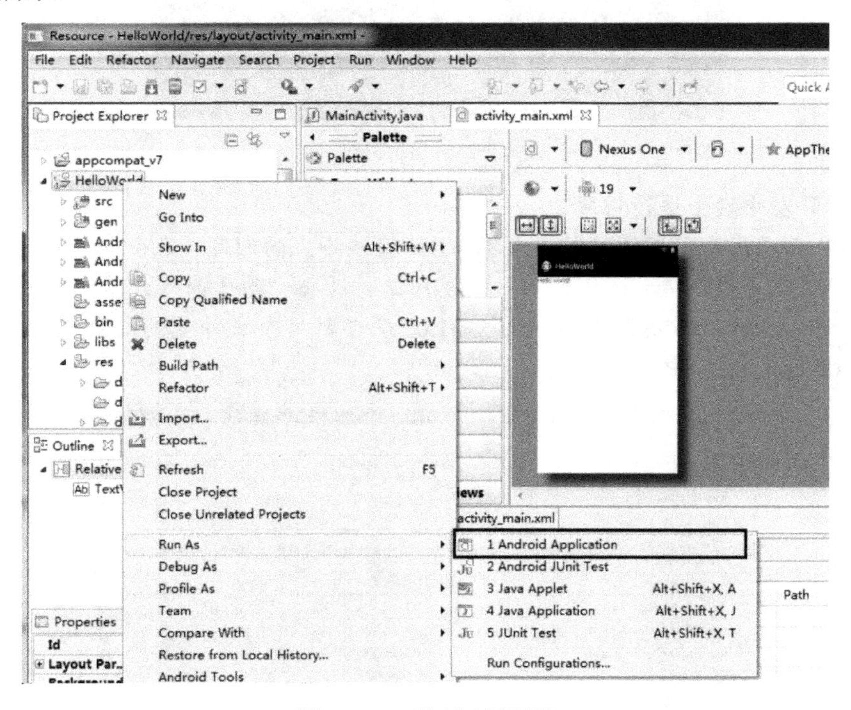

图 6.2.23　程序运行配置

Eclipse 将打开刚才建立的默认的 Android 模拟器，运行画面如同真的手机开机一般，开机后，随即打开运行的程序，运行画面如图 6.2.24 和图 6.2.25 所示。

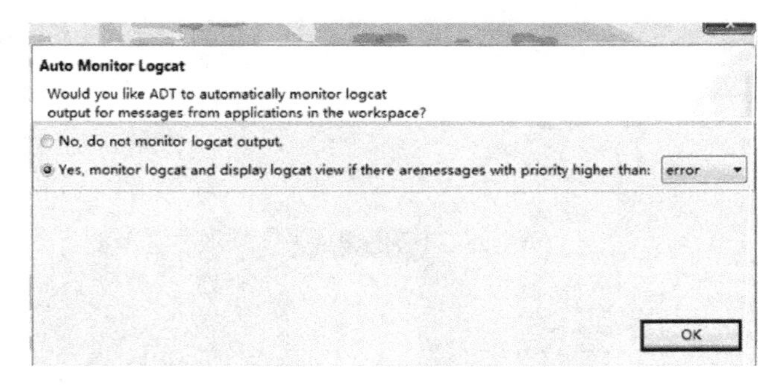

图 6.2.24　运行画面

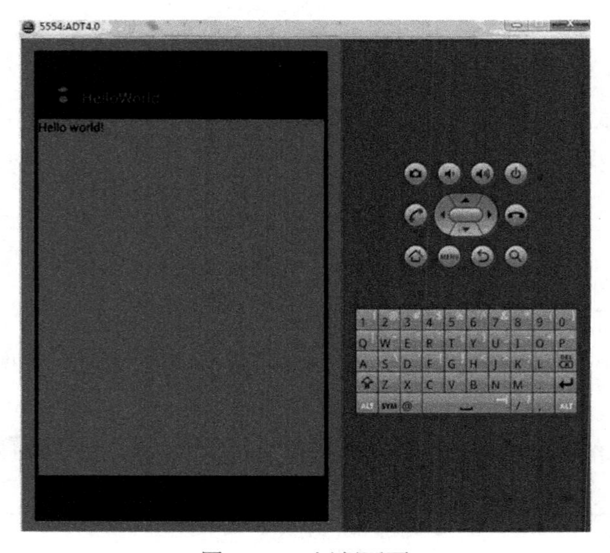

图 6.2.25　运行画面

3．在目标开发平台上运行程序

注意：如果在调试开发板的时候，出现 ADB 连接不上的问题（已知华清远见 FSPAD723 开源平板），可以试着替换 Android SDK 的 ADB 工具（把“基于嵌入式系统的物联网实验开发光盘/安卓资料/Android 应用开发/ADB/ADB1.0.26”下的 4 个文件复制到用户 ADT 解压目录下的“sdk/platform-tools”中），如图 6.2.26 所示。

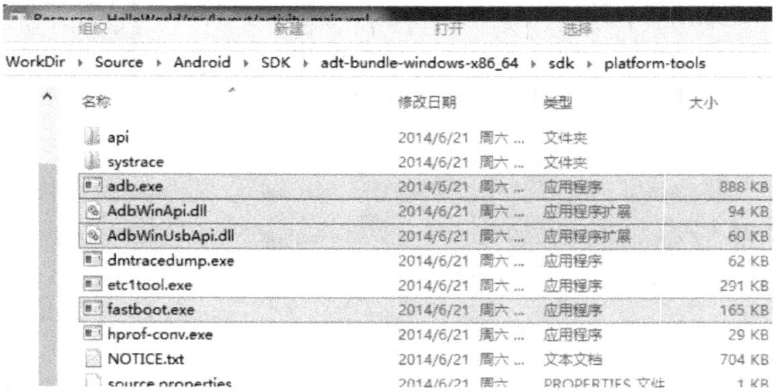

图 6.2.26　替换 Android SDK 的 ADB 工具

开发期间，在实际的设备上运行 Android 程序与在模拟器上运行该程序的效果几乎相同，需要做的就是用 USB 电缆连接手机与计算机，并安装一个对应的设备驱动程序。如果模拟器窗口已打开，请将其关闭。只要将开发平台（正常启动 Android 系统状态，如果平台不能正常启动 Android，可参考 6.1.2 节）通过 USB 下载线与计算机相连，应用程序就会在开发平台上加载并运行。本例使用华清远见 FS210 开发板作为目标设备，用户可以根据自己的设备参考选择。

在 Eclipse 中选择“Run→Run”（或 Debug）命令，这时会弹出一个窗口，让用户选择模拟器还是手机来显示。如果选择手机，即可在手机上运行该程序，如图 6.2.27 和图 6.2.28 所示。

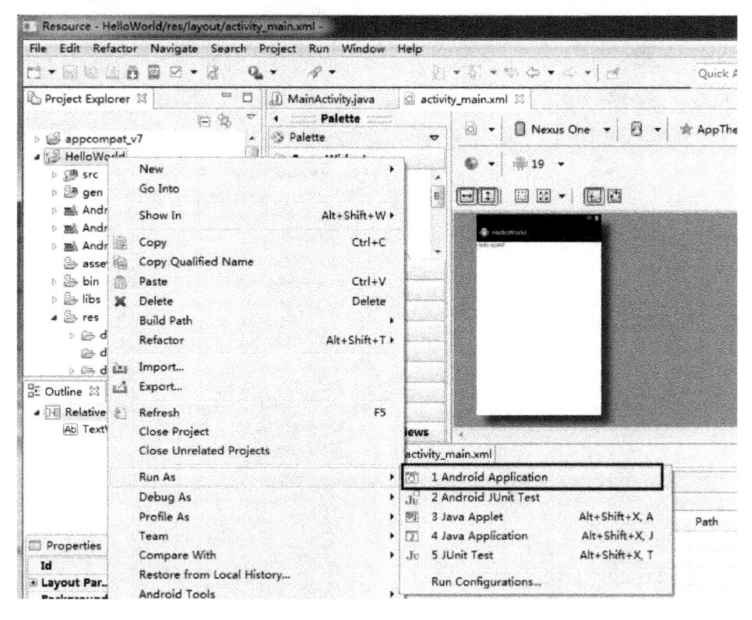

图 6.2.27　程序运行配置

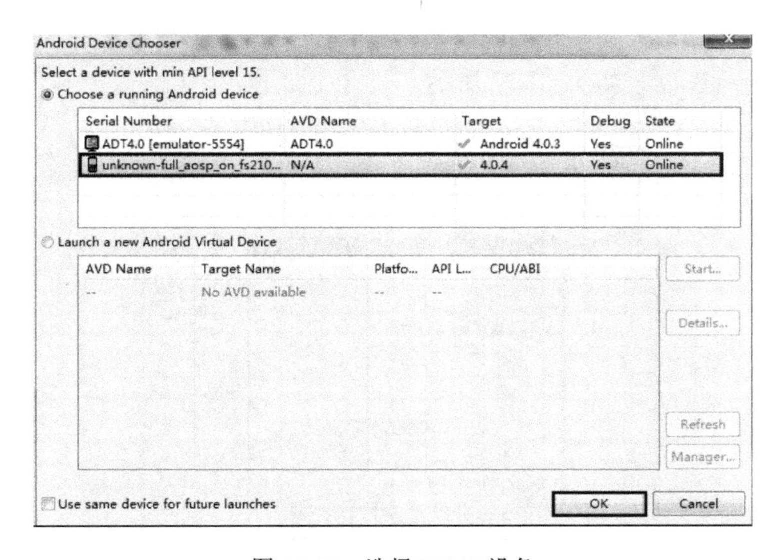

图 6.2.28　选择 FS210 设备

选择 FS210 设备，单击“OK”按钮，程序运行在开发平台显示屏上，如图 6.2.29 所示（偶尔遇到错误时，可以试着关闭 Eclipse，再重新打开测试）。

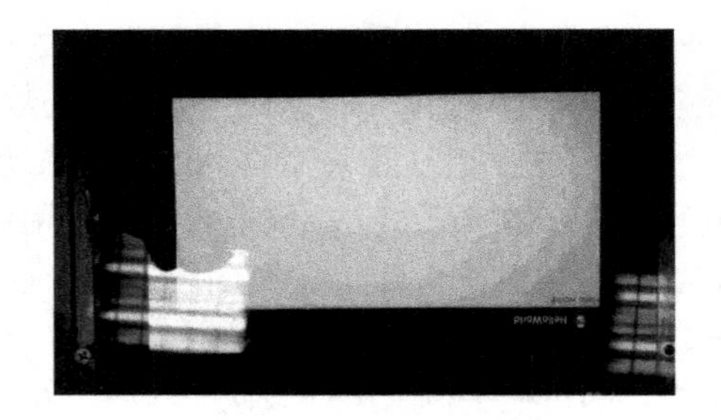

图 6.2.29　开发平台显示屏界面

4．导入一个已有工程

打开 Eclipse 环境，选择“File→Import”命令，如图 6.2.30 和图 6.2.31 所示。

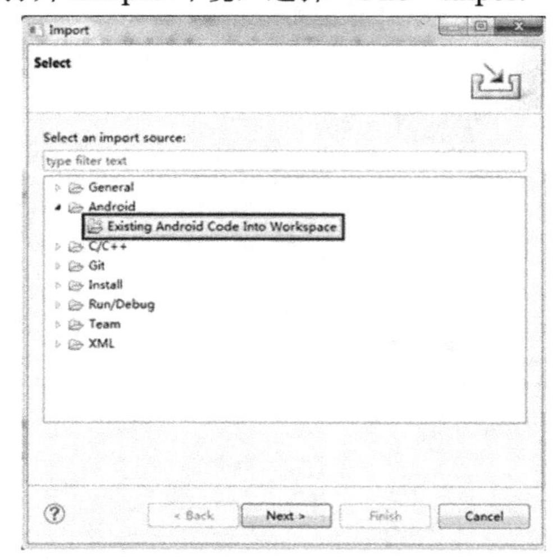

图 6.2.30　导入工程

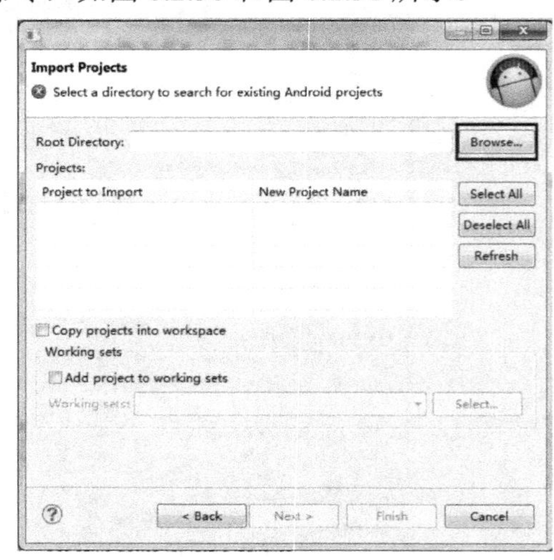

图 6.2.31　导入工程

例如，导入“基于嵌入式系统的物联网实验开发光盘/安卓资料/Android 应用开发环境/Example/ViewFlipperText”，如图 6.2.32 所示。

图 6.2.32　导入工程

建议勾选“Copy projects into workspace”选项，如图 6.2.33 所示。

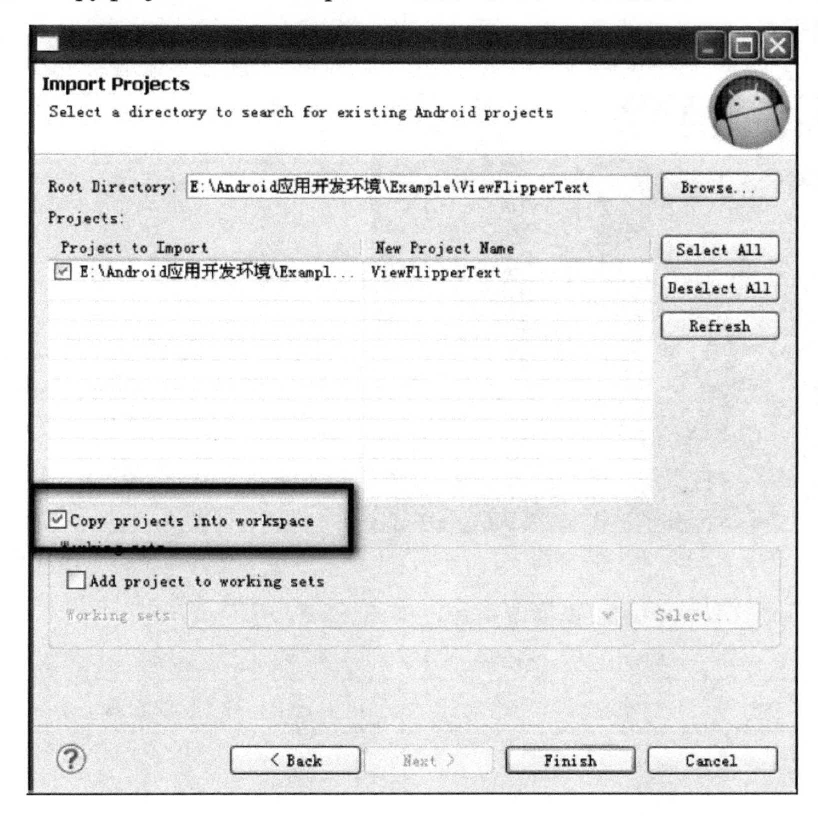

图 6.2.33　打勾选项

尝试运行测试程序，如图 6.2.34 所示。

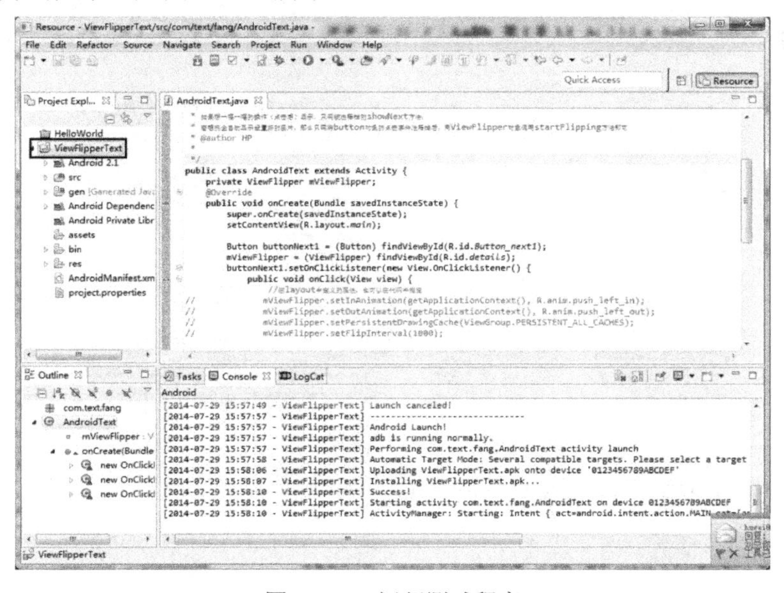

图 6.2.34　运行测试程序

运行后界面如图 6.2.35 所示。

5．可能遇到的错误及解决方法

① 如果错误提示是 R 文件有问题，可以单击选择 Project 菜单栏中的 Clean 选项，清除一次工程，如图 6.2.36 所示。

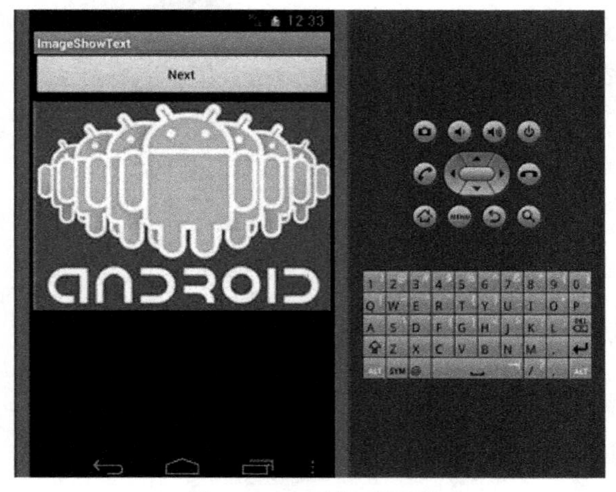

图 6.2.35　运行后界面　　　　图 6.2.36　Clean 工程

② 如果有其他文件错误，可以修改错误，如图 6.2.37 所示。

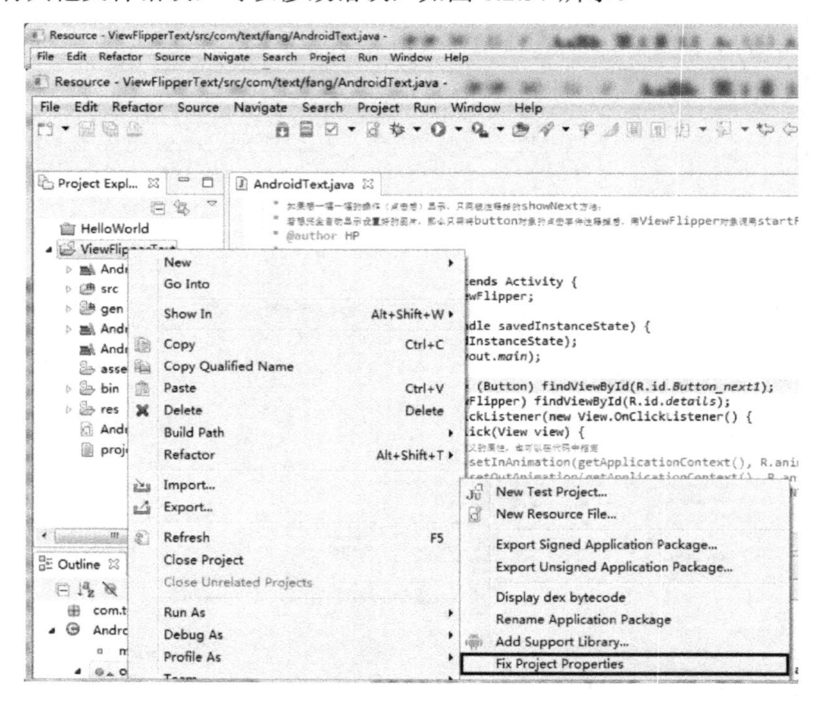

图 6.2.37　修改错误

③ 如果还是解决不了，可以重新启动 Eclipse 软件。

第 7 章　综合实例开发

通过前面章节的学习，相信读者已初步掌握了嵌入式 Linux 的相关知识和编程基础，本章将利用所学的应用编程和驱动编程知识，作出实际的设计项目。

7.1　基于嵌入式 Linux 的智能家居系统设计

7.1.1　概述

随着电子技术的发展和人们对居住环境要求的提高，智能家居系统越来越为人们所关注。智能家居已成为当前最热门的 IT 领域之一，市场应用前景广阔。智能家居控制系统的总体目标是通过采用计算机、网络、自动控制和集成技术建立一个由家庭到小区乃至整个城市的综合信息服务和管理系统。

本节介绍的智能家居系统安全可靠，操作简单。可以实时了解家电运行状态、远程控制家电；还可以匹配连接各种传感器、烟雾器、泄漏探测器、摄像头等，并可连成网络；可对非法入室、紧急救援、煤气泄漏等各类警情或紧急情况进行自动报警和自动处理。

主要功能包括如下：

① 触摸屏控制整个系统（照明灯、窗帘、气体传感器等）和了解整个系统工作状态；

② GSM 远程控制整个系统和了解整个系统工作状态；

③ 气体传感器与蜂鸣器相结合，可对可燃气体泄漏进行蜂鸣报警，并通过 GSM 发送报警信息至主人手机；

④ 高精度温度传感器对高于或低于设置的温度值时，通过 GSM 模块发送报警信息至主人手机；

⑤ 智能解锁开门，如 WiFi 密码解锁；

⑥ 远程视频采集（局域网）；

⑦ 娱乐功能，如电子书阅览、电子相册、智能影音点播。

本系统的结构框图如图 7.1.1 所示。

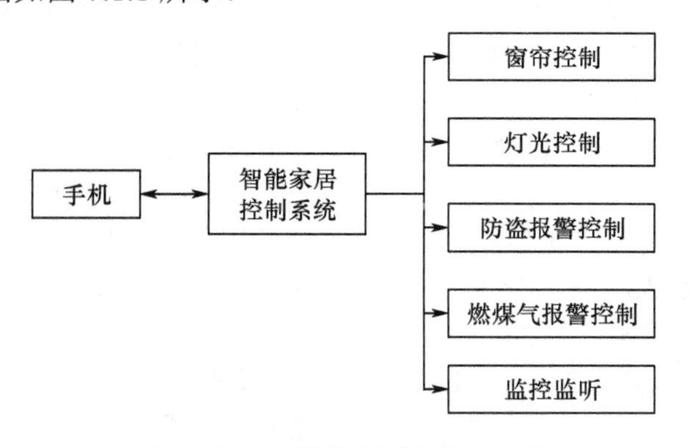

图 7.1.1　智能家居系统机构框图

7.1.2 设计实现

系统总体方案如图 7.2 所示。

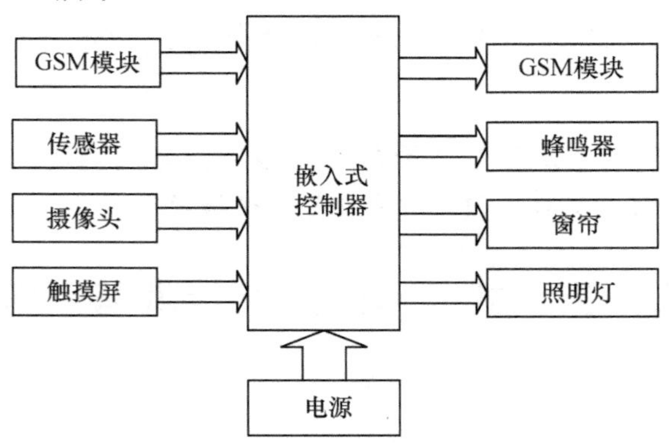

图 7.1.2 智能家居系统总体方案框图

1. 主控制模块

操作系统选用 Linux 操作系统，主控芯片选用 Cortex-A9。Cortex-A9 处理器能与其他 Cortex 系列处理器以及广受欢迎的 ARM MPCore 技术兼容，因此能够很好延用包括操作系统/实时操作系统（OS/RTOS）、中间件及应用在内的丰富生态系统，从而减少采用全新处理器所需的成本。同时 Cortex-A9 处理器提供了具有高扩展性和高功耗效率的解决方案，其利用动态长度、八级超标量结构、多事件管道及推断性乱序执行（Speculative out-of-order execution），能在频率超过 1GHz 的设备中，在每个循环中执行多达 4 条指令，同时还能减少目前主流八级处理器的成本并提高效率。

2. 串口摄像头

摄像头的 JPEG 串口达 30 万像素，输出采用标准的 JPEG 格式，可以方便地兼容各种图像处理软件，其通信接口采用标准的 RS-232，图像传输协议比较简单，便于与嵌入式工控设备相连。另外，摄像头的红外补光功能可使其在各种光照条件下都能清晰成像，适用于各种非实时数字图像采集。

3. 传感器

（1）温度传感器

采用 DS18B20 来实现温度的采集。只要测量，它就能够直接读出温度，读数方式也特别，可以通过编程根据实际要求实现 9～12 位数字的值。DS18B20 属于单总线数字温度传感器，因为每个包含一个串行数据，所以总线可以连接多个 DS18B20。DS18B20 还具有以下性能。

① 接口的方式属于单总线式。

② DS18B20 的工作电源可来自寄生电源方式，也可由远端引入，+3.0V 至+5.5V 的电压范围值；

③ 需要信号放大和 A/D 转换等外围电路，直接输出数字信号；

④ 测量的温度范围−55℃～+125℃。在温度为−10℃～+85℃，保证测量误差低于−0.5℃；而在−55℃～+125℃内，误差低于 2℃。

⑤ 通过编程来确定输出位数，9～12 位数字读出模式。

每个 DS18B20 有 64 个具体的光刻 ROM，其在出厂时通过光刻技术完成，并把它作为地址序列号，因此每个 DS18B20 都具有不一样的地址序列号。在检测的时候，设计者就可以根据序列地址不同的特性读取相应的 DS18B20 数值。该器件封装后都主要由 3 根外部引脚构成：VDD 供电；GND 接地；另一个 I/O 引脚属于 DQ 线，是数据总线，也称一线式总线。

（2）气体传感器

采用 MQ-5 模块。MQ-5 具有许多优良的特性：

① 对煤气等可燃气体的检测灵敏度很高；

② 优良的抗乙醇、烟雾干扰能力，对乙醇、烟雾几乎不响应；

③ 快速的恢复特性；

④ 长期的使用寿命和可靠的稳定性。

MQ-5 模块使用起来方便简单，模块供电电压为 5V，正常情况下模块信号输出口 D0 口输出 1 电平，当检测到煤气等可燃气体时，D0 输出 0 电平，从而判断是否有煤气泄漏。

4．GSM 模块

采用 SIM900A 模块。SIM900A 模块是一款尺寸紧凑的 GSM/GPRS 模块，采用 SMT 封装，基于 STE 的单芯片方案，采用 ARM926EJ-S 架构，性能强大，可以内置客户应用程序。可广泛应用于车载跟踪、车队管理、无线 POS、手持 PDA、智能抄表与电力监控等众多领域。

SIM900A 模块的主要特点如下。

① SMT 封装：易于生产加工；尺寸小：24mm×24mm×3mm。

② 功耗低：待机模式电流低于 18mA、睡眠模式低于 2mA；供电范围宽：3.2～4.8V。

③ 支持频段：GSM/GPRS 900/1800MHz。

④ 语音编码：支持半速率、全速率、增强型速率。

⑤ 支持回声抑制算法，可以基于不同客户设备通过 AT 命令调节回音抑制消除。

此外，SIM900A 模块还有一些其他的优良特点。模块的尺寸只有 24mm×24mm×3mm，几乎满足所有用户应用中对空间尺寸的要求。模块和用户移动应用的物理接口为 68 个贴片焊盘引脚，提供了应用模块的所有硬件接口：

① 键盘和 SPI 显示接口满足用户的灵活应用；

② 主串口和调试串口可以帮助用户轻松地进行调试开发；

③ 一路音频接口，包含一个麦克风输入和一个受话器输出；

④ 可编程的通用输入/输出接口（GPIO）。

本节所设计的智能家居系统集数据采集、报警、远程控制于一体，实时性高，安全可靠，具有一定的实用和推广价值。

7.2 基于嵌入式 Linux 的智能农业系统设计

7.2.1 概述

随着电子技术的发展和人们对农业生产效率要求的提高，物联网智能农业系统越来越为人们所关注。智能农业已成为当前最热门的 IT 领域之一，市场应用前景广阔。智能农业系统的总体目标是通过采用计算机、传感网络、自动控制和集成技术建立一个农业综合信息服务和管理系统。

本节介绍的智能农业系统安全可靠，操作简单。各类传感器、摄像头分布在农场中，组成传感网，可以远程实时了解农场各种参数情况，并根据各类数据执行相关处理操作。

主要功能包括如下。

① 搭建传感器硬件电路，实现对空气温/湿度、CO_2浓度、土壤温/湿度、光照强度等数据的采集；

② 对采集到的数据利用无线传输模块传输到核心控制端，并用液晶屏显示；

③ 当土壤湿度低于设置值时，启动水泵喷水，高于设置值时停止喷水；

④ 当空气湿度低于设置值时，启动加湿器，高于设置值时关闭；

⑤ 光照强度低于设置值时，开启窗帘，高于设置值时关闭窗帘；

⑥ 触摸屏手动控制水泵、加湿器、窗帘开关；

⑦ 远程视频监控；

⑧ 安卓系统下应用软件（手机、平板电脑）实现参数显示，触摸按键控制、监控功能。

本系统的结构框图如图 7.2.1 所示。

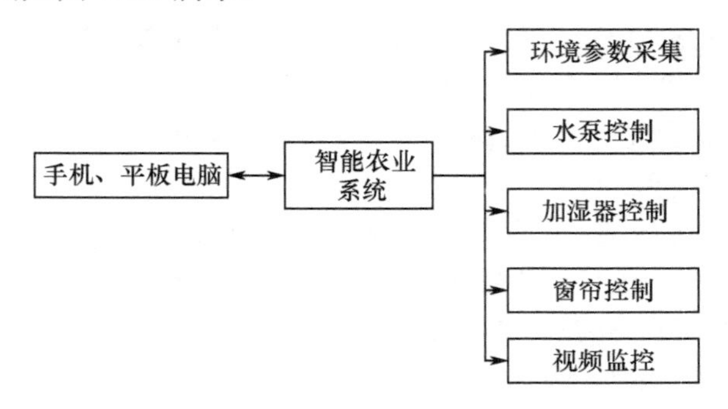

图 7.2.1 智能农业系统结构框图

7.2.2 设计实现

系统总体方案如图 7.2.2 所示。

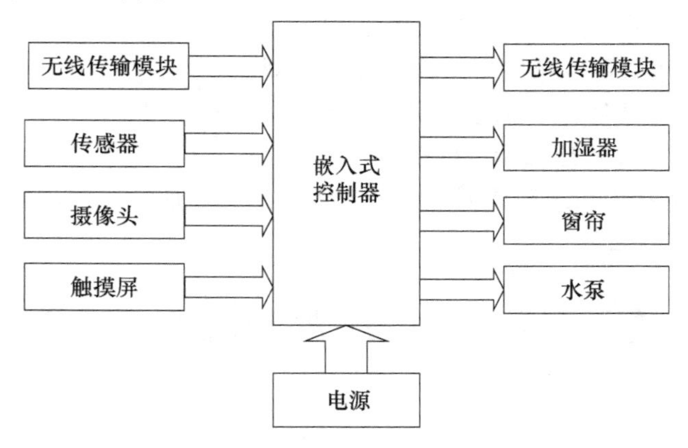

图 7.2.2 系统总体方案框图

1. 主控制模块

操作系统选用 Linux 操作系统，主控芯片选用 Cortex-A9。Cortex-A9 处理器能与其他 Cortex 系列处理器以及广受欢迎的 ARM MPCore 技术兼容，因此能够很好延用包括操作系统/实时操作系统（OS/RTOS）、中间件及应用在内的丰富生态系统，从而减少采用全新处理器所需的成本。同时 Cortex-A9 处理器提供了具有高扩展性和高功耗效率的解决方案，其利用动态长度、八级超标量结构、多事件管道及推断性乱序执行（Speculative out-of-order execution），能在频率超过1GHz的设备中，在每个循环中执行多达4条指令，同时还能减少目前主流八级处理器的成本并提高效率。

2．无线传输模块

参考第5章学习的ZigBee、蓝牙、WiFi无线传输方式，根据其特点选采用一种。

（1）ZigBee通信特点

ZigBee技术是一种先进的近距离、低复杂度、低功耗、低数据传输速率、低成本、高可靠性、高安全性的双向无线通信技术，其基础是IEEE 802.15.4国际标准协议。

ZigBee技术的主要特点包括以下几个部分。

① 数据传输速率低：最大是250K字节/秒，专注于低传输速率应用。

② 功耗低：其工作功耗远小于WiFi的工作功耗。

③ 抗干扰性强：在低信噪比的环境下，ZigBee具有很强的抗干扰性能；在相同的环境中，ZigBee抗干扰性能远远好于蓝牙和WiFi。

④ 成本低：因为ZigBee数据传输速率低，协议简单，所以大大降低了成本。

（2）蓝牙通信特点

蓝牙支持语音和数据传输；采用无线电技术，传输范围大，可穿透不同物质及在物质间扩散；采用跳频扩频技术，抗干扰性强，不易窃听；使用在各国都不受限制的频谱，理论上说，不存在干扰问题；低功耗，成本低。蓝牙技术性能参数：有效传输距离为10cm～10m，增加发射功率可达100m，甚至更远。

（3）WiFi通信特点

WiFi有3个优点，也是它的三大优势。一是覆盖范围广，WiFi热点覆盖查询已经能查到非常多的热点；二是传输速度快；三是进入门槛低，成本低。

其一，无线电波的覆盖范围广，基于蓝牙技术的电波覆盖范围非常小，半径约合15m，而WiFi的半径则可达100m，办公室自不用说，就是在整栋大楼中也可使用。

其二，虽然由WiFi技术传输的无线通信质量不是很好，数据安全性能比蓝牙差一些，传输质量也有待改进，但传输速度非常快，可以达到54Mbps，符合个人和社会信息化的需求。

其三，厂商进入该领域的门槛比较低。厂商只要在机场、车站、咖啡店、图书馆等人员较密集的地方设置“热点”，并通过高速线路将因特网接入上述场所。这样，由于“热点”所发射出的电波可以达到距接入点半径数十米至100m的地方，用户只要将支持无线LAN的笔记本电脑或PDA拿到该区域内，即可高速接入因特网。也就是说，厂商不用耗费资金来进行网络布线接入，从而节省了大量的成本。

3．网络摄像头

网络摄像头简称WEBCAM，英文全称为Web Camera，是一种结合传统摄像机与网络技术所产生的新一代摄像机，它可以将影像透过网络传至地球另一端，且远端的浏览者不需用任何专业软件，只要标准的网络浏览器（如Microsoft IE或Netscape），即可监视其影像。

网络摄像头是传统摄像机与网络视频技术相结合的新一代产品，除了具备一般传统摄像机所有的图像捕捉功能外，机内还内置了数字化压缩控制器和基于Web的操作系统，使得视频数据经压缩加密后，通过局域网、Internet或无线网络送至终端用户。而远端用户可在PC上使用标准的网络浏览器，根据网络摄像机的IP地址，对网络摄像机进行访问，实时监控目标现场的情况，并可对图像资料实时编辑和存储，同时还可以控制摄像机的云台和镜头，进行全方位的监控。

4．传感器

（1）温湿度传感器模块

使用 DHT11 温湿度模块，此模块具有以下特性：

① 可以检测周围环境的湿度和温度；

② 传感器采用 DHT11；

③ 湿度测量范围为 20%RH～95%RH（0～50℃范围），湿度测量误差为±5%；

④ 温度测量范围为 0～50℃，温度测量误差为±2℃；

⑤ 工作电压 3.3～5V；

⑥ 输出形式为数字输出；

⑦ 设有固定螺栓孔，方便安装；

⑧ 小板 PCB 尺寸，3.2cm×1.4cm。

（2）CO_2 传感器

采用市面上 LM393 芯片、CO_2 气体感应探头的 CO_2 传感器模块，此模块具有如下特性：

① 具有信号输出指示；

② 双路信号输出（模拟量输出及 TTL 电平输出）；

③ TTL 输出有效信号为低电平（当输出低电平时信号灯亮，可直接接单片机）；

④ 模拟量输出 30～50mV 电压，浓度越高电压越高；

⑤ 对 CO_2 具有很高的灵敏度和良好的选择性；

⑥ 具有长期的使用寿命和可靠的稳定性；

⑦ 快速的响应恢复特性；

⑧ 探头可以插拔设计，方便实验。

（3）光敏传感器

采用市面上 4 线制光敏电阻传感器模块，此模块具有以下特性：

① 采用灵敏型光敏电阻传感器；

② 比较器输出，信号干净，波形好，驱动能力强，超过 15mA；

③ 配备可调电位器，可调节检测光线亮度；

④ 工作电压 3.3～5V；

⑤ 输出形式为 D0 数字开关量输出（0 和 1）和 A0 模拟电压输出；

⑥ 设有固定螺栓孔，方便安装；

⑦ 小板尺寸，3.2cm×1.4cm；

⑧ 使用宽电压 LM393 比较器。

本节所设计的智能农业系统集数据采集、远程控制、监控于一体，实时性高，安全可靠，具有一定的实用和推广价值。

7.3 安防监控系统设计

7.3.1 概述

随着人们防盗意识的增强和电子技术的发展，防盗报警系统越来越为人们所关注。本节设计出集数据采集、报警、远程接收于一体的无线报警系统。当监控现场有非法入侵时触发报警，摄像头拍摄现场图片并传回手机，系统通过 GPRS 网络发送现场实时图片到预先设定好的手机号码上，实现对远程地点的实时监控。

本系统安全可靠、安装方便、操作简单，可匹配连接各种传感器、烟感器、泄漏探测器等探头，并可连成网络，方便集中防范管理，可对非法入室、紧急救援、煤气泄漏等各类报警或紧急情况进行自动报警。

安防监控系统的主要功能如下。

① 主动查看：只要拨打电话给“彩信报警器”，在手机或计算机上即刻就能看到布防的场所，随心所欲。

② 被动红外报警：当主人离开家时，设置所有防区为“布防”状态。此时主机接收所有传感器传来的信号，如有非法进入，主机将自动向外报警。报警中心在电子地图上自动显示出警情方位，信息栏显示用户户主名、家庭成员、住址、电话等详细信息，派出所能迅速出警，以最快的速度赶往现场。

③ 一键紧急报警：无论主机处于布防或撤防状态，当用户触发此按键时，主机立即向接警中心发出求救信号，主动而及时。

④ 手机远程监听：当报警触发后报警器自动拨通主人手机，此时主人可远程对报警现场情况进行现场监听，同时也可发送短信给报警器，可主动听到现场的声音。

⑤ 主机有煤气报警功能，可接上煤气泄漏传感器（用户自选），无论主机处于何种状态，当煤气浓度超过安全系数时，主机立即将报警信号发送给接警中心。

⑥ 主机设置有 5 组报警号码，用户可设置要求通知的手机、电话、电子邮箱，多方位通知接警中心或用户本人。

⑦ 可作为小区连网的终端设备，与自动接警中心设备连网使用，能满足大规模自动报警连网管理需要，可实现连网监控，有多少用户就连多少户。具有自动显示报警会员的所有资料、报警现场放音、会员资料录入、查询统计、计时、值班记录、报警提示等功能。

7.3.2 设计实现

本系统的结构框图如图 7.3.1 所示。

系统总体方案如图 7.3.2 所示。

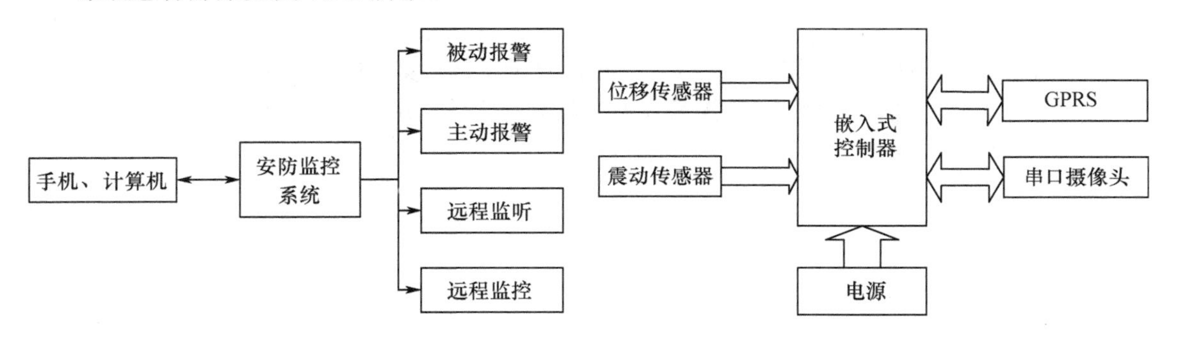

图 7.3.1　安防监控系统结构框图　　　图 7.3.2　安防监控系统总体方案图

1．主控制模块

操作系统选用 Linux 操作系统，主控芯片选用 Cortex-A9。Cortex-A9 处理器能与其他 Cortex 系列处理器以及广受欢迎的 ARM MPCore 技术兼容，因此能够很好延用包括操作系统/实时操作系统（OS/RTOS）、中间件及应用在内的丰富生态系统，从而减少采用全新处理器所需的成本。同时 Cortex-A9 处理器提供了具有高扩展性和高功耗效率的解决方案，其利用动态长度、八级超标量结构、多事件管道及推断性乱序执行（Speculative out-of-order execution），能在频率超过 1GHz 的设备中，在每个循环中执行多达 4 条指令，同时还能减少目前主流八级处理器的成本并提高效率。

2．传感器

（1）震动传感器

震动传感器是一种被广泛使用在报警方面的传感器，当它被触碰时，就可以将震动的参量转换成电信号经过输出端口输出，然后经过 LM358 等运放放大并输出控制信号。震动传感器在测试技术中是关键部件之一，具有成本低、灵敏度高、工作稳定可靠，被广泛使用到防盗系统上，目前很多的报警器都用这类传感器。

（2）位移传感器

HB100 微波位移传感器具有低功耗、高灵敏度、体积小等特点，是理想的低成本移动检测器。HB100 微波位移传感器应用多普勒雷达原理，发射一个低功耗微波并接收物体反射的能量，当它探测到有物体运动时，反射回的微波频率会代替发射频率，从而使传感器输出一个低频率电压。

3．GPRS

微控制器收集到图像数据信息后，需通过 Internet 把数据发送到监控中心，具体完成此工作的是 GPRS 模块和 GPRS 网。普通的 GPRS 模块没有内嵌的 TCP/IP 协议栈，需要用户提供支持服务，即在上位机系统中嵌入 TCP/IP。本系统采用的 GPRS 模块是 Sony/Ericsson 公司推出的一款内嵌 TCP/IP 协议栈的 GSM/GPRS 模块 GR64，内嵌的 ARM9 CPU 可以开放给用户，用户只需设置相应参数就可将单片机系统直接与 Internet 相连，实现网络的互相连通，既减少系统本身的工作量，又增加了系统的适用性。

4．串口摄像头

摄像头的 JPEG 串口达 30 万像素，输出采用标准的 JPEG 格式，可以方便地兼容各种图像处理软件，其通信接口采用标准的 RS-232，图像传输协议比较简单，便于与嵌入式工控设备相连。另外，摄像头的红外补光功能可使其在各种光照条件下都能清晰成像，适用于各种非实时数字图像采集。

本节所设计的系统集数据采集、报警、远程接收于一体，实时性高，安全可靠，可广泛用于家庭防盗、车库安全、小型门市监控等场所，具有一定的实用性和推广价值。

参考文献

[1] 冯云，汪贻生.物联网概论.北京：首都经济贸易大学出版社，2013.
[2] 吴成东.物联网技术与应用.北京：科学出版社，2012.
[3] 薛燕红.物联网技术及应用.北京：清华大学出版社，2012.
[4] 熊茂华，熊昕，陆海军.物联网技术及应用开发.北京：清华大学出版社，2014.
[5] 徐成，凌纯清，刘彦等.嵌入式系统导论.北京：中国铁道出版社，2011.
[6] 刘连浩.物联网与嵌入式系统开发.北京：电子工业出版社，2012.
[7] 鸟哥.鸟哥的 Linux 私房菜基础学习篇.北京：人民邮电出版社，2010.
[8] 华清远见嵌入式培训中心.嵌入式 Linux 应用程序开发标准教程（第 2 版）.北京：人民邮电出版社，2009.
[9] 华清远见嵌入式培训中心.Linux 移植驱动及应用开发实验指导书.
[10] 华清远见嵌入式培训中心.物联网无线传感网络实验指导书.
[11] 华清远见嵌入式培训中心.Android 底层及应用开发实验指导书.
[12] 夏华.无线通信模块设计与物联网应用开发.北京：电子工业出版社，2011.
[13] 熊茂华，熊昕.物联网技术及应用开发.西安：西安电子科技大学出版社，2012.

反侵权盗版声明

举报电话：（010）88254396；（010）88258888

传　　真：（010）88254397

E-mail：　dbqq@phei.com.cn

通信地址：北京市万寿路 173 信箱

　　　　　电子工业出版社总编办公室

邮　　编：100036